AF626832

Bergmann | Westphal – Welcher Vogel singt denn da?

Hans-Heiner Bergmann

Uwe Westphal

Welcher Vogel singt denn da?

Einfache Wege zum sicheren Erkennen

Quelle & Meyer Verlag Wiebelsheim

Prof. Dr. Hans-Heiner Bergmann
Landstr. 44
34454 Bad Arolsen

Dr. Uwe Westphal
Im Halftenbrook 1
21220 Seevetal

Die Angaben in diesem Buch sind von Autoren und Verlag sorgfältig erwogen und geprüft, dennoch kann keine Garantie übernommen werden. Eine Haftung der Autoren und des Verlags und seiner Beauftragten für Personen-, Sach- und Vermögensschäden ist ausgeschlossen.

Bibliografische Information der Deutschen Nationalbibliothek
Die Deutsche Nationalbibliothek verzeichnet diese Publikation in der Deutschen Nationalbibliografie; detaillierte bibliografische Daten sind im Internet über http://dnb.d-nb.de abrufbar.

© 2019, 2010 by Quelle & Meyer Verlag GmbH & Co., Wiebelsheim
www.quelle-meyer.de

Die beiden Vorauflagen erschienen unter dem Titel „Grundkurs Vogelstimmen".

Das Werk einschließlich aller seiner Teile ist urheberrechtlich geschützt. Jede Verwendung außerhalb der engen Grenzen des Urheberrechtsgesetzes ist ohne Zustimmung des Verlages unzulässig und strafbar. Kein Teil dieses Buches darf deshalb ohne ausdrückliche schriftliche Genehmigung des Verlages digital oder analog vervielfältigt werden.

Umschlagabbildungen: Steinschmätzer: J. Weiss; Buchfink: M. Schäf; Goldammer: H.-J. Fünfstück.

Druck und Verarbeitung: Westermann Druck Zwickau GmbH, Zwickau
Printed in Germany/Imprimé en Allemagne
ISBN 978-3-494-01796-9

Inhaltsverzeichnis

1 Ein neues Vogelstimmenbuch

Vor Ihnen liegt die dritte Auflage des ehemaligen „Grundkurs Vogelstimmen“. Nicht nur Titel, Format und Covergestaltung sind neu – auch der Text wurde überarbeitet. Es ist auch in weiterer Hinsicht ein neu gestaltetes Vogelstimmenbuch, das sich gegenüber seinen Vorgängern durch einige Besonderheiten auszeichnet. Wie bringt man ein Buch zum Singen? Eine Audio-DVD, wie sie den vorangegangenen Auflagen beigefügt war und die man in das Laufwerk eines Computers einlegen musste, ist umständlich und aufwändig. An ihrer Stelle finden Sie jetzt neben den Texten zu den Vogelstimmen und neben den Sonagrammen, die die Stimmen sichtbar machen, QR-Codes eingedruckt. Diese lesen Sie mithilfe eines kostenlos aus dem Internet herunterladbaren App-Programms mit Ihrem mobilen Telefon (Smartphone/Handy) oder mit dem Tablet aus und hören den Vogel sofort singen oder rufen (Näheres dazu s. S. 10). Einen zusätzlichen Glanzpunkt stellen die herunterladbaren Filme dar, welche die 22 häufigsten Vogelarten in Kapitel 11 (s. u.) illustrieren. Hier werden die Vögel singend und mit einem beispielhaften Ruf in Bild und Ton vorgestellt – schnabelsynchron und so groß, wie es der Bildschirm erlaubt.

Völlig neu illustriert ist das vorliegende Buch mit einer Vielzahl von Fotos. Dabei wird Wert auf einen speziellen Aspekt gelegt: Vögel nehmen während des Singens und Rufens meist eine besondere und typische Haltung ein. Meistens öffnen sie den Schnabel dabei mehr oder weniger weit. Aus diesem Grund wurden für dieses Buch bevorzugt Bilder ausgesucht, die den Vogel beim Singen und Rufen zeigen.

Für einen ersten Einstieg ins Thema gedacht ist Kapitel 11 (ab S. 186), das die 22 häufigsten Brutvogelarten Deutschlands im Detail vorstellt – mit Beschreibungen des Gesangs, Angaben zum Lebensraum, zu Besonderheiten und zu Verwechslungsmöglichkeiten mit anderen Arten. Diese kompakte und übersichtliche Darstellung, kombiniert mit entsprechenden Kurzfilmen (s. o.), sollte auch all denen, die noch gar keine Vogelstimmen-Kenntnisse haben, schnell zu ersten Erfolgserlebnissen bei der Unterscheidung von Vogelgesängen verhelfen, ohne dass sie sich zuvor mit der Theorie und den unterschiedlichen Lernmethoden beschäftigen müssten. Dazu passend haben wir einen neuen Bestimmungsschlüssel entwickelt. Ein weiterer, gegenüber den vorigen Auflagen stark überarbeiteter Bestimmungsschlüssel bietet eine Übersicht über Gesänge und Rufe von insgesamt 54 Arten, denen man in Stadt und Dorf, in Gärten und Parks regelmäßig begegnen kann.

Das hauptsächliche Angebot des Buches besteht nach wie vor in einem großen Vogelstimmen-Kurs, in dem das Hören ausgewählter Vogelstimmen mit dem Sehen der zugehörigen Sonagramme kombiniert wird – das sind die schwarz auf weiß aufgezeichneten Gesänge und Rufe. Der Kurs beginnt mit ganz einfachen Signalen und wird im Verlauf immer anspruchsvoller. Er führt durch die Vielgestaltigkeit der akustischen Phänomene, die die Vögel beherrschen – von der Vielfalt der Lautäußerungen über die Anpassung an unterschiedliche Lebensräume, das komplette Repertoire bis hin zum Improvisieren, Nachahmen und Lernen. Der akustische Zugang zum Kurs erfolgt durchweg über die direkt neben den Beispielen eingedruckten QR-Codes.

Wir sind überzeugt, dass von den zahlreichen Neuerungen nicht nur die ständig zunehmende Zahl der Menschen profitiert, die aktuell ihr Herz für die Vögel und speziell ihre vielfältigen Rufe und Gesänge entdecken. Auch Fortgeschrittene werden sicherlich noch viel Neues zu diesem schier unerschöpflichen Thema in diesem Buch finden und so ihr Wissen und ihr Verständnis der gefiederten Mitlebewesen erweitern können.

2 Vogelstimmen – ein sinnliches Vergnügen

Ein Vogellied steigt aus dem Efeubehang der Birke auf. Es beginnt mit leisem Schwätzen, steigert sich allmählich, erreicht schließlich schneidend laut strahlende Höhen und verklingt schnell. Wer mag der Sänger

Graue Eminenz mit schwarzer Kappe: Die Mönchsgrasmücke singt ihre Strophe zuerst schwätzend, dann strahlend laut.

sein? Er hält sich verborgen. Er singt erneut, jetzt im Nachbarbaum, ein wenig entfernt. Der Kenner der Vogelstimmen weiß, auch ohne den Vogel gesehen zu haben, um wen es sich handelt. Er weiß, dass es eine männliche Mönchsgrasmücke war, ein grauer Vogel mit schwarzer Kopfkappe, dass seine Strophe aus dem leisen Vorgesang und dem strahlend reinen, lauten Überschlag besteht. Dass der Vogel im Sommer Insekten, im Herbst Beeren frisst und sich dann aufmacht auf die Britischen Inseln, in den Süden Europas oder nach Nordafrika, wo er den Winter verbringt. Kann sein, dass der Kenner vor lauter Wissen die Schönheit des Vogelgesangs gar nicht mehr wahrnimmt. Wir glauben das nicht. Man wird das Erstaunliche und das Schöne der Vogelgesänge nicht verpassen, wenn man nur genau hinhört. Schließlich entdeckt man auch immer Neues an der Vogelmusik, mit der die Vögel im Frühling die Luft erfüllen.

Wie die Vögel singen zu können oder doch wenigstens Vogelstimmen erkennen und sich merken zu können, dies ist ein alter Menschheitstraum – beinahe wie der, sich einem Vogel gleich in die Luft zu schwingen und zu fliegen.

Tatsächlich ist Vogelgesang so flüchtig wie ein davonfliegender Vogel. Man muss schon technische Kunstgriffe anwenden, um ihn wiederholbar aufzuzeichnen oder ihn gar „schwarz auf weiß“ auf Bildschirm oder Papier zu bringen. Doch schon allein das Erkennen der Lautäußerungen unserer heimischen Vögel – und seien es nur die Vögel vor der Haustür – will gelernt sein. Dieses Buch möchte Natur- und Vogelfreunden das Rüstzeug für das Kennenlernen der Stimmen häufiger Vogelarten und auch einiger seltenerer Vertreter vermitteln. Es ist zugleich ein Material- und ein Methodenbuch. Es beschreibt die geeigneten Methoden des Lernens und führt anhand zahlreicher Tonbeispiele in einem ausführlichen Kurs und mit praktischen Übungen in die Vogelstimmenkunde und in die Gesänge und Rufe heimischer Vögel ein. Unser Ziel ist dabei eine beispielhafte Einführung in die Stimmenvielfalt, nicht jedoch eine vollständige Darstellung der Lautäußerungen aller in Deutschland oder Mitteleuropa vorkommenden Vogelarten. Fortgeschrittene Leser und Hörer finden im Literatur- und Quellenverzeichnis am Ende des Buches Hinweise auf weiterführende Literatur, Filme und Tonträger.

Eine unerlässliche Vorbedingung für den Erfolg beim Lernen ist allerdings das eigene geduldige Zuhören und Beobachten draußen in der Natur. Wer aber erst einmal die Lieder der Vögel wiedererkennen kann, wird die Sänger auch besser verstehen und wird sie vielleicht auch zusammen mit ihrer natürlichen Umwelt schützen wollen. Dieses Buch möchte den Weg zum besseren Hören, Wiedererkennen und zum eigenständigen „Verstehen“ der Vogelstimmen ebnen. Vogelstimmen sind in ihrer Vielfalt Teil unserer belebten Umwelt. Sich mit ihnen zu beschäftigen, das kann ebenso ernsthaftes Tun wie auch spielerisches Steckenpferd sein. Auch dies weiß man heute: Das Hören von Vogelstimmen trägt zur psychischen Gesundheit bei – selbst bei Menschen, die mitten in der Stadt leben.

3 Danksagung

Dass dieses Buch geschrieben werden musste, lag nach dem Erscheinen unseres Vogelstimmenführers (zuletzt Bergmann, Engländer, Baumann & Helb, Version 3, 2018) auf der Hand. Während dort die Vielfalt europäischer Vogelstimmen präsentiert wurde, wird hier eine gründliche, illustrierte und auf verschiedenen Medien basierte Einführung in die Vogelstimmenkunde geliefert. Der unmittelbare Anstoß dazu kam vom Verleger Gerhard Stahl. Die Vogelstimmen-Imitationen und die gesprochenen Merkverse in dem zugehörigen Tonmaterial wurden mit freundlicher Genehmigung des Musikverlages Edition AMPLE, Germering, aus der CD „Vogelexkursion mit Uwe Westphal“ entnommen.

Für zur Verfügung gestellte Tonaufnahmen von Vogel-Lautäußerungen sind wir Dr. Winfried Krey (†) und Dr. Michael Schubert dankbar, ebenso Günther Groß, der die Vogelstimmenaufnahmen ursprünglich bearbeitet hatte. Dr. Karl-Heinz Frommolt hat uns im Hinblick auf die Geräteausstattung für die Freilandarbeit beraten, Hans-Joachim Fünfstück bei der Beschaffung von Fotos unterstützt. Die Sonagramme wurden von Dr. Wiltraud Engländer angefertigt und optimiert. Georg Grothe vom Verlag Quelle & Meyer hat das Entstehen der neuen Form des Buches sorgfältig betreut. Allen Genannten sei herzlich gedankt.

4 Hinweise zum Lesen der QR-Codes

Neben den Sonagrammen oder Texten sind QR-Codes eingedruckt. Die zugehörige, im Internet kostenlos und in mehreren Varianten verfügbare Software laden Sie bitte auf Ihr Mobiltelefon oder Tablet herunter. Mit der Kamera Ihres Gerätes können Sie nun den jeweiligen QR-Code einlesen und im Internet die passende Vogelstimme abrufen. Bitte beachten Sie, dass je nach Einstellung und Tarif Ihres Gerätes dabei Kosten für die Internetverbindung entstehen können.

Tonbeispiele

Die QR-Codes in diesem Buch führen zu vier Serien von Ton- bzw. Ton-/Filmbeispielen:

- Tonbeispiele zum Kapitel „Sprachliche Hilfsmittel“, ab Seite S. 34.
- Tonbeispiele zum Vogelstimmenkurs, Lektion 1-22, ab Seite S. 76.
- Tonbeispiele zum Kapitel „Üben und Prüfen“ (A1 – F6), ab Seite S. 150.
- Ton-/Filmbeispiele zum Kapitel 11 „Die 22 häufigsten Brutvogelarten und ihre Stimmen“, ab Seite S. 186.

Aus methodischen Gründen sind manche Arten und manche Aufnahmen mehrfach vertreten. Es wird im Übrigen empfohlen, nicht zu viele Tonbeispiele in kurzer Zeit anzuhören.

5 Vogelstimmen kennen – wozu?

Für viele Menschen bedeutet das Hören und Wiedererkennen von Vogelstimmen einfach ein ästhetisches Vergnügen. Man nennt die Beschäftigung mit der Vogelwelt und ihren Lebensäußerungen eine „scientia amabilis“, eine „liebenswerte Wissenschaft“, und spricht von ihrem hohen Freizeitwert. Vogelstimmen zu kennen ist eine Kunst, die nicht wenigen Zeitgenossen verschlossen ist und von anderen bewundert wird. Ein wirklicher Kenner hält aber diese „Kunst“ für völlig normal. Ihm genügt noch nicht einmal das, was der Anfänger gern möchte: zu jeder gehörten Stimme den richtigen Artnamen nennen zu können. Sein wirkliches Geschick und die Erfahrung zeigen sich vielmehr darin, das Individuelle und das Einmalige in jedem Vogelgesang zu entdecken. Vogelgesang ist immer neu, etwa wie Live-Musik. Vögel können nicht nur etwas Gehörtes nachsingen – manche können das meisterhaft –, sie können es auch variieren oder improvisieren. Und das macht die Einmaligkeit vieler Vogelgesänge in einem vorgegebenen Rahmen aus. Es erschwert aber auch das automatische Erkennen, von dem heute noch viele träumen. Man lasse sich nicht durch hohe Ziele entmutigen. Man kann einen Vogelgesang oder -ruf natürlich trotz aller Variabilität mit menschlichem Gehör in aller Regel einer bestimmten Art zuordnen. Diese Fertigkeit soll hier auf den verschiedensten Wegen vermittelt werden.

Vogelstimmen stellen in vieler Hinsicht auch einen Schlüssel zur weiteren Biologie der Vögel dar:

- Oft haben Forscher eine neue Vogelart entdeckt, nur weil ihr Gesang sich von dem einer bekannten ähnlichen Art unterschied.
- Viele Vögel lassen sich fast nur anhand ihrer Gesänge auffinden. Aus der Anzahl singender Männchen auf einer Fläche kann man die Siedlungsdichte der Population ableiten.
- Über die Vielzahl in einem Gebiet singender Vögel findet man Zugang zur dortigen Biodiversität und zu ihrer Schutzwürdigkeit.
- Aus der räumlichen Verteilung der Gesänge eines Männchens kann man die Größe seines Reviers erschließen.
- Durch Vorspielen von Vogelstimmen lässt sich ermitteln, woran ein Vogel Geschwister, Eltern und Partner, Angehörige der gleichen Population, sonstige Artgenossen und Artfremde akustisch erkennt.
- Das Gesangslernen der Singvögel weist erstaunliche Parallelen zur Sprachentwicklung des Menschen auf. So stellen die vielfältigen Signale und Reaktionen der akustischen Kommunikation der Vögel schließlich auch Modelle dar, mit deren Hilfe wir Menschen uns selbst besser verstehen lernen können.

Der Neuntöter fängt kleine Tiere wie ein Mini-Greifvogel. In seinem Gesang jedoch zeigt er sich als begabter Singvogel.

Rotkehlchen markieren mit Gesang ein Revier, oft auch im Winter.

6 Vor dem Kennenlernen: Allgemeines über Vogelstimmen

Wer nicht nur die Vogelstimmen kennen lernen, sondern auch mehr über ihre Bedeutung und ihr Zustandekommen wissen will, findet in den folgenden Abschnitten die gesuchte Information. Außerdem: Vogelstimmen kann man sich besser merken, wenn man mehr über sie weiß.

Warum singen Vögel?

Ein Buchfink singt das ganze Frühjahr über bis in den Hochsommer hinein. Lässt sich ein anderer Buchfink in seinem Revier hören, so jagt er ihn davon. Der Buchfink markiert mit dem Gesang sein Revier und damit seinen Raumanspruch gegenüber anderen Buchfinkenmännchen. Er tut das selbst dann (allerdings meist nicht ganz so intensiv), wenn weit und breit kein anderer Buchfink zu sehen oder zu hören ist. Rotkehlchen und Zaunkönige singen an sonnigen, nicht zu kalten Tagen sogar im Winter, um ihren Revieranspruch kundzutun. Beim Rotkehlchen tun dies im Herbst selbst die Weibchen. Sie besetzen zu dieser Zeit eigene Reviere, bevor ein Teil der Vögel zum Überwintern in den Süden zieht. Zur Fortpflanzungszeit im Frühjahr nutzen sie aber ein gemeinsames Revier mit dem männlichen Brutpartner und singen dann nicht mehr. An den Gesängen fremder

Arten stört sich weder der Buchfink noch das Rotkehlchen. So können Angehörige verschiedener Arten gleichzeitig so gut wie ungehemmt nahe beieinander singen, sodass ihre Reviere sich überlappen. An einem Frühlingsmorgen ergibt das an einem Ort ein vielstimmiges Vogelkonzert und kann leicht zur Verwirrung der menschlichen Zuhörer führen.

Im Frühjahr endet bei manchen Arten der Gesang bereits zu dem Zeitpunkt, an dem das Männchen eine Partnerin gefunden hat. Es beginnt nur dann wieder zu singen, wenn das Weibchen stirbt oder verschwindet oder das Männchen um eine weitere Partnerin wirbt. Dies gilt beispielsweise für den Trauerschnäpper und den Waldlaubsänger. Hier dient der Gesang ganz vorrangig dem Anlocken von Weibchen.

Der Waldlaubsänger singt nur so lange, bis er ein Weibchen gefunden hat.

Bei den meisten Vogelarten hat der Gesang aber eine Doppelfunktion: Reviermarkierung und Werben um ein Weibchen. Bei einigen, wie zum Beispiel beim Drosselrohrsänger, gibt es sogar zwei verschiedene Gesangsformen für diese beiden Funktionen. Der an die Nachbarn gerichtete territoriale Gesang wird bei vielen Arten durch Kontersingen und Abstimmung in den Motiven (song matching) erkennbar. Unter Kontergesang versteht man den zeitlich eng abgestimmten Strophengesang zweier rivalisierender Männchen, bei dem beide unmittelbar auf jeweils eine Strophe des anderen antworten, und zwar mit möglichst ähnlichen Motiven. Der an die Weibchen gerichtete Gesang ist oft variabler und gehaltvoller. Ob Vögel nicht nur im Dienst dieser Funktionen singen, sondern auch aus spielerischer Freude, das entzieht sich dem Zugriff der biologischen Forschung. Weiteres über die funktionelle Bedeutung des Vogelgesangs s. Seite S. 15 ff.

Wie singen Vögel?

Stimmlaute

Vogelgesang und Vogelrufe entstehen, wenn Luft an schwingenden Systemen der Syrinx vorbeistreicht. Die Syrinx – das ist der untere Kehlkopf der Vögel. Die Luft stammt aus den Luftsäcken, die im Vogelkörper vorhanden sind, beim Atmen gefüllt werden und durch Muskulatur wie Blasebälge zusammengedrückt werden können. Die entscheidenden Luftsäcke für die Stimmbildung liegen im Bauch des Vogels. Der Vogel singt also ganz wörtlich aus dem Bauch heraus. Die Syrinx ist bei den Singvögeln im Wesentlichen eine Halterung für schwingende Membranen, die zwischen Knorpelringen an der Stelle ausgespannt sind, wo die Luftröhre (Trachea) sich in die beiden Bronchien spaltet (s. Abb. auf S. 16). Diese führen die Luft den Lungenflügeln und den Luftsäcken zu. Da die schwingenden Membranen paarig angelegt sind und die umgebende Muskulatur sowie die Innervierung gleichfalls, können die beiden Syrinxhälften vom Gehirn aus unterschiedlich angesteuert werden und gleichzeitig unterschiedliche Laute hervorbringen. Der Vogel kann somit zweistimmig singen oder rufen! Wenn er im frühen Frühjahr bei Frosttemperaturen singt oder ruft, dann kann man im Gegenlicht sehen, wie er zu jedem Element seines Gesangs ein Atemwölkchen ausstößt – genauso wie es bei uns Menschen geschieht, wenn wir ausatmen.

Der Feldschwirl kann seinen schwirrenden Gesang viele Minuten lang ohne merkliche Pause vortragen.

Vögel bringen keineswegs nur reine Töne hervor, wie sie eine Flöte produziert. Reine tonkonstante Töne sind sogar eher eine Seltenheit. Meist werden Töne erzeugt, die ihre Tonhöhe gleitend ändern (glissando) oder die durch zusätzlich aufgelagerte tiefe Frequenzen summend, vibrierend oder rau klingen (vibrato). Selbstverständlich können wiederholte Töne und andere Laute auch lauter werden (crescendo) und ihre Elementwiederholung beschleunigt werden (accelerando). Den Tönen gegenüber stehen die sehr häufig verwendeten Klänge, bei denen der reine Ton gleichzeitig von einer Serie harmonischer Frequenzen mit der doppelten oder mehrfachen Schwingungszahl begleitet wird. Dieses Obertonsystem klingt nasal, wie eine Geige. Doch vermag die Syrinx auch Geräusche zu erzeugen, die gar keine definierten Schwingungen bestimmter Tonhöhen erkennen lassen, sondern ein breitbandiges Geräusch darstellen, wie etwa beim Zischen eines Schwans oder bei dem kurzen „Knappen" des Auerhahns. Die verschiedenen Klangqualitäten – Ton, Klang, Geräusch – können vom Vogel noch dazu beliebig miteinander kombiniert werden. Selbstverständlich wird diese Vielfalt von Schallprodukten nicht allein durch zwei schwingende Membranen erzeugt, vielmehr sind dabei weitere Schall erzeugende und modulierende Systeme in der Syrinx und ihrer Umgebung beteiligt. Für die Steuerung der Syrinx sind zahlreiche Muskelpaare verantwortlich, die das Lautorgan wie ein Mantel umhüllen. Äußere Muskeln verbinden es mit dem Skelett, bis zu fünf innere Paare steuern

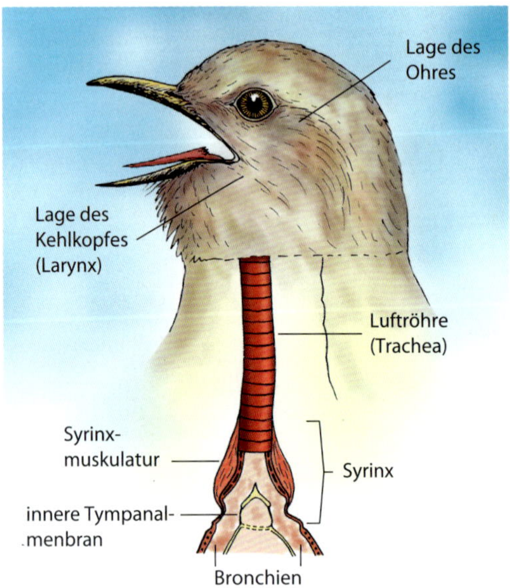

Bau des Stimmorgans der Vögel (halbschematisch). Die Syrinx mit den schwingenden inneren Tympanalmembranen ist im Längsschnitt dargestellt und gegenüber dem Kopf um 90° gedreht.

Singen mit Schnabel und Schwanz?

Ein singender Vogel öffnet meist zu jedem Element, das er hervorbringt, seinen Schnabel. Ein Kranich bringt seinen Ruf ebenfalls mit weit geöffnetem Schnabel hervor. Wenn ein Feldschwirl sein kontinuierliches Schwirren erzeugt, hält er den Schnabel offen, man sieht aber ein Vibrieren. Darüber hinaus kann man auch an Kehle und Brust des Sängers Bewegung wahrnehmen. Obwohl das Schnabelöffnen zum Singen und Rufen der Vögel gehört, singen oder rufen sie doch nicht mit dem Schnabel. Das eigentliche lauterzeugende Organ ist die Syrinx (s. S. 16). Beobachtet man einen singenden Vogel von der Seite oder von hinten, so sieht man noch etwas Zusätzliches: Der Schwanz bewegt sich im Takt des Gesangs. Das liegt an der Tätigkeit der Luftsäcke im Bauchraum, die den für die Lautäußerungen nötigen Luftstrom an der Syrinx erzeugen. Der Vogel singt also weder mit dem Schnabel noch mit dem Schwanz, aber beide sind äußerlich bei der Erzeugung der Lautäußerung beteiligt.

Höckerschwäne gelten landläufig als stumm, verfügen aber über etliche Rufe und erzeugen bei Start (im Bild) und Landung auf dem Wasser sowie im Streckenflug Instrumentallaute mit Flügeln und Füßen (vgl. S. 18 ff.).

die Syrinx direkt. Außerdem spielen auch die die Syrinx unmittelbar umgebenden Luftsäcke eine Rolle bei der Schallerzeugung. Das Gehirn steuert dieses Wunderwerk über motorische Nerven. Gleichzeitig findet eine Kontrolle der Lautäußerungen über das Gehör statt.

Bis jetzt war hier nur von der Klangqualität die Rede – das sind die phonetischen Merkmale der Vogelstimme. Die Dauer der einzelnen Gesangselemente und der Strophen (Definitionen vgl. Glossar, S. 216 ff.), ihre Abfolge und die gesamte Zeitstruktur kann man als die Syntax (oder die Grammatik) der Vogelstimme bezeichnen – genau wie bei der menschlichen Sprache. Phonetik und Syntax wirken zusammen, sodass die teilweise hoch komplizierten Schallgebilde entstehen, die die Lautäußerungen der Vögel ausmachen.

Ohne Stimme erzeugt: instrumentale Laute

Neben der Entwicklung der Vogelstimmen mit Rufen und Gesängen hat die Evolution auch zu anderer Lauterzeugung mit Signalcharakter bei Vögeln geführt: Den Stimmlauten stehen Instrumentallaute gegenüber (Vogelstimmenkurs, Kap. 8, Lektion 5), die nicht in der Syrinx entstehen, sondern mit unterschiedlichen äußeren Körperteilen erzeugt werden. Man muss sich das so vorstellen: Bewegungen bringen Geräusche mit sich. Wenn der Vogel beispielsweise aktiv fliegt, entsteht als Zusatzphänomen ein rhythmisches Geräusch besonders an der Flügelspitze, die die schnellsten Bewegungen vollführt. Selbst wenn der Vogel nur gleitet, ent-

Auch beim Flattersprung des Zwergtrappenhahns während der Balz entsteht pfeifender Flugschall.

Fliegende Ringeltauben erzeugen im Abflug ein peitschendes Flügelklappen, im Vorbeiflug hört man von den Vögeln ein feines Pfeifen im Rhythmus des Flügelschlags.

steht ein Rauschen. Bei den Eulen hat sich eine bestimmte Flügelfederstruktur entwickelt, die solche unbeabsichtigten Geräusche weitgehend unterdrückt – um gegenüber der Beute nicht aufzufallen und ihr eigenes Hören nicht zu behindern. Bei anderen Vögeln wiederum hat dieser sogenannte Flugschall eine Signalfunktion angenommen: Bei Schellenten und

Wenn sich die Partner eines Storchenpaares auf dem Horst treffen, klappern sie anhaltend mit dem Schnabel.

Zwergtrappen, um nur zwei Beispiele zu nennen, ist jeder Flügelschlag mit einem hellen Ton verbunden, den man weit hört. Die Schellente hat ihren deutschen Namen, die Zwergtrappe ihren spanischen („sison“) von diesem Flugschall bekommen.

Die Entwicklung dieser instrumentalen Lautäußerungen ist meist mit der Umgestaltung einer äußeren Handschwinge zu einer Schallschwinge verbunden. Bei Bekassinen verursacht das Vibrieren der äußeren Schwanzfedern bei wiederholten kurzen Sturzflügen während des revieranzeigenden Schauflugs („Revierflug“) dumpfen rhythmischen Schall, das sogenannte Meckern – der Vogel wird daher auch „Himmelsziege“ genannt. Zistensänger erzeugen beim Revierflug klappernde Flügelgeräusche. Da diese Geräusche ausschließlich beim Schauflug erzeugt werden, dienen sie – neben stimmlichen Gesangseinlagen – zweifellos der zusätzlichen akustischen Reviermarkierung. Auch andere Körperteile werden für die Signalerzeugung eingesetzt: Spechte nehmen beim Trommeln mit dem Schnabel einen morschen, hohlklingenden Ast oder einen anderen Gegenstand als Resonanzkörper zu Hilfe. Bei manchen Spechtarten tritt das Trommeln vollständig an die Stelle von stimmlichem Gesang und dient wie dieser der akustischen Markierung des eigenen Reviers, an der sich auch das Weibchen trommelnd beteiligen kann, sowie der Verständigung der Partner untereinander. Zu den bekanntesten Instrumentallauten gehört das gemeinsame Schnabelklappern eines Weißstorchpaares auf dem Horst. Es dient als Begrüßungszeremonie der Brutpartner, als hörbares Zeichen der gegenseitigen Verbundenheit und zur Abwehr fremder Artgenossen, die dem Horst zu nahe kommen.

Was Hänschen nicht lernt ...

Das Lernen von Gesang

Wahrscheinlich ist es für die Männchen vieler Vogelarten ein wichtiges Ziel, vielgestaltig zu singen. Je mehr Varianten ein Sänger beherrscht, desto größer sind seine Chancen bei den Weibchen, die anhand des dargebotenen Gesangs und anderer Kriterien die „Qualität“ der Männchen beurteilen. Indem sie die am besten singenden Männchen als Partner wählen, üben sie einen Selektionsdruck auf die Qualität des Gesangs aus. Diese dürfte ebenso wie dessen Dauer und Intensität indirekt Auskunft geben über die körperliche und geistige Leistungsfähigkeit der Sänger. Vereinfacht ausgedrückt: Der Gesang ist sozusagen die akustische Visitenkarte eines Vogelmännchens, anhand derer sich die Weibchen einen möglichst starken und erfahrenen Partner aussuchen können. Bei manchen Arten ist die Evolution des Gesangs aber auch in ganz anderer Rich-

Das Rotsternige Blaukehlchen singt schon am frühen Morgen. Sein Gesang steckt voller erstklassiger Spottmotive.

tung verlaufen. Bei den Schwirlen, zum Beispiel beim Feldschwirl, ist ein völlig monotoner schwirrender Gesang entstanden (Vogelstimmenkurs, Lektion 4). Hier müssen die Weibchen andere Gesangsmerkmale als die Vielfalt der Motive oder überhaupt ganz andere Merkmale der Männchen verwenden, um ihre Qualität zu beurteilen.

Männchen können ihren Gesang im Prinzip auf verschiedene Weise ausbilden: Entweder der Gesang ist ihnen „angeboren", das heißt sie entwickeln ihn in der Jugend aufgrund genetischer Information. Das scheint für viele Nicht-Singvögel zu gelten, zum Beispiel für den Haushahn. Die Singvögel dagegen müssen ihren Gesang im Allgemeinen lernend entwickeln. Das ist auf zweierlei Weise möglich. Entweder sie lassen sich selbst etwas Neues einfallen, sie improvisieren. Oder sie entlehnen ihren Gesang dem Vorbild anderer Individuen oder sogar fremder Arten. Dieses Verfahren wird Imitation oder Nachahmung genannt. Wenn sie artfremde Vorbilder nachahmen, spricht man auch vom Spotten und von Spottsängern (Vogelstimmenkurs, Lektionen 12, 15). Diese treten übrigens damit meist nicht als Konkurrenten ihrer Vorbilder auf, weil sie entweder viele verschiedene Nachahmungen nebeneinander benutzen (z. B. Stare und Sumpfrohrsänger) oder – häufiger – einzelne Imitationen in ihren Gesang einbauen. Die Vorbildvögel reagieren nicht auf diesen Stimmenmix, in dem Stücke ihres eigenen Artgesangs vorkommen.

Welche der beiden genannten Strategien die bessere ist – Improvisieren oder Imitieren – kann man nicht von vornherein entscheiden. Da aber das Fremdimitieren sehr verbreitet ist, scheint es vielen Vögeln nicht schwer zu fallen. Wahrscheinlich beruht dies einfach auf ihrer allgemein entwickelten Fähigkeit zum Gesangslernen. Meistens ist das gewählte Vorbild sogar ein Artgenosse. Man kann von ihm auch Fremdimitationen über-

Der Schilfrohrsänger ist nicht ganz so imitationsbegabt wie der Sumpfrohrsänger.

nehmen, die er früher in sein Repertoire aufgenommen hat. Wer vom arteigenen Nachbarn lernt, kann trotzdem auch zusätzlich für Fremdes offen sein. Gelerntes auf die eine oder andere Art an die nächste Generation weiterzugeben – das ist echte Tradition und sie ist bei Singvögeln weit verbreitet.

Der Vorbildgesang, häufig der des leiblichen Vaters, wird bei den meisten Vogelarten in einer sensiblen Jugendphase aufgenommen, oft sogar lange bevor der Vogel selbst zu singen beginnt. Er muss sich diesen Gesang dann merken und später das Gemerkte in eigenen Gesang umformen (Vogelstimmenkurs, Lektion 14). Dazu bedarf es zusätzlich oft langer Übung – ein weiterer Teil des gesamten Lernvorgangs. Eine sensible Phase, also ein enges Zeitfenster für das Aufnehmen der Information während der Jugendentwicklung, ist typisch für prägungsartiges Lernen, das zu einem ziemlich stabilen Ergebnis führen kann. Später, nach dem Ende des Gesangserwerbs, ist der Vogel meist nicht mehr aufnahmebereit. Selbst einem begabten Spottsänger wie dem Sumpfrohrsänger kann man nichts mehr beibringen, wenn seine Lernphase erst einmal abgeschlossen ist. Nur von wenigen Vögeln wissen wir, dass sie das ganze Leben über, besonders aber jedes Frühjahr, zum gesanglichen Lernen imstande sind. Zu ihnen gehört der Kanarengirlitz, dessen Nachkommen als Kanarienvögel in vielen Haushalten leben.

Auch manche Rufe (S. 23) müssen erlernt werden. Beim Buchfinken ist der „pink"-Ruf, der ihm den Namen gab (S. 129), in der Jugend modifizierbar. Auf der Atlantikinsel Madeira gibt es eine eigene Buchfinkenpopulation, die statt des „pink" ein gereihtes, oft 6 bis 7 Silben umfassendes „jübjübjübjüb..." ruft. Noch weiter geht bei den Buchfinken die Variation der sogenannten Regenrufe, die bei schlechtem Wetter und anderen störenden Bedingungen an die Stelle des Gesangs treten können. Sie sind nur den Männchen zu eigen und nur während der Brutzeit zu hören, also tatsächlich gesangsartig gesteuert. Allein in der niedersächsischen Großstadt Osnabrück gibt es fünf verschiedene Dialekte des Regenrufs (Vogelstimmenkurs, Lektion 11), die noch dazu durch Übergänge miteinander verbunden sind.

Für alle Zwecke: Gesänge und Rufe

Neben dem Reviergesang gibt es bei vielen Vögeln andere, oft weniger auffallende Gesangsformen. Jungvögel tragen noch im ersten Herbst gelegentlich leise schwätzenden Gesang vor, zu einer Zeit, in der sie den Vollgesang noch nicht beherrschen. Dieser Jugendgesang ist dann oft sehr variationsreich. Im frühen Frühjahr hört man auch von Altvögeln manchmal solchen leisen Schwatzgesang. Er zeigt dann, dass der von der zunehmenden Tageslänge gesteuerte Hormonspiegel im Vogel noch nicht hoch genug ist, um vollen Gesang zu ermöglichen. Vielleicht ist dabei auch ein spielerisches Element beteiligt. Andererseits sind unvollständige schwätzende Gesangsformen im Frühjahr auch für die Jungvögel des Vorjahres charakteristisch, die noch üben müssen. Man spricht dann davon, dass der Gesang noch „kristallisieren" muss. Alle diese unvollkommenen, leise schwätzenden Gesangsformen kann man unter dem englischsprachigen Begriff „Subsong" zusammenfassen.

Rufe

Gesang ist von einem Vogel häufig ohne aktuellen Anlass zu hören. Anders bei den Rufen. Sie sind vielfach nicht an Jahreszeiten gebunden, dafür aber meist an bestimmte Situationen. Während Gesang bei den meisten Vogelarten nur von Männchen hervorgebracht wird, sind Rufe

Bei großer Erregung äußert die Singdrossel am Boden sitzend einen leise schwätzenden „Subsong".

Ein Buchfinkenmännchen beim „Regenruf“ nimmt die gleiche Haltung ein wie beim Gesang.

auch von den Weibchen und auch von Jungvögeln zu hören. Die Situationen, in denen die Rufe geäußert werden, sind in vielen Fällen einfach und klar zu erkennen. Viele Vögel verfügen über Rufe, die sie nur im Flug hören lassen oder kurz vor dem Abflug. Man nennt sie deswegen Flugrufe. Für das Werben gibt es spezielle, unter Umständen bei Männchen und Weibchen verschiedene Laute. Unselbstständige Jungvögel tun ihren Appetit und ihren Aufenthalt mit speziellen Bettel- oder Standortlauten kund. Auch für die weiteren Beziehungen zwischen Eltern und Kindern gibt es teilweise besondere Laute. Manche Rufe werden auch einfach als Kontaktlaute bezeichnet – ein ziemlich sinnloser Begriff, weil eigentlich jedes Signal dem Kontakt, das heißt der Kommunikation unter Artgenossen dienen soll. Entsprechendes gilt für den Begriff Stimmfühlungslaut. Beispiele für das umfangreiche Lautrepertoire ausgewählter Vogelarten finden sich im Vogelstimmenkurs, Lektionen 16-18.

Welche Botschaften teilen Vögel mit?

Standort, Artkennzeichen, Dialekte, individuelle Eigenschaften und anderes mehr

„Hier bin ich – wo bist du?“ Diese Kombination von Aussage und Frage hat als erste die Schriftstellerin Selma Lagerlöf in ihrem bekannten Roman den Wildgänsen in den Schnabel gelegt, mit denen der kleine Nils Holgersson seine wunderbare Reise durch Schweden unternahm. Konrad Lorenz hat nach diesem Vorbild den Titel seines Gänsebuchs gewählt. In der Tat kombinieren viele Vogellaute verschiedene Mitteilungen in der Art, wie es das berühmte literarische Vorbild beschreibt. Das ist bei Gesängen genauso wie bei Rufen und Instrumentallauten.

Es gibt aber Ausnahmen: die Alarmrufe bei der Begegnung mit einem Feind (Vogelstimmenkurs, Lektionen 10 u. 20). Viele Vogelarten äußern sogar unterschiedliche Alarmrufe, je nachdem, ob sie angesichts eines Luftfeindes wie z.B. eines Sperbers oder eines Bodenfeindes wie einer Katze rufen. Solche Alarmrufe können von Artgenossen, aber auch von Artfremden sinnvoll ausgewertet werden. Daher sind Luftfeindalarmrufe von Art zu Art oft sehr ähnlich. Identisch sind sie aber doch nicht, sodass man als erfahrener Beobachter erkennen kann: Dies ist der Luftfeindruf einer Amsel, und jener kommt von einer Mönchsgrasmücke. Diese Lautäußerungen sind meist so konstruiert, dass man sie nicht gut orten kann: Es handelt sich um gedehnte und sehr hohe Laute, die leise einsetzen und ebenso sacht auslaufen. Die Luftfeindalarmrufe vieler Singvögel sind zu dem Zweck so hochtonig, dass sie von Sperbern und anderen fliegenden Feinden nicht geortet und teilweise nicht einmal gehört werden können. Wenn sie der Feind nicht hören kann, hat das klare Vorteile für die Mitglieder in einem Kommunikationssystem.

Die Funktion dieser Luftfeindalarmrufe ist teilweise noch umstritten. Sollen sie Artgenossen oder gar nur nahe Verwandte warnen? Sollen sie dem Feind kundtun, dass seine Anwesenheit entdeckt ist? Sollen sie vom

Flussseeschwalben: Während der Balz bettelt das Weibchen (unten) beim Partner um Futter, mit denselben Rufen wie später die Jungvögel.

Unverkennbar: Kraniche verfügen über gesangsartige Duette. Im Flug stoßen sie rau trillernde Flugrufe aus.

Rufer ablenken, weil andere Individuen plötzlich flüchten und dabei die Aufmerksamkeit des Feindes auf sich ziehen? Es ist also nicht einmal klar, ob diese Alarmrufe eher altruistischen oder egoistischen Zielen dienen. Manche Vogelarten variieren die Intensität und Art ihrer Bodenfeindalarmrufe in Abhängigkeit vom Ausmaß der Bedrohung. In diesen Fällen muss man wohl davon ausgehen, dass Artgenossen über Entfernung und Absicht eines Bodenfeinds, vielleicht sogar über dessen Identität, detailliert und zweckorientiert informiert werden. Die Gesänge der Vögel dagegen tun im Allgemeinen den Revieranspruch des Sängers kund, auch den Rang und die gesundheitliche Kondition.

Mitteilungen über weiter weg liegendes Vergangenes und Zukünftiges machen Vögel normalerweise nicht. Nur bei manchen Papageien und Rabenvögeln müssen wir damit rechnen, dass sie zu höchsten Leistungen auch im Bereich solcher Kommunikation fähig sind.

Viele Lautäußerungen enthalten ganz automatisch Information über den Standort des Senders: Man kann sie gut orten. Aber die Vögel müssen – was wir gern auch übersehen oder für selbstverständlich halten – auch ihre Identität mitteilen. Das Wichtigste dabei ist ihre Artzugehörigkeit. Die Amseleltern müssen zu den eigenen Jungamseln hingezogen werden und nicht zu den kleinen Singdrosseln, die unter Umständen im gleichen Revier großgezogen werden. Wenn nicht Vogelrufe und -gesänge ganz grundsätzlich Arteigenschaften übertragen würden, könnten auch wir als Beobachter sie nicht nach akustischen Bestimmungsmerkmalen auseinanderhalten.

Nicht überall in ihrem Verbreitungsgebiet verwenden die Vögel in dem gleichen Zusammenhang exakt dieselbe Lautäußerung. Es gibt häufig geografische Unterschiede, ganz gleich ob die Lautäußerungen erlernt werden müssen oder angeboren sind. Man spricht dann von Dialekten (Vogelstimmenkurs, Lektion 11). Solche Dialekte finden sich deutlich ausgeprägt bei den Gesängen einiger Arten, zum Beispiel bei der Goldammer und dem Ortolan. Dialekte enthalten damit dann Information über die Populationszugehörigkeit des Senders.

Schließlich gibt es auch in vielen Fällen individuelle Eigenschaften. Der Vogel tut also kund, dass er der „Franz“ ist und nicht der „Max“. Am besten kann man das bei jungen Eulen, etwa Wald- und Raufußkäuzen, hören, bei denen die Geschwister alle ein unterschiedliches Alter haben. Weil die Eier im Abstand von mehreren Tagen gelegt werden, die Bebrütung aber bereits mit dem ersten Ei beginnt, schlüpfen junge Eulengeschwister nicht gleichzeitig, wie es bei Nestflüchtern und bei vielen anderen Vögeln der Fall ist, sondern nacheinander. Sie verlassen das Nest lange bevor sie fliegen können, verteilen sich im Geäst und stehen mit ihren Eltern in Rufkontakt. Da sie unterschiedlich alt sind, haben sie besonders verschiedene Stimmen. Die Altvögel können also schon nach den Standortlauten ganz leicht unterscheiden, welches Kind wo sitzt. Allerdings ändern sich die Rufe wieder mit zunehmendem Alter. Und die Eltern müssen wohl mitlernen, so lange, bis die Jungen selbstständig sind. Individuelle Unter-

Dialekte im Vogelgesang: Goldammern beenden ihre Gesangsstrophen in verschiedenen Regionen Europas unterschiedlich.

Waldohreule, Ästling: Die Geschwister haben je nach Alter unterschiedlich klingende Bettel- und Standortlaute.

schiede in Lautäußerungen sind auch sonst weit verbreitet. Die Erkennbarkeit auf der Art-, Populations- und Individualebene muss natürlich in verschiedenen Merkmalen der Lautäußerungen enthalten sein. Die Nachrichten dürfen sich nicht gegenseitig behindern.

Anpassung der Vogelstimmen an ihre Umwelt

Lautäußerungen als Signale dienen ganz allgemein der Kommunikation zwischen einem Sender und einem Empfänger. Sie müssen sowohl auf der Senderseite als auch für die Seite des Empfängers – also für das Hören – angepasst sein. Aber sie benützen auf ihrem Weg einen Kanal – bei Lautäußerungen in der Regel den Luftraum. Doch der ist nicht einheitlich. Die Luft kann durch Wind oder Sturm oder Thermik in Bewegung sein, sie kann feucht oder trocken sein (vgl. S. 70); selbst im Wald und auf dem offenen Feld, in der Steppe und in der Wüste entstehen unterschiedliche Bedingungen für akustische Signale. Die Vegetation kann filternd wirken, sie kann aber auch einen störenden Geräuschpegel erzeugen. An das Rauschen der Brandung an der Meeresküste sind die kratzend-klirrenden Rufe von Seeschwalben angepasst, die harten Gesänge der Rohrsänger an die raschelnde Geräuschkulisse in einem Schilfgürtel. An das Tosen eines Gebirgsbaches haben sich die Lautäußerungen von Gebirgsstelzen, Wasseramseln und Flussuferläufern adaptiert. Sie klingen sämtlich sehr hoch. Alle diese ökologischen Bedingungen haben bei der Entwicklung der Signale mitgewirkt. Beispiele für die Anpassung von Signalen finden sich im Vogelstimmenkurs, Lektion 9.

Die harten Schreie der Brandseeschwalbe sind an das Rauschen der Brandung angepasst.

In ähnlicher Weise versteht man andere ökologische Anpassungen der Vogelstimmen. Bei den Vögeln im Wald klingen die Gesänge weniger hart als in eher offenen Lebensräumen. Das hat damit zu tun, dass in der Vegetation die harten geräuschhaften Elemente stärker gedämpft werden. Die tonalen Anteile setzen sich besser durch und erzielen eine größere Reichweite. Im Offenland klingen die Gesänge häufig eher hart und kratzig, etwa beim Braunkehlchen, bei der Dorngrasmücke und beim Steinschmätzer (s. auch Vogelstimmenkurs, Lektion 9). Solche Unterschiede

Gesänge und Rufe der Gebirgsstelze sind hochtonig und heben sich aus dem Bachrauschen heraus.

Der Baumpieper gehört zu den Vögeln, die ihren Gesang im Singflug vortragen.

findet man sogar innerhalb einer Art: Bei waldbewohnenden Kohlmeisen klingen die Gesänge mehr tonal, bei solchen im Offenland mehr geräuschhaft. Die in offenen Lebensräumen lebenden Arten präsentieren sich überdies häufig im Singflug. Sie können ihre Gesänge aus der Höhe besser auf Distanz wirken lassen, als wenn sie am Boden singen würden.

Es gibt allerdings auch Störwirkungen zwischen verschiedenen Vogelgesängen. Ein Teichrohrsänger präsentiert seinen nicht allzu lauten, etwas monotonen Gesang kontinuierlich, das heißt ohne Aufteilung in Strophen. Singt in seiner Nähe eine Nachtigall ihre plötzlich ausbrechenden und überlauten Strophen, unterbricht der Rohrsänger jeweils seinen Gesang und beginnt danach allmählich wieder zu singen – nur um bei der nächsten Nachtigallenstrophe wieder abzubrechen.

Die Kohlmeise passt ihren Gesang an den Lebensraum an, auch an Verkehrslärm.

Vogelgesang und Verkehrslärm

Singende Vögel haben nicht selten mit Lärm in ihrer Umwelt zu tun. Eine besonders clevere Anpassung an die Herausforderungen des Verkehrslärms zeigte ein Rotkehlchen in Hamburg, das in einem Gebüsch an einer Hauptverkehrsstraße lebte: In unmittelbarer Nähe gab es an einer Bushaltestelle eine Fußgängerampel mit Bedarfsschaltung. Immer wenn jemand den Ampelknopf drückte und der Verkehr bei Rot stoppte, begann der Vogel zu singen. Sobald die Fahrzeuge wieder anrollten und der Verkehrslärm alles übertönte, verstummte der Gesang. Dieses wiederholte sich vorhersagbar im unregelmäßigen Wechsel der Ampelphasen – das Rotkehlchen sang sozusagen auf Knopfdruck. Andere Individuen verschieben ihre Hauptgesangsaktivitäten in ruhigere Tages- oder Nachtzeiten, um von ihren Artgenossen gehört zu werden. Dann klingen ihre variablen, silberhell perlenden Strophen oft so laut und klar, dass viele Menschen sie fälschlich für den Gesang einer Nachtigall halten. Neuere Untersuchungen zeigen, dass etliche Vogelarten ihren Gesang auch noch auf ganz andere Weise an Straßenlärm anpassen. Eine Nachtigall, deren Revier an einer viel befahrenen Straße liegt, singt zu den Hauptverkehrszeiten deutlich lauter als in den Abendstunden oder am Wochenende, wenn das Verkehrsaufkommen und damit der Lärmpegel geringer sind. Ähnliches gilt für Kohlmeisen in der Stadt, deren Gesang zudem umso mehr zu höheren Frequenzen verschoben wird, je lauter es in der Umgebung ist. Manche Vogelarten mit sehr leisen, hochtonigen Stimmen wie etwa die Goldhähnchen scheinen gegen brandenden Verkehrslärm bisher keine Anpassungen entwickelt zu haben, sie müssen sich weniger lärmbelastete Reviere suchen.

Der Teichrohrsänger singt kontinuierlich vor sich hin, lässt sich aber von der Nachtigall unterbrechen.

Gesänge verändern sich: Schrittmacher der Artbildung

Vor einigen Jahrzehnten entdeckten Bioakustiker, dass die Berglaubsänger auf dem Balkan ganz anders rufen als die Verwandten in den Alpen. Die unterschiedlichen Rufe galten als ein schönes Beispiel für Rufdialekte. Beim genauen Hinhören fand man, dass auch die Gesänge unterschiedlich waren. In jüngerer Zeit wurden weitere, auch molekulargenetische Merkmale der beiden Populationen untersucht. Es stellte sich heraus, dass es sich tatsächlich um zwei verschiedene Arten handelt, die heute Berglaubsänger und Balkanlaubsänger genannt werden (Vogelstimmenkurs, Lektion 11). Die Rufdialekte und die unterschiedlichen Gesänge waren also lediglich ein erster Anhaltspunkt für die Unterscheidung der beiden Arten gewesen. Und so geht es oft. Unterschiedliche Gesänge in verschiedenen Vogelpopulationen haben in vielen Fällen zur Entdeckung

Im Brutgebiet lässt der Berglaubsänger seinen strophigen Gesang aus einer Baumkrone heraus hören.

Balkanlaubsänger in Israel: Als Durchzügler singt er meist nicht, kann aber am Ruf bestimmt werden.

neuer Arten geführt. Gesangsvielfalt ist Teil biologischer Vielfalt, der Biodiversität. Man muss jede derartige Entdeckung sorgfältig auf ihre Bedeutung prüfen. Gehört der Unterschied nur zu einem Individuum oder zu einer Population? Wenn Populationen verschiedene Rufe und Gesänge haben, sollten die unterschiedlichen Populationen als solche erhalten bleiben. Schließlich könnten evolutive Prozesse dahinterstecken. Dass Gesangsdialekte sogar als Schrittmacher der Artbildung wirken können, ist schon lange bekannt: Sie vermindern die Wahrscheinlichkeit, dass Angehörige verschiedener Populationen sich miteinander verpaaren. Als Konsequenz muss der Naturschutz sich auch um die Vogeldialekte kümmern – als einen Indikator von Verschiedenheit und einen Teil der biologischen Vielfalt.

Beim Lernen können selbstverständlich auch Fehler entstehen, die dann an die Nachkommen weitergegeben (tradiert) werden. Auf diese Weise können sich Dialekte im Laufe von Jahrzehnten und Jahrhunderten verändern. Die alten Dialektformen werden, wenn man sie „modernen" Vögeln vorspielt, nicht mehr ohne weiteres akzeptiert; die Vögel reagieren darauf deutlich weniger intensiv als auf „aktuelle" Gesänge. Bei Buchfinken, deren Vorfahren in den Jahren 1862 bis 1877 aus England nach Neuseeland exportiert wurden, findet man heutzutage deutliche Änderungen in den Strophentypen. Doch können wir Menschen sie immer noch als Buchfinkenschläge erkennen. Ähnliches gilt für die importierten Buchfinken von Kapstadt in Südafrika.

7 Wie lerne ich Vogelstimmen kennen? Praktische Tipps

Mag das Kennenlernen der Vogelstimmen auch schwer erscheinen: Es gibt hierfür eine Vielzahl von Methoden und Hilfsmitteln – glücklicherweise! Denn jeder lernt am besten nach eigener Manier, mit den individuell bevorzugten Methoden. Man ist sicher auch gut beraten, mehrere Methoden miteinander kombiniert auszuprobieren. In den folgenden Kapiteln behandeln wir die einzelnen Verfahren – beginnend mit den mehr abstrakten sprachlichen Beschreibungen über Darstellungen mittels Notenschrift und Sonagramm bis hin zu Imitationen, Bestimmungsschlüsseln, Tonaufnahmen und Exkursionen. Die Grundmethode ist dabei immer dieselbe: Sie besteht in der Wiederholung, dem Einüben. Man benötigt sicher einige Jahre, um schließlich im Frühjahr den ersten singenden Zaunkönig und die erste singende Gartengrasmücke auf Anhieb erkennen zu können.

Eine intensivere, mit Sonagrammen gestützte Einführung in die Vogelstimmen findet man im großen Vogelstimmenkurs ab S. 76. Für den allerersten Einstieg wird eine Auswahl der 22 bei uns häufigsten Vogelarten mit ihren Gesängen und weiteren für das Erkennen hilfreichen Informationen in Kapitel 11 (S. 186 ff., mit Filmbeispielen) vorgestellt.

Sprachliche Hilfsmittel

Ebenso wie Vögel singen und rufen, verständigen wir Menschen uns ganz bevorzugt akustisch: mithilfe unserer Sprache. Die Sprache stellt denn auch eine Anzahl verschiedener Hilfsmittel zur Verfügung, die wir für unser Vorhaben nutzen können.

Vögel, die ihren Namen nennen

Wenn man den Kuckuck singen hört, so liegt es nahe, sein zweisilbiges Motiv lautmalerisch zu einem Namen zu machen. Bei einigen Vogelarten wie Kuckuck, Rabe und Uhu ist dieser Zusammenhang leicht erkennbar und allgemein bekannt, andere von den Vogelstimmen abgeleitete Namen bedürfen aber der Erläuterung.

Der Uhu singt seinen Namen. Er demonstriert zugleich sein weißes Kehlgefieder.

Kuckuck: Der Name gibt den Gesang (fälschlich meist als „Ruf" bezeichnet) des Kuckucksmännchens wieder: kukuck kukuck kukuck ... Bei Erregung auch dreisilbig: kúkukuck kúkukuck ...

Zilpzalp: Ähnlich eindeutig liegt die Sache beim Zilpzalp, einem kleinen Singvogel, der unablässig seine monotonen Strophen ertönen lässt: zipzalpzipzalpzipzelpzilpzalpzilpzlp ... tzr tzr. Der deutsche Name hat von den verschiedenen Silben, die er singt, nur zwei verwendet.

Buchfink: Die Bezeichnung „Fink" ist abgeleitet von den auffälligen Rufen des Buchfinken: pink pinkpink ... Dies gab der ganzen Finkenfamilie den Namen, obwohl schon die nächsten Verwandten des Buchfinken, der Bergfink und der kanarische Teidefink, ganz anders rufen als der Namensgeber.

Stieglitz (Distelfink): Der lautmalerische Name „Stieglitz" bezieht sich auf die fröhlich klingenden Rufe des Vogels: tiglitt tiggelitt stick-stigelitt.

Star: Neben vielen anderen Lauten lässt der sehr stimmbegabte Star vor allem bei Störungen am Nest ein schnarrendes „staarr staarr" hören, ähnlich klingen auch die im Schwarm geäußerten Rufe: squarr squärrr...

Krähen und Raben: Auch diese Vögel sind nach ihren charakteristischen Rufen „kraaah" bzw. „raab" oder „rabrabrab" benannt. Hier rufen Rabenkrähen.

Uhu: Der weittragende dumpfe Gesang klingt wie bu-hoo, Buu-O oder U-hu und gab dem Uhu nicht nur seinen deutschen, sondern auch den wissenschaftlichen Namen *Bubo bubo*.

Kiebitz: Der Name ist abgeleitet von den charakteristischen Rufen des Vogels „kie-witt", die je nach Situation und Verfassung des Rufers vielfältig abgewandelt werden können.

Pirol: Das klangvolle Gesangsmotiv „düdlüliö" fand Eingang in den wissenschaftlichen Namen *Oriolus*, aus dem dann das deutsche „Pirol" wurde. Lautmalerisch sind auch die volkstümliche Bezeichnung „Vogel Bülow" und der französische Name

Auch beim Pirol leitet sich der Name vom Gesang ab.

der Art „loriot". Der Pirol als Wappenvogel der Adelsfamilie von Bülow stand denn auch Pate für den Künstlernamen „Loriot" des bekannten Humoristen Vicco von Bülow.

Wiedehopf: Auch beim Wiedehopf ist der wissenschaftliche Gattungsname „Upupa" von den charakteristischen Gesangsstrophen abgeleitet: hupupup hupupup hupupup... Wahrscheinlich stammt auch die Bezeichnung „Hopf" daher.

Kranich: Hier wird der Zusammenhang zwischen Name und Lauten erst richtig deutlich, wenn man die mittelhochdeutsche Bezeichnung „cranu" für den Kranich heranzieht; sie gibt insbesondere die gellend-schmetternden Warnrufe perfekt wieder, die von beiden Partnern bei Störungen im Brutrevier als Duett-Laute geäußert werden.

Vogelstimmen mit Silben und Wörtern wiedergeben

Das Bemühen, für Vogelstimmen klanglich entsprechende Wörter zu finden, ist schon alt. Einfach aufgebaute Gesänge und insbesondere Rufe lassen sich in vielen Fällen recht gut mit lautmalerischen Wortschöpfungen oder Buchstabenfolgen wiedergeben. Für das Lernen von Vogelstimmen ist es hilfreich, diese Wörter und Lautfolgen immer wieder im jeweils vogeltypischen Rhythmus laut vor sich hin zu sprechen und sich dabei den spezifischen Tonfall oder Klang der Vogelstimme vorzustellen. Dies setzt natürlich voraus, dass man die Gesänge oder Rufe bereits in der Natur oder zumindest von einem Tonträger gehört hat. Weiter unten sind einige Beispiele für verbale Umschreibungen zusammengestellt.

Will man solche Umschreibungen richtig verstehen oder sogar selbst herstellen, sollte man einige Regeln beachten. Eine Hauptrolle spielen die Vokale a, e, i, o, u und die zugehörigen Umlaute ä, ö, ü. Ein „i" wird für hohe Töne verwendet, ein „ü" für nicht ganz so hohe, aber klare Laute. Das „o" und das „u" stehen entsprechend für tiefe Laute. Das „e" kann für mittlere Tonlagen stehen, hat aber schon einen etwas nasalen Beiklang. Einen gedehnten Laut kann man durch Verdoppelung „üü“ oder auch durch ein angefügtes h wie „üh“ wiedergeben. Kombinierte Vokale wie „au“ und „ei“ zeigen Absinken oder Ansteigen der Tonhöhe an. Auch „u“ und „o“ sowie „ü“ werden gern mit dem „i“ kombiniert, wenn es gilt, einen ansteigenden Pfiff wiederzugeben, z. B. einen Alarmruf des Zilpzalps („hüid“) oder einen genauso klingenden Regenruf des Buchfinken, während der Alarmruf des Fitis besser mit „hooid“ dargestellt ist. Selbstverständlich wird man auch die verfügbaren Konsonanten verwenden. Ein „d“ stellt einen weichen, ein „t“ einen harten Beginn oder Schluss des Klanggebildes dar. Sehr nützlich ist das „l“, um einen Tonsprung zu versinnbildlichen, zum Beispiel in einem Ruf des Brachvogels „tüli“.

Viele Vogellaute sind aber auch zusammengesetzt, und da scheitert unsere Schriftsprache. Ein schrilles Trillern, wie etwa im Ruf eines Waldbaumläufers, besteht sozusagen aus einem gedehnten „ii“ und einem aufgelagerten gedehnten „rr“. Für die Schrillheit kommt noch ein „s“ hinzu. Ein geübter Stimmenimitator kann zwar das „ii“ zugleich mit dem Trillern erzeugen, aber die Schrift kann das nicht wiedergeben, es sei denn man würde alle Buchstaben übereinanderschreiben. Wenn man das vermeiden will, löst man das Ereignis in seine Komponenten auf und stellt sie hintereinander. Das führt in unserem Beispiel dann zu „srrii“ oder „ssrrih“ usw., je nachdem, wie der Mensch den Klang wahrnimmt und ihn in Sprache umsetzt. Selbstverständlich ist die sprachliche Umschreibung viel zu grob, um die Feinheiten der Vogellaute exakt oder auch nur allgemein akzeptabel wiederzugeben.

In den unten aufgeführten Beispielen ist noch ein wenig Grammatik oder Syntax zu beachten. Die gedruckten Wortabstände verdeutlichen jeweils die Pausen zwischen den einzelnen Lauten. Ein Bindestrich bedeutet eine mehr oder weniger kurze Pause, ein Leerzeichen (ohne Bindestrich) eine sehr kurze

Mit „tüli“ kann man einen Ruf des Brachvogels umschreiben.

Pause. Drei Punkte (...) besagen: Es geht so weiter. Im Vogelstimmenkurs (ab S. 76) bzw. in den QR-Codes finden sich nähere Erläuterungen und Tonaufnahmen für viele der nachfolgend aufgeführten Vogelarten. Die nachfolgenden Beispiele geben einen guten Querschnitt durch die heimische Vogelwelt, eine vollständige Darstellung von Vogellauten mithilfe der Silbenbeschreibung ist weder möglich noch angestrebt.

Einfache Gesänge und Rufe

Bachstelze (Rufe): zilipp – zilipp – ziwid...

Goldammer (Gesang): zizizizi – ziiieh

Haussperling: tschilp schilp – tschilp tschilip tschirrip tschili ...

Feldsperling: tschep tschep tschep – tschep tschep... tschl tschl...

Aber Achtung: Die Lautäußerungen der beiden Sperlingsarten können sich mitunter so sehr ähneln, dass ein Blick durch das Fernglas angeraten ist, um beide sicher unterscheiden zu können

Kohlmeise: Ihre Strophen können sehr variabel sein, sie zeichnen sich aber meist durch rhythmische Wiederholungen und einen oft metallischen Klang aus. Mitunter klingt es, als ob man mit einem kleinen Hämmerchen auf Metall schlägt; daher heißt die Kohlmeise in manchen Gegenden volks-

Singender Feldsperling, optisch nicht zu verwechseln mit dem Haussperling

tümlich auch Pink- oder Schlossermeise. Hier einige Strophenbeispiele:

Zizidä – zizidä – zizidä – zizidä ...

Zidl-zidl-zidl-zidl... oder auch tidl-tidl-tidl-tidl ... Zidäädät – zidäädät – zidäädät – zidäädät ... Zizibüit – zizibüit ...

Titütitütitü titütitütitü ...

Wenn man einer singenden Kohlmeise eine Weile zuhört, wird man merken, dass sie plötzlich von einem auf einen anderen Strophentyp umschaltet.

Der Alarmruf der Kohlmeise klingt zeternd: terrretetetetet – zrrrretetetetetet ...

Blaumeise: Gesang ein feines Trillern, durch hohe Töne eingeleitet: zizi zihihihihihi ...

Sumpfmeise: Gesang u.a. klappernd: zjetzjetzjetzjetzjet ... Verschiedene Rufe wie: psitjät psitjädät – psitjädät psitjädädädät (Achtung: das kann auch die Kohlmeise!)

Tannenmeise: rhythmisch wize wize wize wize ...

Haubenmeise: zigürrrr – zizigürrrr – gürrr – zizigürrrr ...

Schwanzmeise: Rufe schnurrend mit eingestreuten hohen Tönen: tschürrrrb tschürrrrb zisi zisisisi tschürrrrb ...

Zaunkönig: Sein Alarmruf klingt zwar auch etwas schnurrend, aber viel härter: zerrrrb zerrrrb. Daneben hat er weitere Varianten wie te te - tetetete.

Kleiber: Gesang laut pfeifend: wiiit wiiit wiiit wiiiit wiiiit ... oder: wiü wiü wiü ...usw.

Rufe (hier zu hören) auffällig und laut: tuit tuit tuit tuit tuit tuit ... oder twit twit twit ...

Gartenbaumläufer: Gesang eine einfache, aber einprägsame Strophe, hoch geflötet: titi titiroitititt

Waldlaubsänger: Wird wegen seines schwirrenden Gesangs auch Waldschwirrvogel genannt: sib sib sib sibsibsibsib – sirrrrrr
Weitere Strophe wie düh düh düh...

Baumpieper: Typischer Singflug: Fliegt stumm auf und beginnt auf dem Höhepunkt der Flugkurve zu singen. Er lässt sich mit Phrasen wie „zia zia" im Fallschirmflug mit halb geöffneten Flügeln abwärts sinken: zi zi zi zi zi zi zi zia zia ziaa ziaa ziaah

Ruf: pssib

Wiesenpieper: Singflug ähnlich Baumpieper, Gesang aber weniger ausdrucksvoll:

zi zi zi zi zi zi zi zi-e zi-e zi-e zi-e ... Ruf hastig gereiht: isst! isst isst isst

Feldlerche: ruft kurz trrrlit

Rotkehlchen: Als Alarmruf ertönt ein ganz typisches, schnelles „Schnickern": zick zickzick zick zickzickzick ... Der Gesang hat einen silberhell perlenden Charakter.

Hausrotschwanz: Der Gesang besteht aus quietschenden und knirschenden Tönen: tütütütü – kchchchrrrrkchch – titütütü. Alarmruf: fid fid fid-teckteck fid fid fiteckteckteck...

Gartenrotschwanz: Gesang zweiteilig mit gezogenen Flötentönen und variablem Schlussmotiv:

hüüidlüdlüdlüd – lüdlüdlüiid. Rufe: „ausdrucksvoll" füid tektek

Der Gartenrotschwanz präsentiert seine klangvollen Strophen von hoher Warte aus.

Komplexere Gesänge

Grünfink: Gesang aus klingelnden und gedehnten „rülschenden“ oder „schwunschenden“ Lauten zusammengesetzt: gügügügü srrieejeh djingdjingdjingdjing gügügügü srieejeeh ...

Drosselrohrsänger: Rhythmische „mahlende“ Strophen in langer Folge: karrekarrekietkiet karrekarrekarrekietkietkiet ...

Teichrohrsänger: Monoton skandierend: tiritiritiritrecktreck trecktreck tiritiri trecktreck tiritreck tiritiritiri trecktrecktreck ...

Amsel: Schwer darstellbare getragene Flötenmotive: tratrü tratrüüi trüidietriiet

trütrüe trütrüe zirzizi üü trieririt trieririt tritritri ...

Nachtigall: Ihr Gesang besteht aus gezogenen Flötentönen („Schluchzen“) und hart „schlagenden“ Lauten und ist insgesamt äußerst variabel (aus Westphal 2007 nach Naumann):

ih ih ih ih ih watiwatiwati!
Diwati quoi quoi quoi quoi quoi qui ita lülülülülülülülülülü
watiwatiwatih!
Ihih titagirarrrrrrrrrr itz,
lü lü lü lü lü lü lü lü lü lü watitititi,
zwoi woi woi woi woi woi woi ih,
lülülülülülülülü dahidowitz,
twor twor twor twor twor twor twor tih!
Dadada jetjetjetjetjetjetjetjetjet,
tütütütütütütü zatnzatnzatnzi,
iht iht iht iht iht iht zirhading,
i i i i i i i a zatn zi,
rihp rihp rihp rihp rihp rihp rihp rihp riph ih!
Zezezezezezezezäzäzäzäzäzäzäzäzazazazazazazazazi,
ji jih güh güh güh güh dadalidowitz.

Drosselrufe

Die verschiedenen Drosselarten sind leicht an ihren typischen Flug- und anderen Rufen zu unterscheiden:

Amsel: „feuchtes“ tsiih

Wacholderdrossel: Die schackernden Rufe hört man auch von den Wintergästen.

Singdrossel: kurzes zip (Flugruf)

Misteldrossel: schnarrend schnärrrr schnärrrr

Wacholderdrossel: elsternartig schackschack – schackschackschackschack – ischaschack

Rotdrossel: durchdringend ziiiieh

Gesänge von fünf heimischen Tauben

Straßentaube/Felsentaube: uhgrruuuh – uhgrrruuuh ...

Ringeltaube: fünfsilbig gurrend grugruu gruuu gru gruh – grugruu gruuu gru gruh

Türkentaube: dreisilbig und klangvoll bubuu-ku bubuu-ku bubuuku ...

Hohltaube: dumpf zwei- bis dreisilbig huhwup huhwup huhewup huhewup ...

Turteltaube: rollend turrr turrr turrr turrr...

Spechte, Schnepfen, Greif- und Hühnervögel

Buntspecht: kraftvoll kicksend: kick kick kick kick ... oder kix kix ... Bei Erregung gereiht schnatternd: kikkikkikkikkikkick!

Mittelspecht: Gesang nasal klagend: gäääh gäääh gäääh gäääh

Grünspecht: Gesang ein “schallendes Gelächter”: kjückjück-jückjückjückjück!

Schwarzspecht: Flugruf rollend: trütrütrütrütrü ... Sitzruf klangvoll kliiiööh!

Am Stamm sitzend äußert der Schwarzspecht häufig seinen nasalen Sitzruf.

Waldschnepfe: beim Revierflug („Schnepfenstrich“) scharfes „Puitzen“ und froschartiges „Quorren“: psiwitt! psiwitt! quorr psiwitt!

Uferschnepfe im Singflug: gretta gretta gretta... oder delödjö delödjö delödjö...

Rotschenkel: tüdü tüdüdüdü tüdü (Rufe) tüü tüü tüü tüü tüü tüdlüdlüdlüdl ... (Gesang). An der Küste spricht man von der „Hallig-Tüte“.

Brachvogel (Rufe): tllüüiid tlütlüiiid

Mäusebussard: miauend hiiääh!

Turmfalke: kikikikikikiki kikikiki kikikkikiki

Rotmilan: wiehernd wihihihihi wiiehwiiehwiiehwiieh wihihihihi

Mäusebussard Turmfalke Rotmilan

Rebhuhn: giierr(h)räck giierr(h)räck (fast tonloses „h“)

Wachtel: pickberbick pickberbick pickberbick ... Der Strophe geht manchmal ein gutturales „hrawah“ voraus.

Fasan: gögöck burrrrrr (gleichzeitiges oder anschließendes Flügelschwirren)

Rebhuhn Wachtel Jagdfasan

Weitere Arten

Mauersegler: sriiieh – sriiiiieh!

Graureiher: heiser kraaiiik!
Jungvögel im Horst unaufhörlich: keckkeckkeckkeck ... (hier zu hören)

Eichelhäher: räätsch! räätsch ätsch!

Mauersegler Graureiher Eichelhäher

Eisvögel verständigen sich im Rauschen des Baches mit hohen Rufen, die man mit „tiiih“ umschreibt.

Teichhuhn (Teichralle): kürrück oder kürrrk (Einzelruf)

Waldkauz: Männchen dumpf tremolierend: húuuu – hu-huhuhuhuhuh
Weibchen gellend: kuwitt!

Eisvogel: tiih - tiiih

Teichhuhn Waldkauz Eisvogel

Merksprüche für Vogelstimmen

Sowohl die verbalen Umschreibungen als auch manche Vogelnamen können helfen, die Vogelgesänge auf spielerische Weise zu verinnerlichen. Eine weitere mit der Sprache arbeitende Methode besteht in Merksprüchen, die den Charakter eines Vogelliedes oft erstaunlich gut treffen. Häufig sind es überlieferte Mundartverse, die zeigen, wie sehr die Menschen in früheren Zeiten mit der Natur und der Vogelwelt vertraut waren. Ein Großteil der Bevölkerung arbeitete in der Landwirtschaft und hörte die Vogelgesänge quasi nebenbei aus erster Hand. Die Naturverbundenheit gepaart mit genauer Beobachtung fand ihren Niederschlag in solchen volkstümlichen Versen und Geschichten. Sicherlich war vielen Menschen der Gesang der heimischen Singvögel auch durch die damals verbreitete Käfighaltung vertraut. Je nach Region variieren die Merksprüche, oft gibt gerade eine bestimmte Mundart die spezifischen Klangfärbungen und Charakteristika eines Vogelgesangs besonders gut wieder. Im jeweils arttypischen Rhythmus des Gesangs gesprochen, sind diese Sprüche eine probate und beliebte Methode, sich Vogelstimmen zu merken oder anderen diese Kenntnis als Eselsbrücke zu vermitteln. In früheren Zeiten wurde dieses Wissen mündlich von einer Generation zur nächsten weitergegeben. Klaus Philipp hat zahlreiche Merksätze aus dem gesamten deutschsprachigen Raum gesammelt und in seinem Büchlein „Vogelstimmen nach Volksmundversen erkannt“ zusammengestellt (Philipp 1994). Die nachfolgenden Beispiele stammen großenteils aus diesem Buch, wurden aber von uns teilweise leicht verändert, um das Typische eines Gesangs noch besser herauszuarbeiten. Einen Teil der Sprüche haben wir aus unserem eigenen Erfahrungsschatz entwickelt.

Kohlmeise:

Sitz' i da! Sitz' i da! Sitz' i da!
Siehste mich? Siehste mich? Siehste mich?
Da sitz' i – da sitz' i – da sitz' i!

Goldammer:

Wie, wie, wie hab' ich dich liiiieb!
Wie, wie, wie bin ich so müüüd!
Oder in englischer Sprache: *Little bit of bread and no cheeese!*

Gerade von den besonders volkstümlichen Vogelarten wie Kohlmeise, Goldammer und insbesondere vom **Buchfinken** gibt es sehr zahlreiche unterschiedliche Sprüche, wie nachfolgend für den typischen Buchfinkenschlag gezeigt werden soll. Die Merkverse aus verschiedenen Regionen geben sogar manchmal die jeweiligen Strophentypen und Dialekte der Buchfinkengesänge wieder, erkennbar an dem unterschiedlichen Endschnörkel:

Bin, bin, bin ich nicht ein schöner Buchfink/Bräutigam?
Ich, ich, ich schrieb' an die Regierung!
Fritz, Fritz, Fritz will wieder Zwetschgen stehl'n!
's gibt gibt gibt wieder Freibier!
Fritze, Fritze, Fritze, willste würzig's Bier?
Ich, ich, ich bin drrrr Unteroffizihier!
Siehste nich, der Fritz sitzt hier?
Düt, düt, düt is mien Revier!
Du, du, du komm her zu mir! – Ich, ich, ich rück nah zu Dir!
Sieha, sieha, sieha, wos i a scheene Zeit ha(b)!

Der **Zaunkönig** singt eine recht lange Strophe mit schnurrenden Phrasen und einem spitzen Element am Schluss:

Ich, ich, ich bin drrrr König, zi zi zi bin bin bin drrrr König, bin ich, ich!

Ebenfalls sehr volkstümlich ist die **Rauchschwalbe**:

Wollte meine Jacke flicken, hatte kein' Zwirrrrn,
fand nur ein klein's Endlein, da musst' ich lang zerrrrn...

Die Rauchschwalbe beendet ihre Strophe mit einem gedehnten Schnurren, wobei der Schnabel weit geöffnet wird.

oder auch:

Flick mir's Mützl, gib mir 'n Faden Zwirrrn, wirb, wirb, wirb, wiedewitsch, witt, weid, woi ä zerrr.

Das rollende rrrr in Zwirrrn und zerrr gibt ein gedehntes schnurrendes Element wieder, das die Rauchschwalbe jeweils am Ende einer Strophe hervorbringt.

Schlechte Erfahrungen mit der Liebe hat offenbar der **Trauerschnäpper** gemacht:

Siehst Du, siehst Du, siehst Du – trüb, trüb ist die Lieb', trüb die Lieb'. Siehst Du, siehst Du, siehst Du – trüb, trüb ist die Lieb, trüb ja.

Gegen Liebesleid hat die **Heckenbraunelle** ein probates Mittel:

Ich lispel und wispel und fistel bis Christel mich will!

Der **Kiebitz** fragt jammernd:

Wo bliew ick? Wo bliew ick? (niederdeutsch für „wo bleib' ich?")

Der kurze, kratzige Gesang der **Dorngrasmücke** lässt sich so beschreiben:

Sag' Ich doch! Hab' ich doch gesagt! Sag' ich doch die ganze Zeit!

oder auch:

Heda, Sie da! Geh'n Sie doch mal weg da!

Der Gesang der **Gartengrasmücke** lässt sich wahlweise als angenehmes Plaudern beschreiben oder als aufgeregtes Geschwätz:

... also nein, wissen Sie, das ist ja ganz enorm, was da wieder passiert ist, also so geht es doch nicht, das hatten wir ja noch nie, wo kommen wir denn da hin, das wär' ja noch schöner, wenn sich das wiederholt, oder glauben Sie inzwischen auch, dass so etwas nie wieder vorkommt ...

Die Singdrossel wiederholt ihre klaren Motive von hoher Warte aus.

Der sehr laute Gesang der **Singdrossel** ist durch wiederholte Motive gekennzeichnet:

David! David! David! Du Kuhdiieb! Du Kuhdiieb! Du Kuhdiieb! Gib gut acht! Gib gut acht! Gib gut acht!

Eine niederdeutsche Version lautet:

Kiek Korl, kiek Korl, kiek Korl! Wat Deerns! Wat Deerns! Wat Deerns! Stücker fief! Stücker fief! Stücker fief! Küss ehr! Küss ehr! Küss ehr!
(Guck' Karl, was für Mädels! Fünf Stück! Küsse sie!)

Der wohl schönste Merkspruch für die Singdrossel stammt aus der Schweiz und gibt eine Unterhaltung zwischen zwei Leuten mit Brocken von Französisch und Schwyzerdütsch wieder. Ein Herr Huber (französisch ausgesprochen: Monsieur Übäär) wird gefragt, wo er denn hin will, nach Bern oder nach Bühl? Er aber will nach Montreux und den Piz Palü besichtigen, einen berühmten Schweizer Berg:

Bonjour, bonjour, bonjour,
Monsieur Huber, Huber, Huber!
Wohii? wohii? wohii?
Uff Bern, uff Bern, uff Bern?
Uff Bühl, uff Bühl, uff Bühl, uff Bühl?
Montreux, Montreux, Montreux!
Piz Palü, Piz Palü, Piz Palü, Piz Palü!
Oui, oui, oui, oui,
Mon dieux, mon dieux, mon dieux !

Ebenfalls aus der Schweiz stammt dieser Mundartvers, der den gequetschten zwitschernden Gesang des **Erlenzeisigs** geradezu perfekt wiedergibt (aus Gattiker & Gattiker 1989, verändert):

Es zwitscheret zwü Zeisig
zwüschet zweü Zwetsche-Gezwiige:
Z'Schwyz, z'Schwyz zwitzerlet d'Sunne
A dr Zit, a drr Ziiiit.

Schwierig in Worte zu fassen ist der feierlich getragene, volltönende Flötengesang der **Amsel**. Es sind nur ganz wenige Umschreibungen bekannt, wie diese aus dem deutsch-französischen Grenzgebiet an der oberen Mosel. „Paris" wird hier französisch ausgesprochen als „Parie":

Pari(s), Chérie, Pari(s)!
Cést la vie! Willy!
In Trier, Willy?
Bier in Trier, viiiel Bier in Trier!
Pari(s), oui, retour Trier!
Oui, Willy, oui!

Das Schlagen und Schluchzen einer **Nachtigall** (s. auch S. 41) wird durch das Gedicht „Im Nachtgebüsch" der Biologin und Lyrikerin Jutta Over perfekt wiedergegeben (aus Over, J.: Der Wobbegong – Tiergedichte. Books on Demand 2015):

werdu werdu werdu
singt um mii – mii – mii – mii – mitternacht
im errrrrrrlenbruch
im krrroi krrroi krötenlaich-reich
wiedie wiedie wiedie wiedie das nur macht
dieno dieno dieno dieno die noten liest
immonden cha cha cha cha tschein
die nadie nadie nadie nacht 8 8 8 8
tiii – tiii – tiii – tiii– gall

So reich der Gesang der Nachtigall, so wenig sieht man von ihr, wenn sie singt.

Der nachfolgende Vers von Alfred Staningk (aus Philipp 1994), laut und schnell gesprochen, lässt die **Feldlerche** geradezu jubilieren:

Nun bin ich hier, nun bin ich hier, nun bin ich hier,
über der Wiese, Wiese, Wiese, Wiese,
mein Ziel, mein Ziel, mein Ziel, mein Ziel
ist der Himmel, der Himmel, Himmel, Himmel.
Was mich trieb, was mich trieb, was mich trieb, was mich trieb,
ist die Liebe, Liebe, Liebe, Liebe
zu Dir, zu Dir, zu Dir, zu Dir!

Doch was ist das wohltönende Lied der Lerche gegen das wahre Genie des **Gelbspötters**?

Iich bin das Genie, iich bin das Genie, iich bin das Genie!
Wie? Der Fink, der Fink, der Fink?
Singt besser, singt besser?
Der, der, der?! Der Fink, der Fink?
Wieso der, wieso der, wieso der, wieso der?!
Nie – nie! Nie – nie!
Wie? Die Lerch', die Lerch', die Lerch'?
Singt scheener, singt scheener, singt scheener?
Wieso die, wieso die? Nie! Nie!
Iich bin das Genie, iich bin das Genie, iich bin das Genie!

(nach Alfred Staningk in Philipp 1994, verändert)

Die **Rohrammer** hingegen scheint sich ihrer bescheidenen Sangesqualitäten wohl bewusst:

Ich sing schlecht – schlecht sing ich – ich sing wieder schlecht..!

In Lektion 22 des Vogelstimmenkurses (S. 147 ff.) kann man sich einige der oben aufgeführten Merksprüche anhören, von Uwe Westphal à tempo gesprochen.

Die Rohrammer lässt ihren sehr einfachen, stotternden Gesang meist von einem Schilfhalm aus erklingen.

Strophen, Phrasen, Elemente:
Wie man Vogelgesänge beschreibt

Wenn man einen Vogelgesang oder einen Ruf genau anhört und dann mit eigenen Worten für sich wiedererkennbar beschreibt, hat man schon viel davon verstanden und sicherlich auch behalten. Möchte man aber die Beschreibung so abfassen, dass auch andere Menschen etwas davon haben, so hat es wenig Sinn, Begriffe wie „stimmungsvoll" oder „melancholisch" zu verwenden. Darunter stellt sich jeder etwas Anderes vor. Besser ist es, sich objektivierbarer Kriterien zu bedienen. Beispielsweise ist es für jeden Zuhörer relativ leicht zu entscheiden, ob ein Vogel kontinuierlich singt oder ob er kurze Strophen mit Pausen wiederholt. Wenn man sich eine Reihe solcher beschreibender Begriffe heraussucht, kommt man zu Charakterisierungen, mit denen viele Menschen etwas anfangen können und mit denen man auch selbst nach einiger Zeit noch etwas verbindet. (Dies kann man sich auch für die Erstellung eines Bestimmungsschlüssels für Vogelstimmen zunutze machen, s. ab S. 170). Die Vogelstimmenkenner verwenden solche Begriffe, um Bezeichnungen für bestimmte Phänomene zu vereinfachen und zu verkürzen, aber auch die Verständigung zu erleichtern. Begriffe wie Strophe, Phrase, Motiv, Silbe und Element helfen, die Zeitstruktur eines Vogelgesangs zu beschreiben. Hier die vereinfachten Definitionen mit Beispielen:

Ein **Element** nennt man die kleinste, durch Intervalle begrenzte Einheit von Lautäußerungen, die im Sonagramm (s. S. 54 ff.) eine zusammenhängende Schwärzung bildet. Beispiel: „kix"-Ruf des Buntspechts.

Als **Phrase** wird eine meist rhythmische Folge von Elementen oder Silben gleichen Typs bezeichnet. Beispiele: Trillerstrophe des Kleibers („wiwiwiwiwi..."), schnurrender Alarmruf des Zaunkönigs („trrrrr...").

Eine **Silbe** ist eine zusammenhängende Folge von wenigen verschiedenen Elementen, die oft mit dem Gehör als eine Einheit wahrgenommen wird. Beispiel: „kuhdieb" aus dem Gesang der Singdrossel.

Als **Motiv** wird eine zusammenhängende Folge von mehreren verschiedenen Elementen, Silben oder Phrasen bezeichnet. Beispiel: „Bräutigam" am Ende der Buchfinkenstrophe.

Eine **Strophe** ist eine zusammenhängende Folge von Elementen, Silben, Phrasen oder Motiven, die durch eine längere Pause von der nächsten abgesetzt ist. Beispiel: Strophe des Buchfinken „Ich, ich, ich bin ein schöner Bräutigam".

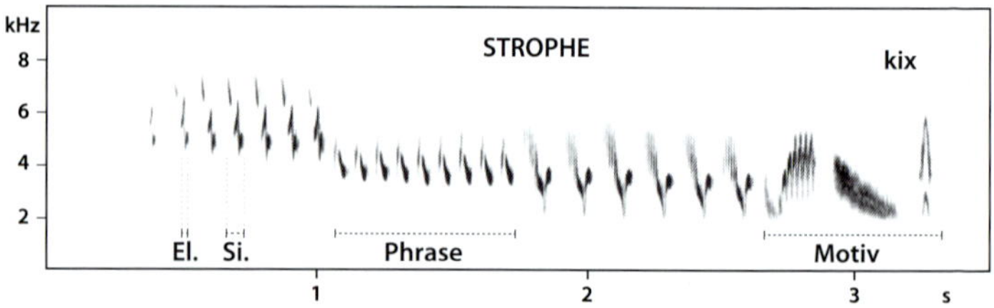

Gesangsstrophe eines Buchfinken mit Untereinheiten im Sonagramm (El. = Element, Si. = Silbe. Zur Definition der Begriffe siehe S. 51 sowie Glossar ab S. 216).

Weitere Fachwörter werden im Wörterbuch der Fachbegriffe (S. 216) definiert und erläutert.

Wörter wie reintonig, geräuschhaft, nasal und schrill beschreiben die Klangqualität in allgemeiner Form, sind aber nicht leicht nachvollziehbar.

Bei einer Reihe von Vogelarten gibt es Begriffe, die spezifisch die Lautäußerungen dieses Vogels beschreibend (häufig lautmalerisch) benennen: Für die Bodenfeind-Alarmrufe des Rotkehlchens verwendet man das Wort „Schnickern", für entsprechende Rufe der Amsel „Ducken". Ein Eichelhäher „rätscht", die Elster „schäckert", die Kohlmeise „läutet", die Feldlerche „tiriliert" und die Nachtigall „schluchzt" und „schlägt". Der Grünspecht „lacht", der Buntspecht „kickst", die Silbermöwe „jauchzt", der Rotschenkel „jodelt". Der Milan „wiehert", das Goldhähnchen „wispert" und der Gesang des Grünfinken besteht aus einer Folge „klingelnder" und „rülschender" oder „schwunschender" Laute. Mehr als 300 weitere, inzwischen weitgehend in Vergessenheit geratene Verben zur Beschreibung von Vogellauten hat Peter Krauss (2017) in einem Handwörterbuch zusammengestellt. Sich derartige Begriffe anzueignen und zu verwenden, bedeutet eine weitere sprachliche Hilfe, wenn man Vogelstimmen kennenlernen will. Es sind einfache Eselsbrücken – wie manche Vogelnamen und Merksprüche.

Vogelstimmen schwarz auf weiß

Sprachliche Hilfsmittel zur Darstellung von Vogelstimmen sind uns zwar leicht zugänglich, aber trotz allen Bemühens häufig sehr subjektiv und unvollkommen. Man hat deswegen schon vor langer Zeit versucht, Verfahren nicht-sprachlicher Art zu finden, um Vogelstimmen aufzuschreiben. Als erstes bot sich die Notenschrift an.

Notenschrift und andere Hilfsmittel

Das in der Musik übliche Notensystem kann Töne in ganzen und halben Tonstufen in einem begrenzten Frequenzbereich und mit einer bestimmten Dauer verlässlich und international verständlich darstellen. Das sollte wenigstens bei einigen Vogelstimmen helfen.

Die Noten bezeichnen mit verschiedenen Formen, mit Hals und Fähnchen in Stufen zuerst die Dauer des Tons. Durch ihre Stellung im Liniensystem im Verein mit Notenschlüssel und Vorzeichen wird die Tonhöhe angegeben. Das Tempo und damit die absolute Dauer von Tönen und Pausen wird textlich über Metronom-Angaben geregelt. Für den Klang gibt es Textangaben, die die Instrumente festlegen (Ob. = Oboe, Klar. = Klarinette usw.). Laute Partien werden mit f = forte, leise mit p = piano oder gar mit pp = pianissimo gekennzeichnet. Zusätzliche verbale Hinweise wie „staccato" begleiten die Noten. Das Ganze ist, wenn man so will, ein „Rückfall" in die sprachliche Beschreibung von Schallereignissen. Die eigentliche Notenschrift legt also nur den basalen Melodieverlauf fest. Sehr vieles Weitere bleibt den Textangaben und schließlich der Interpretation durch den Musiker oder den Dirigenten überlassen. Kein Wunder, dass die Notenschrift selbst sich als weitgehend ungeeignet für die Beschreibung der vielgestaltigen Lautäußerungen der Vögel erwiesen hat. Der Klassiker unter den Autoren, welche sich mit Vogelstimmen befasst haben, ist Alwin Voigt. Er erkannte schon sehr bald die Schwierigkeiten bei der Wiedergabe von Vogellauten mithilfe der Notenschrift. Selbst bei so einfachen Mustern wie dem „Terzenpfeifen" der Kohlmeise oder dem „Ruf" des Kuckucks versagt das System, weil die Tonintervalle der Vögel keine klare große oder kleine Terz darstellen, sondern häufig dazwischen liegen. Voigt (zuletzt 1961 aufgelegt, Neudruck 2006) hat daher ein eigenes Notationssystem von der Notenschrift der Musik abgeleitet. Dabei verwendet er im Wesentlichen gerade und gebogene Striche sowie Punkte unterschiedlicher Form, die unverbunden oder verbunden nebeneinanderstehen und den Melodieverlauf ohne Notenlinien durch Aufstieg oder

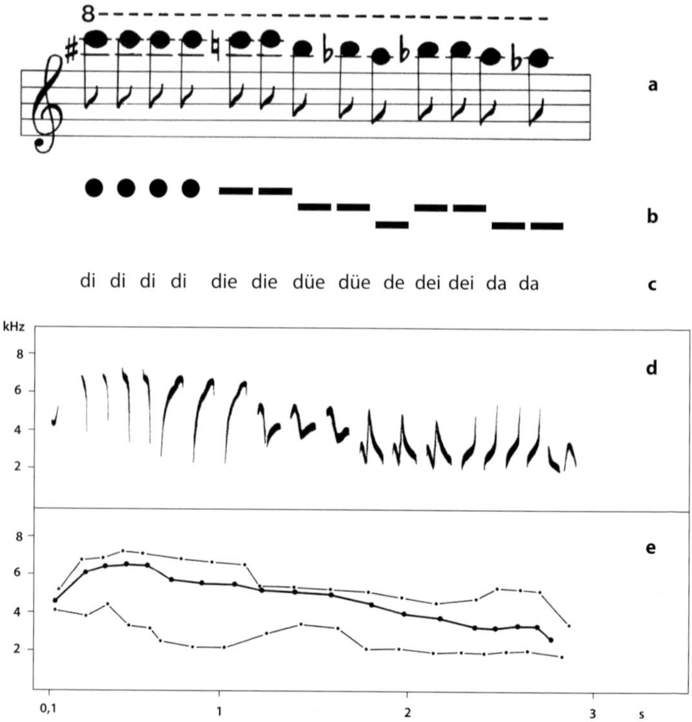

Mit welchen Mitteln kann man eine Gesangsstrophe des Fitis *(Phylloscopus trochilus)* schwarz auf weiß darstellen? a) Notenschrift, b) Schematischer Verlauf von Tonhöhen und Tonlängen, c) Sprachliche Umschreibung, d) Sonagramm, e) Sonagramm-Auswertung mit oberer und unterer Hüllkurve sowie den Lautstärkeschwerpunkten der Elemente (Mitte). a-c nach A. Voigt 1961, verändert.

Abstieg darstellen. Für das glissando, also untereinander verbundene Elemente verschiedener Tonhöhe, hat er aus der Musik den Bindebogen übernommen. Das System von Voigt ist sicher anpassungsfähiger als die Notenschrift, aber es ist inzwischen durch die Sonagraphie überholt.

Eine objektive Lautschrift für Vogelstimmen: die Sonagraphie

Die Sonagraphie stellt mit rein digitalen Mitteln eine objektive dreidimensionale Aufzeichnung von Schallereignissen her, das Sonagramm. Von manchen Wissenschaftlern wird es auch Klangspektrogramm genannt. Der Begriff Sonagraphie ist nicht zu verwechseln mit dem medizinischen Verfahren der Sonographie, mit dem sich innere Organe mithilfe von

Ultraschall auf einem Bildschirm darstellen lassen. Wörtlich übersetzt bedeutet „Sonagraphie“ so viel wie „Schreibung eines Lautsignals“. Der sprachlich nicht ganz korrekt gebildete Begriff wurde zuerst von der amerikanischen Firma KAY Elemetrics verwendet, die das erste Gerät für diesen Zweck auf den Markt brachte.

Im Prinzip besteht die Leistung des Sonagraphen darin, Schallereignisse in ihrem zeitlichen Verlauf, ihrer Tonhöhe und ihrer relativen Lautstärke schwarz auf weiß auf dem Bildschirm oder ausgedruckt auf Papier darzustellen. Das bedeutet:

- Man liest das Sonagramm wie eine Zeile in einem Buch von links nach rechts;
- je höher der Ton, desto höher über der Nulllinie ist er auch im sonagraphischen Bild dargestellt;
- je lauter das Signal, desto stärker ist die Schwärzung.

„Objektive Darstellung“ – das bedeutet, dass das auf einem Tonträger aufgenommene Signal ohne weiteres Zutun des Menschen in den Computer weitergegeben und dann in ein Schwarz-Weiß-Muster umgewandelt wird. Bei jeder wiederholten Darstellung desselben Signals muss unabhängig von der Person, die das Gerät bedient, dasselbe Ergebnis herauskommen. So ganz ohne Einfluss des Menschen findet dieser Prozess aber doch nicht statt. Erstens spielen schon beim Entstehen der Aufnahme Eigenschaften des gewählten Mikrofons und des Aufnahmegeräts eine Rolle. Die Aufnahme selbst wird häufig bearbeitet, beispielsweise um störenden tieffrequenten Schall zu beseitigen. Man kann mit geeigneten Programmen den Kontrast der Aufnahme erhöhen bzw. das Hintergrundrauschen unterdrücken (s. S. 209). Immerhin: Der dargestellten Tonhöhe und der Dauer der Elemente und vielen anderen Eigenschaften des Sonagramms kann das nichts anhaben. Aber so viel ist allgemein auch klar: Das sonagraphische Programm ist nach menschlichen Bedürfnissen konstruiert worden.

Beim Einspielen der Tonaufnahme muss man die Aussteuerung wählen: höher oder niedriger. Das wirkt sich wieder auf den Schwärzungsgrad aus. Das fertig ausgeworfene Sonagramm wird ebenfalls noch einmal bearbeitet. Um es für den Druck geeignet zu machen, wird durch Einstellen des Schwärzungsgrades und des Kontrastes dafür gesorgt, dass die Strukturen des Nutzsignals klar herauskommen und störender Hintergrund verschwindet. Die Schwärzung als Ausdruck des Schalldrucks des Signals

Historische Sonagraphie: Darstellung von Vogellautäußerungen mithilfe der Notenschrift in A. Kirchers „Musurgia universalis“ (1650). A) Krähender Haushahn; B) Henne nach dem Legen und C) beim Locken der Küken; D) singende Wachtel; E) singender Kuckuck. Der Papagei rechts unten imitiert mit dem griechischen „chaire“ („sei gegrüßt“) die menschliche Stimme.

ist also nur als relativer Wert anzusehen. Schließlich kann man noch per Hand (mit Programm auf dem Bildschirm) störende Fremdsignale und Echos beseitigen. Auch hier wird in gewissen Grenzen interpretiert. Es bleibt bei alledem aber: Das Sonagramm ist die am besten geeignete und objektivste Darstellungsmethode für Vogellaute.

Bei den Sonagrammen wählt man ein bestimmtes Zeit- und Frequenzfenster für eine brauchbare, unserer Wahrnehmung entsprechende Darstellung. In der Horizontalen (Abszisse) wird die Zeit in Sekunden (s), in der Vertikalen (Ordinate) die Frequenz in Kilohertz (kHz) abgetragen. Schallereignisse bestehen aus Schwingungen, die sich in der Luft oder auch in anderen Medien wie dem Wasser und dem Boden ausbreiten. Die Frequenz, die Zahl der Schwingungen pro Sekunde, wird in Hz angegeben.

> Einheit Hertz (Hz): 1 Hz ist 1 Schwingung pro Sekunde; 1000 Hz sind 1 kHz

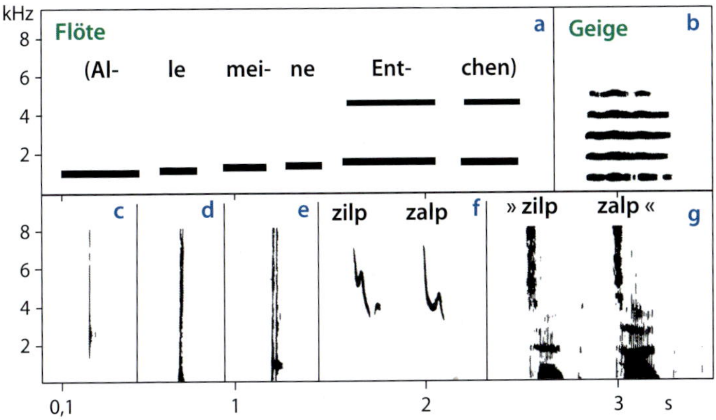

Bekannte Lautformen in sonagraphischer Darstellung: a) Beginn des Volkslieds „Alle meine Entchen“, mit der Blockflöte gespielt; erster Ton c3 = 1046 Hz; nur die beiden „Entchen“-Töne haben einen Oberton; b) erster Ton desselben Lieds, mit der Geige gespielt: Obertonspektrum; c) Fingerschnippen; d) Händeklatschen; e) Zungenschnalzen (Doppelgeräusch); f) zwei Elemente („zilp zalp“) aus dem Gesang des Zilpzalps; g) „zilp zalp“ als menschliche Worte, Männerstimme.

Der Kammerton „a“ entsteht bei einer reinen Schwingung mit einer Frequenz von 440 Hz. Das menschliche Hörvermögen reicht wie das der Vögel kaum über 20.000 Hz (20 kHz) hinaus. Die menschliche Stimme liegt in ihren stimmhaften Anteilen vor allem im unteren Bereich bis zu 4000 Hz. Zischlaute wie »s« und »sch« sowie kurze, harte Elemente wie »p« und »t«, die wir vorwiegend mit Zunge, Lippen und Zähnen (also gar nicht mit der Stimme) erzeugen, gehen etwas darüber hinaus. Vogelstimmen übersteigen selten den Bereich bis 8000 Hz. Daher beschränken wir uns in den Abbildungen dieses Buches grundsätzlich auf den Frequenzbereich von 0 bis 10.000 Hz und behandeln alle Aufnahmen in dieser Hinsicht wegen der besseren Vergleichbarkeit der Sonagramme völlig gleichartig. Das garantiert, dass selbst sehr hochtonige Signale, zum Beispiel bei den Goldhähnchen, noch vollständig dargestellt werden. Auch die Zeitskala haben wir für alle Sonagramme einheitlich gewählt, sodass die bestmögliche Auflösung in Zeit und Frequenz entsteht. Unser Standardsonagramm hat eine Länge von 3,5 Sekunden.

Die Skala der menschlichen Tonhöhenwahrnehmung ist allerdings keineswegs linear aufgebaut. Wir haben in den unteren Tonhöhenbereichen ein sehr viel feineres Wahrnehmungsvermögen für Veränderungen und Unterschiede der Tonhöhen als in den oberen. Dem entgegen ist die

Tonhöhenskala im Sonagramm linear angelegt, also eigentlich physiologisch falsch. Dies ist jedoch die in der biologischen Literatur eingebürgerte Darstellungsweise, die wir der Vergleichbarkeit halber beibehalten. Die Tonhöhenänderungen im Sonagramm scheinen daher nach unserem subjektiven Empfinden in den unteren Frequenzbereichen zu schwach, in den oberen zu stark dargestellt zu sein. Dies muss man beim »Lesen« der Sonagramme immer berücksichtigen.

Der breite Stift

Reine Töne bestehen zu jedem einzelnen Zeitpunkt nur aus einer Frequenz. Im Sonagramm müssten sie eigentlich als sehr dünne Striche angelegt sein. Dennoch sehen wir sie als breite Bänder, wie beim Gesang des Wintergoldhähnchens (s. Sonagramm 19 auf S. 83). Dieser Widerspruch beruht darauf, dass das Programm die Analyse mit einem Filter von 300 Hz Breite vornimmt. Es ist, als zeichnete der Sonagraph mit einem 300 Hz breiten Stift. Dies gilt jedoch nur in der Horizontalen. In der Senkrechten fallen die Linien schmal aus, was eine gute Zeitauflösung bedeutet. Diese Art von Darstellung ist willkürlich gewählt. Sie hat sich aber in Tausenden von Sonagrammen bewährt und ist so eingebürgert.

> Wenn man das Sonagramm eines Vogellautes gleichzeitig mit dem gehörten Lautsignal betrachtet, sollte die kombinierte audio-visuelle Wahrnehmung das Lernen der Vogelstimmen erleichtern.

Man kann schließlich ein Sonagramm über ein Spezialverfahren sogar in Brailleschrift (Blindenschrift) darstellen und plastisch ertastbar machen. Auf diese Weise bekommen sehbehinderte Menschen zusätzlich zum reinen Hörerlebnis noch die Möglichkeit, zu dem Gehörten über den Tastsinn Zugang zu finden.

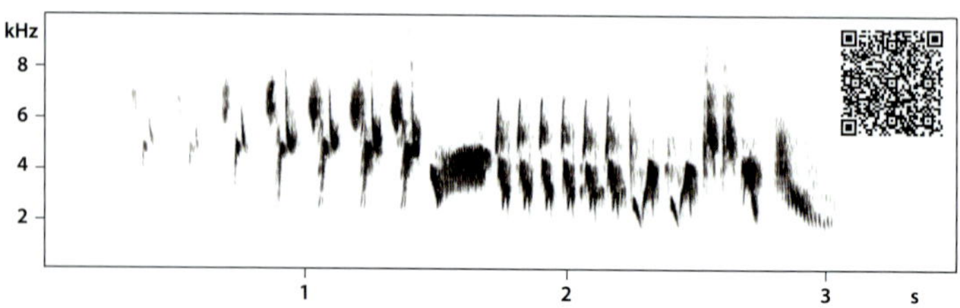

Wenn man die Gesangsstrophe des Buchfinken langsam abspielt, kann man das Sonagramm bequem mitlesen.

Vogelstimmen imitieren

> Pfeifend ahmte der Mensch die lieblichen Stimmen der Vögel
> lange zuvor schon nach, noch ehe die schmeichelnden Lieder
> er mit Gesang zu begleiten verstand und das Ohr zu ergötzen.
>
> T. Lucretius Carus (ca. 96-55 v. Chr.), De rerum natura V, 1379-1381, übers. von K.-L. von Knebel 1831

Wer sich intensiv mit der Vogelwelt beschäftigt, wird vielleicht den Wunsch verspüren, die vielfältigen Rufe und Gesänge der Gefiederten nicht allein mit sprachlichen oder technischen Mitteln nachzubilden, sondern selbst möglichst naturnah nachzuahmen – so wie es beispielsweise der Vogelfänger Papageno in Mozarts Oper „Die Zauberflöte“ vermochte. Bei vogelkundlichen Führungen ist diese Fähigkeit eine große Hilfe, um Lernende dabei zu unterstützen, aus einem vielstimmigen Vogelkonzert die Laute einer einzelnen Vogelart herauszuhören. Denn wer schon gehört hat, wie der Gesang z.B. des Gartenrotschwanzes oder der Heckenbraunelle klingt, wird ihn viel leichter aus dem Klangspektakel herausfiltern können.

Im Fachhandel gibt es sogenannte Vogelpfeifen oder Locken für jeweils unterschiedliche Arten, auf denen man mit einiger Übung die entsprechenden Laute halbwegs ähnlich erzeugen kann. Wahre Könner benutzen allerdings allein eigene Organe: Mit Stimmbändern, Zunge, Zähnen und Lippen bringen sie beinahe beliebige Laute hervor. Einige Vogelarten, wie etwa die Kohlmeise, der Waldkauz oder der Kuckuck, lassen sich relativ leicht nachahmen, bei anderen wie dem Zaunkönig ist es ganz und gar unmöglich. Eine grundlegende Schwierigkeit liegt in dem im Vergleich zum menschlichen Kehlkopf völlig andersartigen Bau und Funktionsprinzip der Syrinx, des Stimmapparats des Vogels (s. S. 16). Durch den zweiseitig-symmetrischen Bau der Syrinx, deren beide Anteile auch noch weitgehend unabhängig voneinander – aber dennoch oft im harmonischen Zusammenspiel – unterschiedliche Laute hervorbringen können, sind Vogelgesänge häufig aus komplexen Lautfolgen zusammengesetzt, die sich gegenseitig überlagern. Dabei entstehen Obertöne und andere akustische Phänomene, die dem Vogelgesang sein charakteristisches Klangbild verleihen. Als Imitator steht man also vor der Herausforderung, nicht nur die typische Melodie zu treffen, die ja von Art zu Art ganz unterschiedlich ist, sondern auch die spezifische und ebenso unterschiedliche Klangfärbung. Es ist keine Kunst, das einfache „zizidä-zizidä“ einer Kohlmeise als Motiv nachzupfeifen, viel schwieriger ist es schon, den metallischen Klang zu treffen. Den komplexen Gesang einer Feldlerche oder einer Heckenbraunelle annähernd naturgetreu zu imitieren, das schaffen dagegen nur ganz wenige Menschen, und das auch nur nach jahrelanger oder gar jahrzehntelanger Übung.

Ein erfolgreicher Vogelstimmen-Imitator muss unterschiedlichste Techniken der Lauterzeugung beherrschen, muss die Zungenspitze und das Gaumenzäpfchen flattern lassen können, die Tonleiter aufwärts und abwärts durch die Zähne und die Lippen pfeifen und seine Kehle wie ein Musikinstrument beherrschen. Und er oder sie muss das Ganze dann noch in allen erdenklichen Kombinationen ausprobieren und immer wieder üben, üben, üben.

Dann braucht es noch zwei weitere Voraussetzungen: zum einen natürlich eine genaue Kenntnis der Rufe und Gesänge der Vögel und zum zweiten ein ausgezeichnetes musikalisches Gehör, um die gehörten Lautfolgen dann auch mit eigenen stimmlichen Mitteln umsetzen zu können. Im Idealfall hat man die Lautäußerungen so weit verinnerlicht, dass man sie jederzeit aus dem inneren „Klangspeicher“ abrufen und mit den Imitationsversuchen abgleichen kann. Eine gewisse Schwierigkeit ergibt sich aus der Tatsache, dass der Imitator seine Stimme subjektiv anders hört, als sie für andere Menschen klingt. Das heißt, wenn man selber meint, die Tonlage eines Vogels gut getroffen zu haben, kann man objektiv noch weit davon entfernt sein. Da hilft nur das eine: Man muss sich immer wieder selbst auf Tonträger aufnehmen und hören und seine Technik soweit anpassen, dass das gewünschte Ergebnis auch objektiv erzielt wird. Und um das Ganze wirklich lebendig klingen zu lassen, ist es hilfreich, sich in den Vogel und seine Umgebung hinein zu versetzen, sozusagen die eige-

Wenn man den Waldkauz an seinem Ruheplatz durch Imitieren seines Gesangs beunruhigt, kann man zugleich auch seinen größten Feind anlocken, den Uhu.

nen Erlebnisse beim Beobachten und Belauschen der Vögel einfließen zu lassen. Das Rotkehlchen oder die Gartengrasmücke müssen quasi vor dem inneren Auge und Ohr singen.

Die Imitationen sollten allerdings keineswegs dazu verwendet werden, Vögel beliebig anzulocken oder gar einem staunenden Publikum „vorzuführen" (vgl. auch S. 214). Schon mancher Raufußkauz, der mit der Nachahmung zum pausenlosen Gesang provoziert wurde, landete am Ende in den Fängen des stärkeren Waldkauzes. Der beunruhigte Waldkauz selbst kann wieder vom Uhu geschlagen werden. Eine besondere Begabung zur Imitation verlangt also auch besonderes Verantwortungsgefühl und Respekt gegenüber den Gefiederten.

Was ein erfahrener Vogelstimmen-Imitator zu leisten imstande ist und wo der menschlichen Imitationskunst Grenzen gesetzt sind, soll ein Vergleich zwischen natürlichem Vorbild und Imitation zeigen (Vogelstimmenkurs, Lektion 21). Die Imitationen wurden der CD „Vogelexkursion mit Uwe Westphal" entnommen. Dabei ist zweierlei zu bedenken: Erstens handelt es sich bei den Vorbildern um willkürlich ausgewählte „Artvorbilder", die dem Nachahmer nicht unmittelbar als Individuen mit ihrem aktuellen Gesang bekannt waren. Zweitens hört man bei einer Aufnahme von Original-Vogelstimmen den Vogel meist aus relativ großer Nähe, während der Imitator versucht, die Imitation möglichst realitätsnah zu gestalten, das heißt den Eindruck zu vermitteln, wie er sich normalerweise darbietet – nämlich den Gesangseindruck aus einiger Entfernung wiederzugeben. Wind, Vegetation und Entfernung können den Klangcharakter deutlich beeinflussen (vgl. auch S. 28). Dies ist besonders auffallend beim Vergleich von Originalaufnahme und Imitation des Wendehalses zu hören.

Der Wendehals ist ein Specht und damit kein Singvogel. Er verfügt trotzdem über einen lauten, strophigen Gesang.

Vogelstimmen zu Hause hören

Als Tonkonserven auf Tonträgern gespeicherte Vogelstimmen zu Hause anzuhören, ist ein bewährtes und gutes Lernmittel. Besonders bei den modernen Medien, bei denen man ohne großes Umspulen die Stimmaufnahmen direkt anwählen und abspielen kann, ist dieses Verfahren von Vorteil. Es gestattet schnelle und wiederholte Vergleiche.

Tonkonserven: LP, CD, Audio-DVD, MP3 & Co.
Die frühesten Aufzeichnungen von Vogelstimmen auf Wachsplatten waren noch mit großem Aufwand an Gerät und Material verbunden. Erste große Sammelwerke für eurasische Vögel gehen auf Palmér & Boswall (1969–1972, 14 Schallplatten) beim Schwedischen Rundfunk zurück und auf den Russen Boris Veprintsev (Puschtschino na Oke; 7 LPs, heute teilweise schon als CD). Eine große Langspiel-Plattenserie hat bereits seit 1967 auch Michael Schubert in der damaligen DDR bei ETERNA produziert.

Die Schallplatten verschiedener Formate haben sich jahrzehntelang als Träger von Vogelstimmen im Markt gehalten, u. a. auch mit Ausgaben bei Franckh-Kosmos, Stuttgart, unter dem Signum Kosmophon. Später wurden sie dann durch Audiokassetten abgelöst, denen in jüngerer Zeit CDs und Audio-DVDs folgten (große Ausgaben wieder bei Franckh-Kosmos sowie bei Edition AMPLE, Germering, siehe Quellenverzeichnis). Besonders praktisch im Gelände ist es, Vogelstimmen mit einem MP3-Player abzuspielen und unmittelbar mit den draußen erklingenden Stimmen zu vergleichen. Inzwischen eignen sich mehr und mehr auch Smartphones und andere digitale Medien dafür. Wenn man ein Abspielgerät mit Lautsprecher besitzt oder, falls das nicht der Fall ist, ein solches mit Außenlautsprechern versieht, kann man die Lautäußerungen auch anderen Interessierten vorspielen. Auf diese Weise kann man eine Vogelstimmen-Exkursion erheblich bereichern. Viele Menschen führen heute auf ihrem Handy Vogelstimmen aus Internet-Apps mit sich, auf die sie ständig zugreifen können. Eine von vielen erträumte automatische Stimmerkennung für Vogelstimmen ist aber noch nicht verfügbar (Stand 2019).

Mehr noch als bei der Vogelstimmen-Imitation sei in diesem Zusammenhang auf die Verantwortung hingewiesen, die man beim Einsatz von Tonträgern mit Vogelstimmen („Klangattrappen“) im Freiland generell walten lassen muss. Allzu leicht kann unbedachtes und vor allem zu lautes Abspielen zu einer Störung oder gar Gefährdung von Vögeln führen.

Schlimmstenfalls kann man Vögel dadurch sogar dauerhaft vertreiben, wenn etwa im Frühjahr einem frisch aus dem Winterquartier eingetroffenen Trauerschnäpper oder einem anderen Zugvogel durch beharrliches Abspielen einer Tonaufnahme vorgegaukelt wird, dass das von ihm auserwählte Revier bereits von einem Rivalen besetzt sei. Insbesondere Leiter/innen vogelkundlicher Führungen sollten sich hier entsprechende Zurückhaltung auferlegen und Tonaufnahmen nur kurz und entsprechend leise abspielen, um dem Publikum einen Gesang zu verdeutlichen – nicht um den Vogel zu dauerhaftem Singen zu animieren oder ihn gar anzulocken. Ansonsten ist der Einsatz von Klangattrappen nur bei der wissenschaftlichen Erfassung „heimlicher" und schwer zu beobachtender Vogelarten oder -gruppen, etwa von Eulen, Rallen, bei der Nachtschwalbe oder bei manchen Spechten, sinnvoll und oft auch notwendig, weil diese Vögel, zumal bei niedriger Siedlungsdichte, häufig nicht allzu lautfreudig sind (s. auch S. 214). Ihr Vorkommen und ihre Bestandsdichte sind daher anderweitig nur schwer und unzureichend zu ermitteln. Aber auch hier gilt: Bei einmaliger Reaktion des gesuchten Vogels ist der Einsatz einer Klangattrappe sofort einzustellen.

Ton und Bild auf DVD

Tonaufnahmen können den akustischen Eindruck von Lautäußerungen der Vögel beinahe perfekt wiedergeben. Was sie vermissen lassen: Sie enthalten dem Zuhörer die visuellen Eindrücke vor, die er bei der originalen Begegnung mit dem Vogel in seinem Lebensraum mit wahrnimmt und im Gedächtnis aufbewahrt. Das betrifft sowohl die Gestalt- und Verhaltensmerkmale des Vogels als auch den Lebensraum (vgl. S. 65 ff.). Beides liefert der Film. Neue digitale Filmkameras mit auswechselbaren Objektiven langer Brennweite oder starkem Zoom gestatten es heute, unter günstigen Bedingungen solches Filmmaterial zu gewinnen und für ein großes Publikum zu produzieren (Quellen siehe S. 230). Wer das rein akustische Erlebnis möchte, kann beim Betrachten des Films immer noch die Augen schließen und sich ganz auf das hörbare Phänomen konzentrieren.

Heute muss man bei solchen Produktionen verlangen, dass Bild und Ton gleichzeitig aufgenommen wurden und synchron ablaufen. Als Beobachter und Zuhörer ist man hochsensibel dafür, dass der Vogel zum gleichen Moment den Schnabel öffnet, wenn der Ruf oder Gesang ertönt. Hierfür haben wir den Begriff „schnabelsynchron" geprägt.

Vogelstimmen-Exkursionen

Selbstverständlich ist die obige Aufzählung von Hilfsmitteln nicht vollständig ohne die beste und am meisten bewährte Methode: Exkursionen zu den Vögeln durchzuführen, sie draußen zu beobachten und ihnen im Original zu begegnen und zuzuhören. All dies tut man am besten unter kundiger Führung eines möglichst auch didaktisch geschulten Vogelstimmenkenners. Natur- und Vogelschutzverbände wie der Naturschutzbund Deutschland (NABU) oder der Landesbund für Vogelschutz in Bayern (LBV) bieten regelmäßig Vogelstimmen-Exkursionen an. Lernerfolg und Motivation der Teilnehmer steigen, wenn die Teilnehmerzahl nicht zu groß ist, wenn der Leiter oder die Leiterin gut vorbereitet ist, wohldosierte Informationen zum Vogel und seinem Lebensraum vermittelt und Medien, Imitation und andere Hilfsmittel einsetzt. Ganz wichtig ist es auch, auf die Bedürfnisse und den – häufig noch sehr begrenzten – Kenntnisstand der Teilnehmenden einzugehen und sie nicht durch eine Vielzahl an präsentierten Arten zu überfordern (weniger ist in diesem Falle mehr!). Wer als Lernender allein losgeht, ist gut beraten, ökonomisch zu planen und im Vorfrühling mit wenigen Arten zu beginnen. Aber auch später sollte man die Vielfalt der wahrzunehmenden Gesänge einschränken, indem man nicht zu derjenigen Jahreszeit und Tageszeit hinausgeht, wenn alle Vögel gleichzeitig singen (s. S. 68 ff.). Auch sollte man zunächst Lebensräume aufsuchen, in denen das Artenspektrum überschaubar ist. Also am besten im Februar oder März in

Am meisten kann man lernen, wenn man gemeinsam mit anderen an einer geführten Exkursion teilnimmt. Die Fernrohre (Spektive) ziehen den Vogel visuell nahe heran. Sie helfen aber nicht bei den Vogelstimmen.

Gärten und Parks beginnen und nicht als erstes Mitte Mai zu einer Frühexkursion in einen naturnahen Auwald aufbrechen (s. auch S. 68).

Wer singt wo?

Wer die Stimmen der Vögel belauschen und kennenlernen möchte, sollte wissen, wo und wann die unterschiedlichen Sänger zu hören sind. Wie alle Organismen stellen auch die einzelnen Vogelarten jeweils ganz bestimmte Ansprüche an ihren Lebensraum. So wird man in der Regel eine Feldlerche nicht mitten im Wald, einen Schwarzspecht nicht in einer baumlosen Moorlandschaft antreffen. Die Betonung liegt dabei auf „in der Regel", denn die hochmobilen Vögel kennen insbesondere zur Zugzeit keine Grenzen. Im Frühjahr, wenn die Zugvögel in ihre Brutgebiete ziehen, können sie während einer Rast auch schon mal in einem für sie eigentlich untypischen Lebensraum singen. Es ist also nicht ausgeschlossen, dass das rhythmische „tiritiri-trecktreck" eines Teichrohrsängers zu dieser Zeit statt aus dem Schilf am Grabenrand oder Seeufer plötzlich aus einer Ligusterhecke in einem städtischen Vorgarten ertönt – was auch einen erfahrenen Vogelstimmenkenner durchaus verblüffen kann. Doch von solchen Ausnahmen abgesehen, lassen sich Vogelgesänge den bevorzugten Lebensräumen verlässlich zuordnen, denn nur dort versuchen die Vögel, mit ihrem Gesang ein geeignetes Brutrevier abzustecken und ein Weibchen anzulocken. Wer die Gesänge von Waldvögeln studieren möchte, wird also in den Wald gehen und nicht in ein Schilfgebiet, und Wiesenvögel wird man in der Regel nicht im Stadtpark belauschen können.

Während manche Vogelarten streng auf ganz bestimmte Lebensräume spezialisiert sind (z. B. der Mittelspecht oft auf alte Eichenwälder), zeigen

> Wer aufmerksam zuhört, wird schnell erkennen, dass jedem Lebensraum eine spezifische Klangkulisse eigen ist. Schon beim bloßen Anhören einer Tonaufnahme eines vielstimmigen Vogelkonzerts weiß der erfahrene Kenner, ob es im Laubwald, im Nadelwald, in Feld und Flur, im Moor, im Röhricht, an der Meeresküste oder im Hochgebirge aufgenommen wurde. Allerdings fallen in zunehmendem Maße gefiederte Solisten aus: Sie verschwinden, weil sich ihre Lebensräume drastisch verändern, oder aus anderen Gründen. Das gilt momentan ganz besonders für die Agrarlandschaft mit ihren Feldern und Wiesen. Vogelkonzerte verändern sich entsprechend oder verstummen im schlimmsten Falle ganz. Auf diese Weise wird der zunehmende Verlust an Biodiversität direkt hörbar – und damit für jedermann schmerzlich erfahrbar.

andere in ihren Biotopansprüchen eine größere Flexibilität. So kommt etwa der Buchfink sowohl in verschiedenen Waldtypen als auch in Parks und Gärten vor. Man sagt: Wo ein Baum ist, ist auch ein Buchfink.

Der erste Schritt auf dem Weg zum Vogelstimmenexperten besteht also darin, die Lebensraumansprüche der einzelnen Vogelarten kennenzulernen.

Die nachfolgende Übersicht zeigt die typischen Vogelgemeinschaften verschiedener Lebensräume, wobei hier vorrangig die Singvögel berücksichtigt werden. Natürlich können im konkreten Fall auf einer Fläche einige Arten fehlen oder andere dazukommen – aber für eine erste Orientierung mag die Aufstellung genügen. Man wird beim Durchlesen der Liste gleich bemerken, dass manche Arten mehrfach vorkommen: Das sind dann die „Generalisten" wie der Buchfink oder auch das Rotkehlchen, die ökologisch gesehen den „Spezialisten" gegenüberstehen.

Typische Brutvogelarten verschiedener Lebensräume

Stadtzentren, dicht bebaute Bereiche
Mauersegler, Hausrotschwanz, Haussperling, Straßentaube, Turmfalke

Ländliche Siedlungen, Dörfer
Haussperling, Feldsperling, Star, Bachstelze, Girlitz, Goldammer, Rauchschwalbe, Mehlschwalbe, Grauschnäpper, Hausrotschwanz, Türkentaube

„Gartenstadt", Parks und Grünanlagen
Amsel, Singdrossel, Misteldrossel, Star, Buchfink, Grünfink, Gimpel, Kohlmeise, Blaumeise, Schwanzmeise, Rotkehlchen, Zaunkönig,

Der Hausrotschwanz, ursprünglich ein Bergbewohner, singt heute auch auf den Dächern im Stadtzentrum. Im Bild ist ein rufendes Weibchen zu sehen.

Heckenbraunelle, Zilpzalp, Mönchsgrasmücke, Klappergrasmücke, Kleiber, Gartenbaumläufer, Buntspecht, Ringeltaube, Elster, Eichelhäher, Rabenkrähe

Buchenwald

Buchfink, Trauerschnäpper, Waldlaubsänger, Buntspecht, Schwarzspecht, Hohltaube, Star, Kleiber, Kohlmeise, Blaumeise, Rotkehlchen

Lichter Eichenwald

Ringeltaube, Eichelhäher, Buntspecht, Mittelspecht, Kleiber, Gartenbaumläufer, Kohlmeise, Blaumeise, Rotkehlchen, Gartenrotschwanz, Star, Singdrossel, Buchfink

Nadelwald

Tannenmeise, Haubenmeise, Wintergoldhähnchen, Gimpel, Waldbaumläufer, Buchfink, Rotkehlchen

Hecken und Gebüsche, unterholzreiche Waldränder

Mönchsgrasmücke, Gartengrasmücke, Dorngrasmücke, Nachtigall, Rotkehlchen, Zaunkönig, Goldammer, Bluthänfling, Zilpzalp, Fitis, Baumpieper, Neuntöter, Elster

Wiesen und Weiden

Kiebitz, Feldlerche, Wiesenpieper, Braunkehlchen, Schafstelze

Gewässerufer, Röhricht

Rohrammer, Teichrohrsänger, Schilfrohrsänger

Bluthänflinge halten sich zur Brutzeit gern in Gärten auf und bauen ihre Nester in dicht benadelten Sträuchern wie Wacholder.

Wer singt wann?

Vogelstimmen im Jahresverlauf

Wichtig ist nicht nur, wo man welche Vogelarten finden kann, sondern auch, zu welchen Jahres- und Tageszeiten ihre Gesänge am besten oder überhaupt zu hören sind.

Wer Vogelstimmen draußen im Freiland kennenlernen möchte, ist gut beraten, bereits im ausgehenden Winter oder Vorfrühling damit anzufangen. Zu dieser Jahreszeit beginnen Meisen, Kleiber, Zaunkönige und andere Vögel zu singen, die die kalte Jahreszeit in unseren Gefilden verbringen. Das Vogelkonzert ist noch sehr übersichtlich, was das Spektrum der beteiligten Arten angeht. Misteldrossel, Amsel, Heckenbraunelle, Grünfink und Buchfink sind weitere charakteristische „Frühstarter". Je nach Witterung kehren dann ab etwa Ende Februar oder Anfang März die ersten Zugvögel wie Feldlerche und Star zurück, etwas später folgen Bachstelze, Zilpzalp, Singdrossel und Hausrotschwanz.

Bei diesen Arten handelt es sich ausnahmslos um sogenannte Kurzstreckenzieher, die den Winter für gewöhnlich im Mittelmeerraum verbringen. Ihr Zugverhalten und damit die Ankunftszeiten im Brutgebiet sind in weitaus stärkerem Maße abhängig von großräumigen Wetterlagen und klimatischen Einflüssen als das bei Fernziehern der Fall ist, die in Afrika südlich der Sahara überwintern. Vogelkundler registrieren bei den Kurzstreckenziehern seit Jahren immer frühere Ankunftszeiten und eine zunehmende Tendenz zum Überwintern in Deutschland – eine Folge des

Es ist nie zu früh: Raubwürger singen schon an schönen Wintertagen und im frühesten Frühjahr.

Später Ankömmling: Als Insektenspezialist trifft der Grauschnäpper erst Ende April/Anfang Mai bei uns ein.

Klimawandels, der uns im statistischen Mittel wärmere Wintertemperaturen bringt. Entsprechend kann man auch die Gesänge dieser Arten immer früher im Jahr hören.

Mit fortschreitendem Frühling kehren immer mehr Zugvögel wie Schwalben, Fliegenschnäpper, Grasmücken und Rohrsänger nach Deutschland zurück; die meisten dieser Fernzieher erreichen ihre Brutgebiete zwischen Mitte April und Anfang Mai. Vielfach trifft das Gros der jeweiligen Population mit erstaunlicher zeitlicher Konstanz ein („Kalendervögel"). Die mittleren Ankunftsdaten können sich aber regional deutlich unterscheiden, da die Vögel in Süddeutschland naturgemäß eher ankommen als im Norden.

Vogelstimmenfreunde können in dieser Zeit beinahe täglich neue Gesänge hören und kennenlernen. Ende April bis Mitte Mai erreicht das Vogelkonzert (Vogelstimmenkurs, Lektion 20) seinen Höhepunkt und stellt dann für Anfänger eine kaum mehr zu bewältigende Herausforderung dar, denn für einen ungeübten Vogelstimmenfreund ist es erfahrungsgemäß selbst unter fachkundiger Anleitung nur schwer möglich, einzelne Stimmen aus dem Klangteppich der vielen unterschiedlichen Sänger herauszuhören. Andererseits brüten viele Standvögel und Frühheimkehrer zu dieser Zeit bereits, sodass sie nur noch selten singen. Im Falle einer Zweitbrut, wie sie bei vielen Arten die Regel ist, erreicht die Gesangsaktivität einen erneuten Gipfel. Nach der Brutzeit, etwa ab Mitte Juli, verstummen die Gesänge der allermeisten Vögel, allenfalls sind noch die unvollständigen, leisen Gesänge (Subsongs, s. S. 23) übender Jungvögel zu hören. Ende Juli hört man späten Vollgesang noch von der Amsel und der Mönchsgrasmücke. Zu den wenigen Vögeln, die selbst im Hochsommer ihren vollen Motivgesang bringen, gehört auch die Goldammer. In den Herbstmonaten lassen insbesondere Zilpzalp und Hausrotschwanz sogenannte Herbstgesänge (s. S. 217) hören, dies allerdings meist verhaltener als im Frühjahr und nur bei schönem Wetter.

Der frühe Vogel

Die Helligkeit mag für den einzelnen Sänger direkt steuernd wirken, aber was für ein Vorteil steckt dahinter? Die Ursachen für den morgendlichen Dämmerungschor sind nicht letztlich geklärt, doch werden etliche Möglichkeiten ins Feld geführt. Morgens ist die Luft feucht und überträgt den Schall besser als zu anderen Tageszeiten. Eine hierfür günstige Schichtung der Luft wird im Laufe des Tages durch Luftturbulenzen aufgelöst. Gegen Abend kommt es bei vielen Arten häufig zu einem zweiten, meist weniger ausgeprägten Maximum der Gesangsaktivität. Besonders Amseln, Singdrosseln und Rotkehlchen bilden bis tief in die Dämmerung einen stimmungsvollen Abendchor. Andere Arten, wie etwa Meisen, sind hingegen um diese Zeit kaum mehr zu hören. Manche Vögel singen in diesen Phasen nicht nur häufiger, sondern bringen sogar einen intensiveren Gesang als während des Tages. Das könnte ein Ausdruck höherer Aggressivität gegenüber Konkurrenten, aber auch stärkerer Werbebereitschaft gegenüber Weibchen sein. Außerdem müssen die Vögel nach der Nachtruhe zuerst einmal ihren Besitzanspruch demonstrieren, ehe sie sich der Nahrungssuche widmen können; entsprechendes dürfte abends vor dem Schlafengehen gelten. Wenn man im Freiland einem singenden Vogel den ganzen Tag zuhört, wird man aber auch merken, dass er sich häufig nicht so streng nach den Regeln richtet. Ein Buchfink, der 4000 Strophen über den Tag hin singen kann, findet gar nicht die Zeit, sie alle im Morgen- und Abendchor unterzubringen, sondern singt den ganzen Tag mit kleinen Unterbrechungen.

In geringer Zahl gibt es die dunkelaktiven Vögel: Nachtschwalben beginnen erst abends in der tiefen Dämmerung zu „schnurren", auch Feldschwirle und Sumpfrohrsänger singen bevorzugt in den späten Abend- und Nachtstunden. Nachtigallen tun dies ebenfalls, solange sie noch unverpaart sind. Sobald sie mit ihrem lautstarken Gesang eines der nächtlich ziehenden Weibchen vom Himmel gelockt haben, singen Nachtigallenhähne häufig auch am Tage, am intensivsten jedoch – wie viele andere Arten auch – in den Morgen- und Abendstunden.

Die folgenden Übersichten zeigen schematisch, wann welche Vogelarten im Tagesverlauf und im Jahresverlauf durchschnittlich zu singen beginnen. Damit das Bild einigermaßen übersichtlich bleibt, ist die Darstellung auf relativ wenige, überwiegend häufige Vogelarten beschränkt.

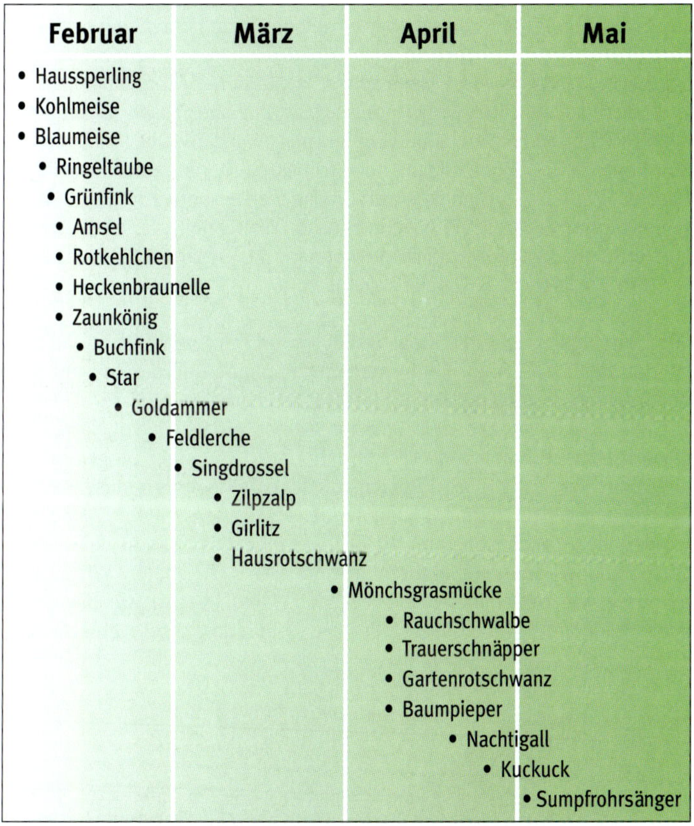

Angegeben sind die durchschnittlichen Daten des Gesangsbeginns. Im Februar ist die Gesangsaktivität stark witterungsabhängig und kann sich bei winterlichen Verhältnissen verzögern. Andererseits singen bei milder Witterung manche Vogelarten auch schon ab Ende Dezember, z. B. Meisen, Kleiber, Zaunkönig und in zunehmendem Maße die Ringeltaube. Zugvögel treffen im Süden Deutschlands eher ein als im Norden und singen dort auch früher. Die hier angegebene Reihenfolge ermöglicht lediglich eine grobe zeitliche Orientierung. Die Farbgebung symbolisiert die zunehmende Vegetationsentwicklung.

Vogelstimmen im Tagesverlauf: Die Vogeluhr

Beim allerersten Morgengrauen eines Maitags beginnt am Waldrand der Gartenrotschwanz zu singen. Wenig später gesellt sich die Singdrossel dazu, nach und nach setzen die anderen Vogelarten in einer ziemlich konstanten tageszeitlichen Reihenfolge ein. Neben ausgesprochenen „Frühaufstehern" gibt es auch „Langschläfer" – wobei der Begriff „Langschläfer" relativ ist, denn die meisten Vögel fangen bereits in den frühen Morgenstunden an zu singen. Der Gesangseinsatz der einzelnen Arten richtet sich nach dem Sonnenaufgang, der wiederum vom Kalenderdatum und dem Breitengrad abhängig ist. Eine gewisse Helligkeitsschwelle in der Morgendämmerung wirkt dabei als Auslöser, wobei jede Vogelart ihre spezifische „Gesangshelligkeit" benötigt. Feldlerche und Gartenrotschwanz etwa beginnen bereits 80 Minuten vor Sonnenaufgang beim frühesten Morgengrauen zu singen, Spatzen, Stare und Grünfinken werden dagegen erst etwa 15 bis 20 Minuten vor Sonnenaufgang aktiv, wenn es schon richtig hell ist. Eine akustische Übersicht über die morgendliche Reihenfolge des Gesangsbeginns häufiger Gartenvögel bietet z. B. Dingler (2008).

Die Zeitspanne zwischen Gesangsbeginn und Sonnenaufgang wird als „Vorsprung" bezeichnet. Kennt man diese Spanne und die Zeit des Sonnenaufgangs an einem bestimmten Datum, ist es in gewissen Grenzen sogar möglich, anhand des Gesangsbeginns einzelner Vogelarten die Uhrzeit zu bestimmen. Man spricht daher auch von einer „Vogeluhr", die allerdings von Ort zu Ort unterschiedlich gestellt werden muss, weil die „Vorsprungswerte" regional voneinander abweichen können. Außerdem werden der Gesangsbeginn und die Gesangsaktivität von einer Reihe verschiedener anderer Faktoren beeinflusst. Dazu zählen Witterungseinflüsse wie Nebel, Regen oder starker Wind ebenso wie die künstliche Beleuchtung in Städten oder die Populationsdichte einer Vogel-

Wer die erste Lerche hören will, muss im Frühjahr früh aufstehen.

art am gegebenen Ort. Wo viele Männchen der gleichen Art leben, ist die Gesangsaktivität stärker ausgeprägt als bei geringer Dichte, um die Reviere gegen Nachbarn abzugrenzen. Nicht zuletzt kann auch ein abweichendes Verhalten von Einzelvögeln für Verwirrung sorgen. So zeigten eigene Beobachtungen zum frühmorgendlichen Gesangsbeginn und zum abendlichen Verstummen (s. Abb. auf S. 74/75), dass etwa der Kuckuck, in der Tabelle mit einem durchschnittlichen Vorsprungswert von 50 Minuten gelistet, regelmäßig die ganze Nacht hindurch sang.

Der Sinn eines tageszeitlich unterschiedlichen Gesangsbeginns liegt wohl teilweise auch darin, die Gesänge zeitlich zu entzerren, damit die Vögel allzu großer akustischer Konkurrenz entgehen. Wer je den Klangteppich eines frühmorgendlichen Amselkonzerts erlebt hat oder den lautstarken

	Minuten vor Sonnenaufgang	
Star	15	Grünfink
Haussperling	20	Girlitz
Buchfink	30	
Blaumeise Zilpzalp	35	Heckenbraunelle Baumpieper
Kohlmeise	40	Trauerschnäpper
Zaunkönig Mönchsgrasmücke	45	Goldammer
Rotkehlchen	50	Kuckuck Ringeltaube
Singdrossel	55	Amsel
Rauchschwalbe	60	
Hausrotschwanz	70	
Gartenrotschwanz	80	Feldlerche
Nachtigall	Nacht	Sumpfrohrsänger

Die „Vogeluhr" – tageszeitlicher Gesangsbeginn ausgewählter Vogelarten

Aufgelistet sind dieselben Vogelarten wie in der Übersicht der jahreszeitlichen Abfolge der Gesangsaktivität (S. 71). Die Ziffern vor den Artnamen geben an, wie viele Minuten vor Sonnenaufgang die Vögel zu singen beginnen (Schulze 2000). Die Angaben sind Durchschnittswerte, die in Abhängigkeit von der Witterung und anderen Faktoren abweichen können.

Kontergesang zweier rivalisierender Singdrosseln, kann sich leicht vorstellen, dass es für andere Vogelarten mit leiseren Stimmen schwierig sein wird, sich zwischen so lauten Nachbarn akustisch bemerkbar zu machen.

Nicht so leicht zu ermitteln wie der frühmorgendliche Gesangsbeginn ist das zeitliche Verstummen am Abend. Hier muss man kontinuierlich oder in sehr kurzen Zeitabständen notieren, welche Vogelarten mit zunehmender Dämmerung noch singen. Wie beim Gesangsbeginn lässt sich für viele Vogelarten auch eine charakteristische Abfolge des Verstummens feststellen. Ähnlich wie in den Morgenstunden spielen hierbei auch Witterungseinflüsse eine Rolle: Bei schlechtem Wetter ist die Gesangsaktivität oft geringer und die Vögel verstummen früher.

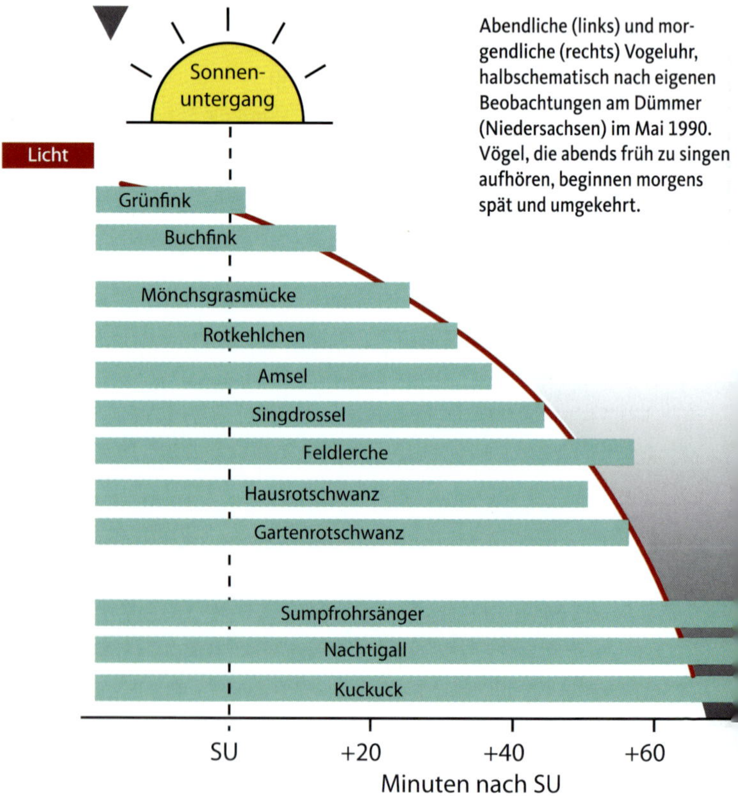

Abendliche (links) und morgendliche (rechts) Vogeluhr, halbschematisch nach eigenen Beobachtungen am Dümmer (Niedersachsen) im Mai 1990. Vögel, die abends früh zu singen aufhören, beginnen morgens spät und umgekehrt.

Weil die Sonne im Laufe des Frühjahrs von Tag zu Tag immer früher aufgeht, beginnen auch die Vögel entsprechend früher zu singen. Für den Vogelbeobachter bedeutet dies, dass er Ende Mai schon zu nächtlicher Stunde aufstehen muss, um die morgendliche Abfolge der Vogelstimmen hören zu können. Je nach Witterung singen viele Vögel allerdings noch bis in den Vormittag hinein, wenngleich zu fortgeschrittener Jahreszeit dann nur noch mit verminderter Intensität.

Der Vorsprung morgens ist meist größer als die Verzögerung abends. Die rot durchgezogene Linie bezeichnet die Helligkeit. Die Zeitachse unten stellt Minuten nach Sonnenuntergang (SU, plus-Werte) bzw. vor Sonnenaufgang dar (SA, minus-Werte).

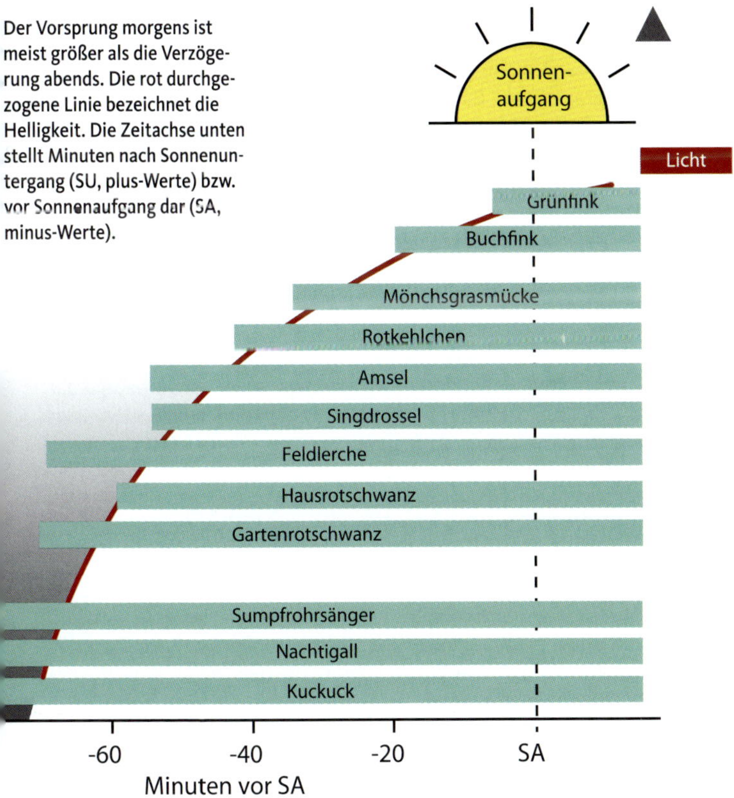

8 Der große Vogelstimmenkurs: Vielfalt der Vogelstimmen

Lektion 1

Die Grundlagen: ganz einfach zum Einhören und Einsehen

Vogelstimmen sind akustisch vielfältige Erscheinungen. Man kann sie mit Hilfe der Sonagramme schwarz auf weiß darstellen (s. S. 54). Dieses Lernprogramm soll in das Hören von Vogelstimmen und gleichzeitig in das Sehen und Verstehen der Sonagramme einführen. Diesem Zweck dienen die Tonaufnahmen in den eingedruckten QR-Codes. Die dafür verwendeten Beispiele stammen meist von häufigen, in Mitteleuropa brütenden Vogelarten. Ausnahmsweise wurden Tonaufnahmen und Sonagramme von in Deutschland nicht heimischen Vogelarten (Grauortolan, Felsenhuhn, Brillengrasmücke, Balkanlaubsänger, Isabellsteinschmätzer) verwendet, weil sie bestimmte akustische Phänomene gut verdeutlichen und entsprechende Aufnahmen heimischer Arten nicht zur Hand waren. Grundsätzlich geht es in diesem Kurs nicht darum, möglichst viele mitteleuropäische Vögel vorzustellen, sondern darum, Vogelstimmen-Themen am Beispiel ausgewählter Arten verständlich zu machen. Niemand ist im Übrigen daran gebunden, diesen Kurs von vorn bis hinten durchzustudieren. Man kann sich je nach Vorkenntnis und Interesse beliebige Lektionen heraussuchen.

Die Sonagramme stellen fast durchweg den Beginn der Tonaufnahme dar. Damit man sich besser einhören kann, folgen im Tonbeispiel oft weitere Rufe oder Gesänge derselben Aufnahme.

Ton, Klang, Geräusch: die Formensprache der Vögel

Die flötenden Elemente „dü-dü-dü-..." im Gesang der Nachtigall sind reine Töne. Sie bestehen zu jedem Zeitpunkt nur aus einer einzigen, konstant gehaltenen Frequenz. Wer genau hinhört, merkt aber im Beispiel rasch, dass die Elemente im Lauf der Phrase länger werden (neuer Begriff „prolongando"). Das erkennt man auch im Sonagramm.

1. Nachtigall – Gesang

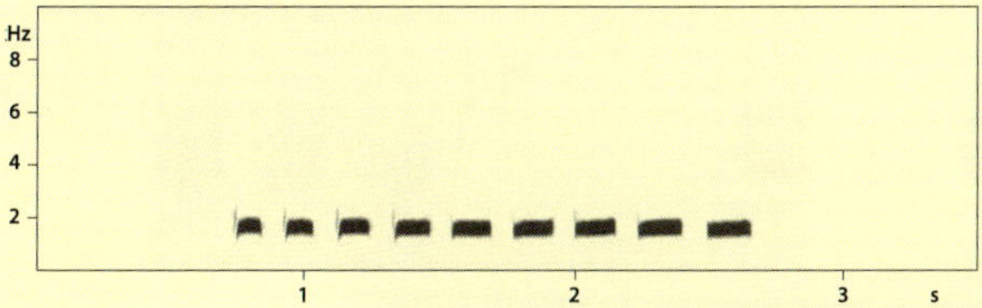

Selten kann man die Nachtigall so frei sitzend singen sehen.

Die Pfiffe im Gesang der Weidenmeise sind ebenfalls reine Töne, aber ziemlich hoch; und sie sinken in der Tonhöhe ab. Sie klingen wie „ziü-ziü-ziü…“.

2. Weidenmeise – Gesang

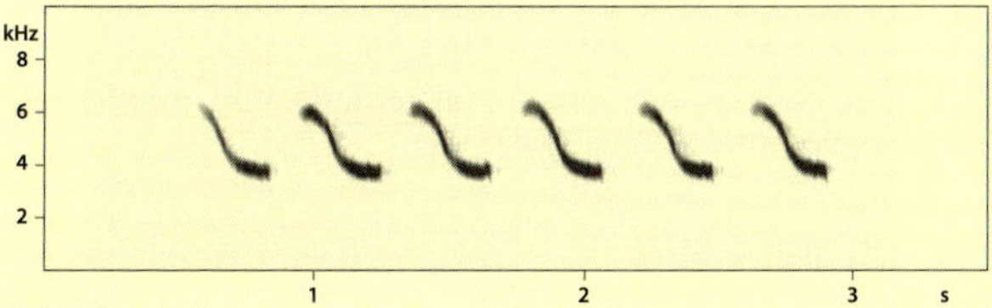

Die meisten Vogelarten erzeugen jedoch neben den Tönen auch Klänge, die aus mehreren parallel laufenden Frequenzbändern zusammengesetzt sind. Ein solches obertonhaltiges Element klingt für das menschliche Ohr im Vergleich zum reinen Ton oft unrein und nasal, wie etwa die Rufe der Weidenmeise, die man mit „däh-däh“ umschreiben kann.

3. Weidenmeise – Rufe

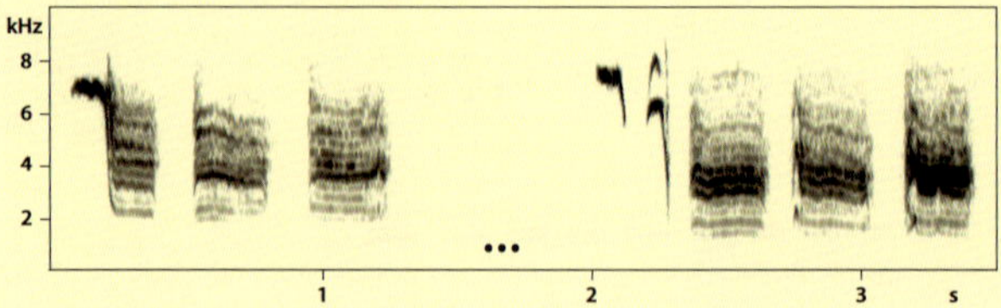

Mit ihrem Stimmorgan können Vögel sogar zweistimmig singen oder rufen, das heißt gleichzeitig zwei verschiedene Töne oder Klänge hervorbringen, die manchmal gegenläufig sind, wie zum Beispiel in einem Ruf des Erlenzeisigs. Das kann dann für unser Ohr sogar recht misstönend klingen.

4. Erlenzeisig – Rufe

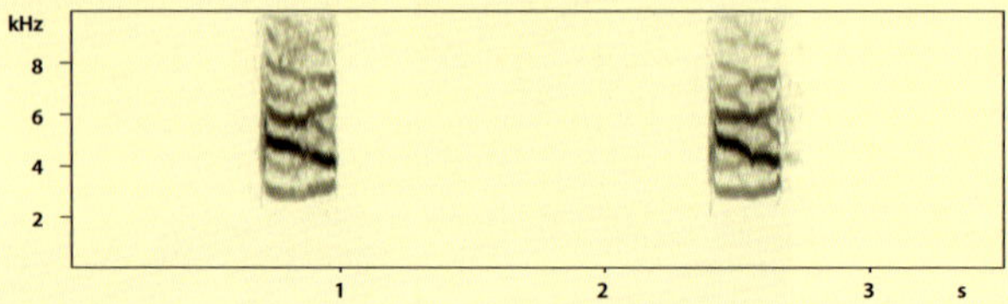

Im Sonagramm kann man erkennen, wie verschiedene Formanten – das sind die Bänder im Sonagramm – unabhängig voneinander in verschiedenen Richtungen verlaufen. Ähnlich auch bei den Rufen des „Trompetergimpels“ (Aufn. 95).

Wenn die Frequenzveränderung eines Tones nicht langsam und gleichmäßig wie im Gesang der Weidenmeise vor sich geht, sondern rasch und rhythmisch, hört sich das Ergebnis meist rau trillernd oder schrill und durchdringend an, wie etwa die Rufe des Waldbaumläufers. Man kann im Sonagramm sehen, dass auf eine horizontal verlaufende Grundfrequenz ein gesägtes Modulationsmuster aufgelegt ist.

5. Waldbaumläufer – Rufe

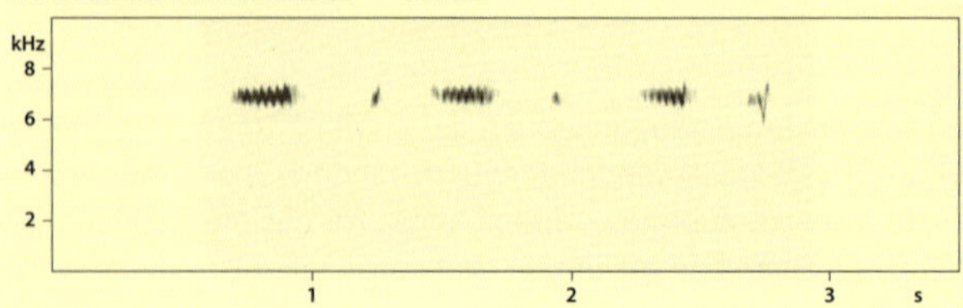

Bei sehr schneller rhythmischer Modulation entstehen im Sonagramm ober- und unterhalb der Trägerfrequenz dicht anliegende Seitenbänder. Der Klang eines solchen Signals ist scharf und durchdringend, wie etwa die Elemente im Gesang des Grauortolans.

6. Grauortolan – Gesang

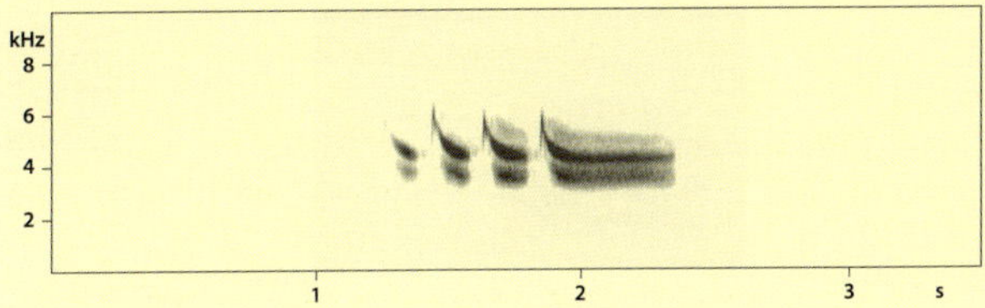

Außer den Tönen und Klängen erzeugen die Vögel mit ihrem Stimmorgan auch häufig Geräusche. Sind diese Geräusche kurz, so klingen sie hart, wie z. B. das »tak« der Mönchsgrasmücke.

7. Mönchsgrasmücke – Alarmrufe

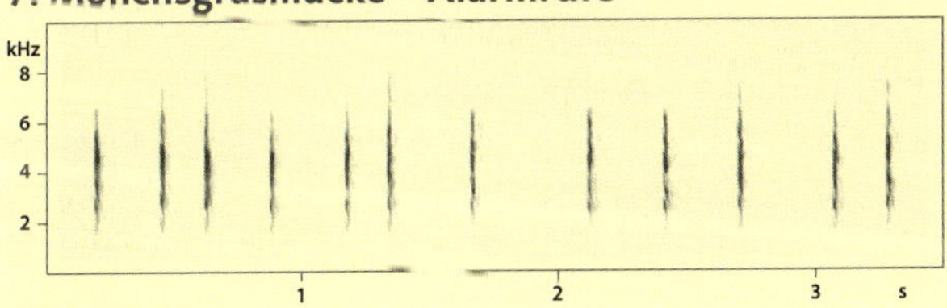

Gedehnte geräuschhafte Elemente hören sich zischend an, wie beim Höckerschwan, wenn er sein Nest verteidigt.

8. Höckerschwan – Zischen

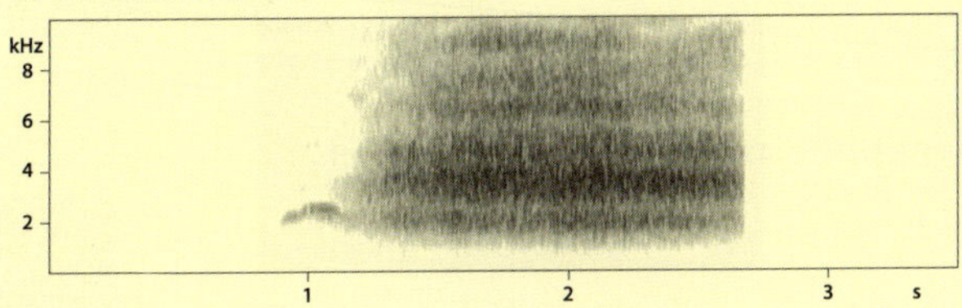

Vögel können aber auch mit Leichtigkeit Töne, Klänge und Geräusche zu Mischformen kombinieren, wie in einem Alarmruf des Felsenhuhns zu hören ist. Beim Betrachten des Sonagramms kann man die verschiedenen Komponenten gut erkennen.

9. Felsenhuhn – Ruf

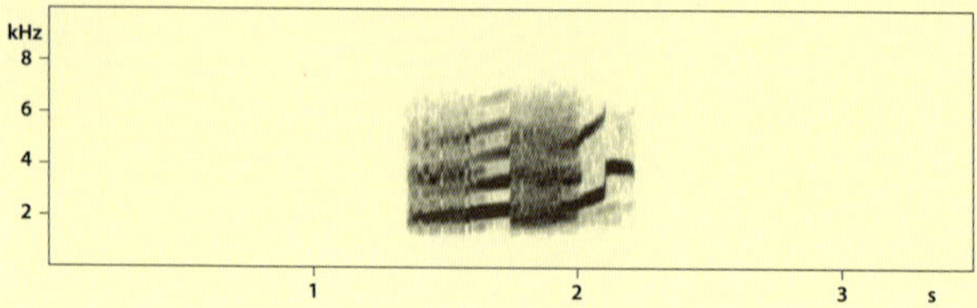

Schneller als der Mensch hören kann

Das Sonagramm hat eine feinere Zeitauflösung als unser Ohr. Eine schnelle Folge von kurzen, geräuschhaften Elementen, z. B. im Alarmruf einer Brillengrasmücke, hören wir als ein zusammenhängendes, gedehntes »trrr«.

10. Brillengrasmücke – Alarm, normal

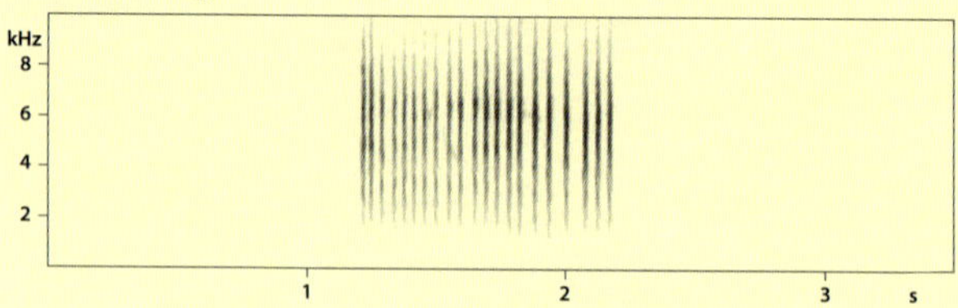

In Wirklichkeit besteht der Ruf aus lauter kurzen geräuschhaften Einzelelementen. Die hört man erst richtig, wenn man den Ruf auf die doppelte Zeit dehnt, das heißt, mit halber Geschwindigkeit abspielt. Dabei wird gleichzeitig die Tonhöhe erniedrigt, der Ruf klingt also tiefer.

11. Brillengrasmücke – Alarm, zeitgedehnt

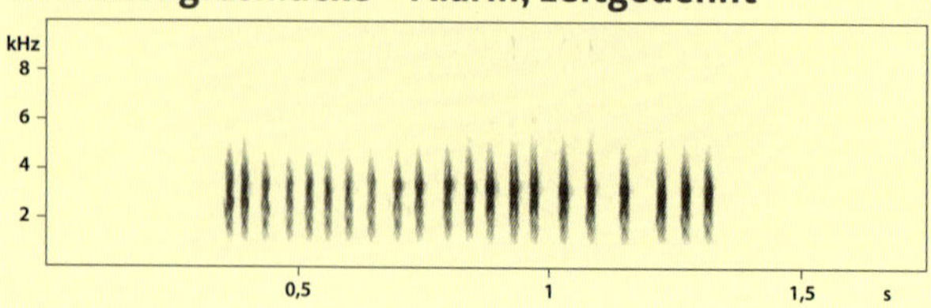

Was ähnlich klingt, sieht auch ähnlich aus

Was im Sonagramm ähnlich aussieht, klingt auch ähnlich, zum Beispiel das „pink" des Buchfinken...

12. Buchfink – „pink"

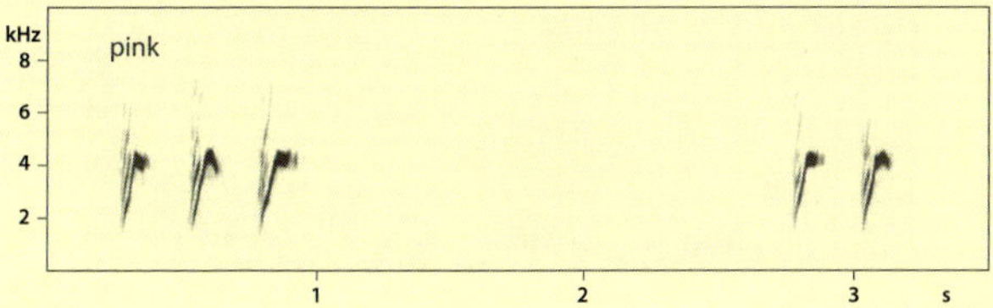

...und das „pink" der Kohlmeise.

13. Kohlmeise – „pink"

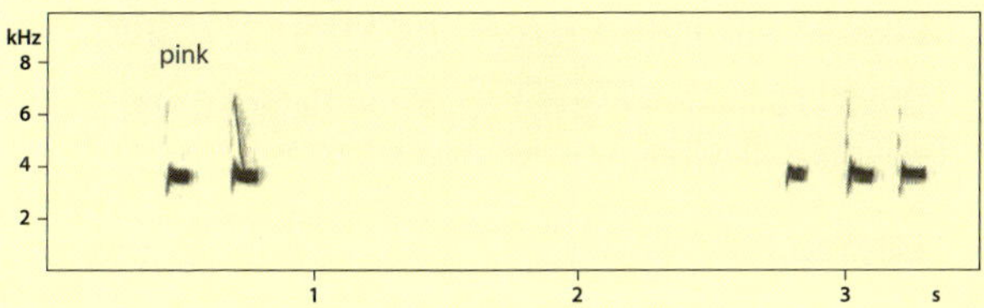

Möglicherweise ist die stimmbegabte Kohlmeise hier Nachahmerin des Buchfinken.

Bei längeren Imitationen kann man die Nachahmung durch die Wiederholung oft noch deutlicher erkennen. Auch der Sumpfrohrsänger ahmt die pink-Rufe des Buchfinken nach. Aber er bringt sie in etwas höherer Tonlage und festem Rhythmus, und er kombiniert sie gleich noch mit den Flugrufen des Buchfinken, die wie „djüb" klingen.

14. Sumpfrohrsänger – „pink" u. a.

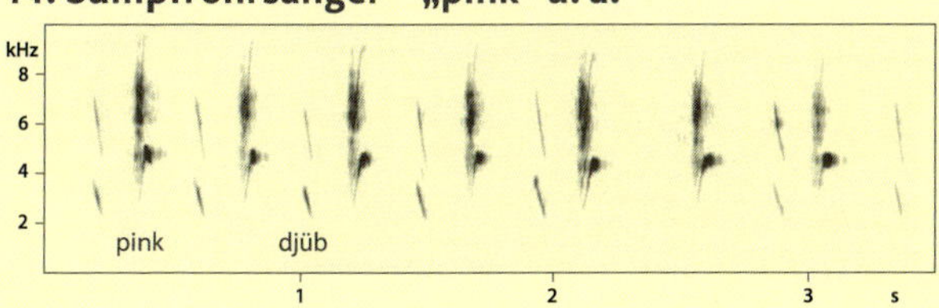

Gartengrasmücke: der erste Ernstfall

Und nun der erste Ernstfall. Im Gesang der Gartengrasmücke sind Elemente unterschiedlichster Klangfarben und Eigenschaften gemischt. Hier finden wir vieles in Kombination wieder, was wir bisher als einzelnes Phänomen betrachtet und gehört haben – und in schnellem Tempo.

15. Gartengrasmücke – Gesang

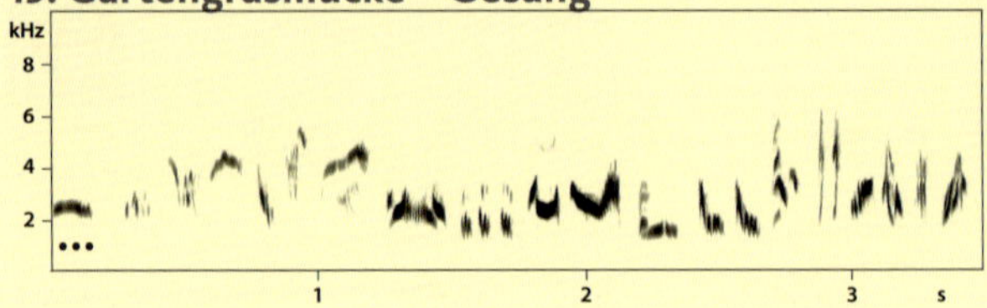

Lektion 2

Uhu und Goldhähnchen: groß und klein, tief und hoch

Kleine Vögel singen hoch, große in der Regel mit tiefer Stimme. Besonders tief und weit hallt die Stimme eines singenden Uhus:

16. Uhu – Gesang

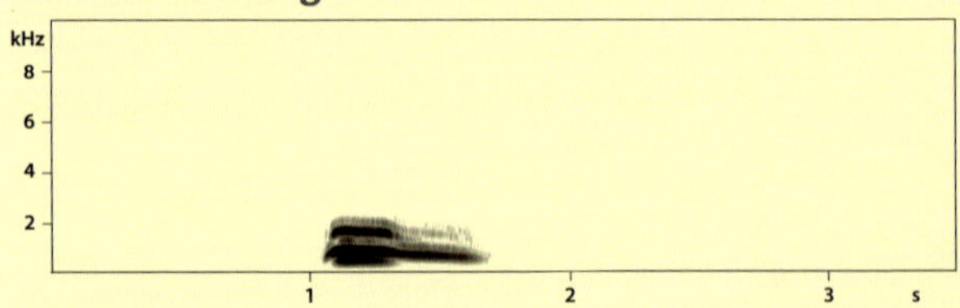

Auch die Strophe der Rohrdommel ist tief und laut. Man hört sie auf kilometerweite Entfernung. Manche kleinen Lautsprecher können sie gar nicht wiedergeben:

17. Rohrdommel – Gesang

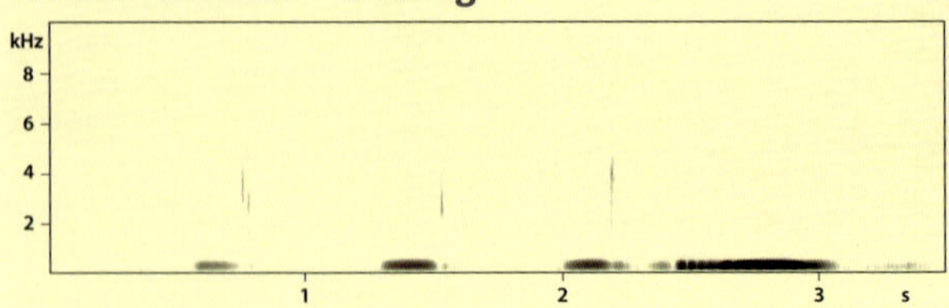

Umgekehrt haben kleine Vögel hohe Stimmen. Unsere kleinsten Vögel mit nur etwa 5 Gramm Körpergewicht sind die Goldhähnchen. Hier ist die Gesangsstrophe eines Sommergoldhähnchens:

18. Sommergoldhähnchen – Gesang

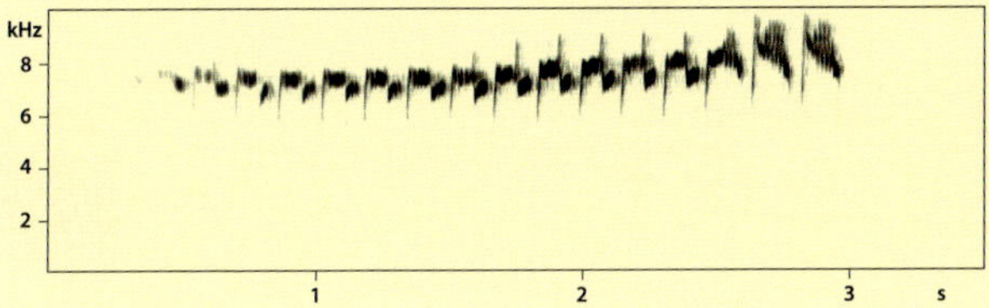

Der Gesang des Wintergoldhähnchens unterscheidet sich im Sonagramm deutlich vom Sommergoldhähnchen.

19. Wintergoldhähnchen – Gesang

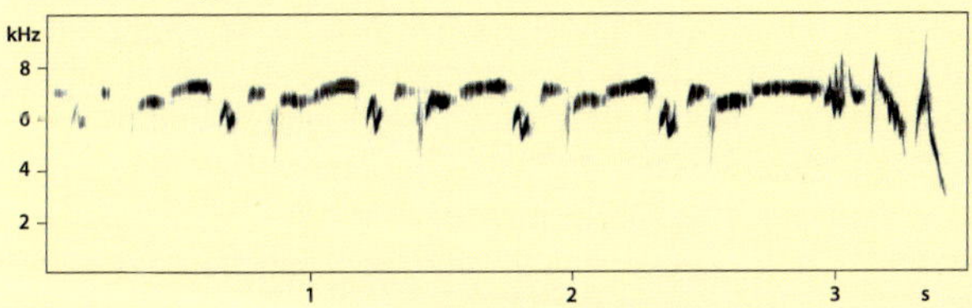

Beim Wintergoldhähnchen sind Gesänge wie Rufe so hoch, dass man sie als älterer Mensch kaum mehr hört. Im Bild ein rufendes Weibchen.

Lektion 3

Kuckuck & Co.: einfache Gesänge

Kuckucksmännchen haben eine relativ tiefe, weit hallende Stimme. Der Kuckucksgesang ist sehr einfach aufgebaut und besteht nur aus zwei Elementen:

20. Kuckuck – Gesang

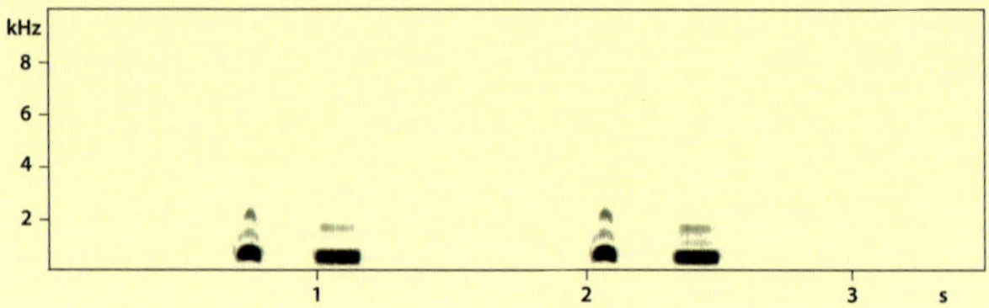

„Kuckuck, kuckuck – ruft's aus dem Wald": So sagt es das bekannte Frühlingslied. Obwohl die Strophen oder Motive des Kuckucks so einfach gebaut sind und obwohl der Kuckuck systematisch gesehen gar kein Singvogel ist, sprechen wir doch – abweichend vom Liedtext – von Gesang. Dafür gibt es gute Gründe: Der Vogel sitzt auf einer Warte und wiederholt immer wieder dasselbe Motiv, manchmal mit gestelztem Schwanz und hängenden Flügeln. Zudem äußern nur die Männchen das namengebende „Kukuk".

Wenn der Kuckuck sehr aufgeregt ist, singt er manchmal ein Motiv aus drei Elementen:

21. Kuckuck – Gesang dreisilbig

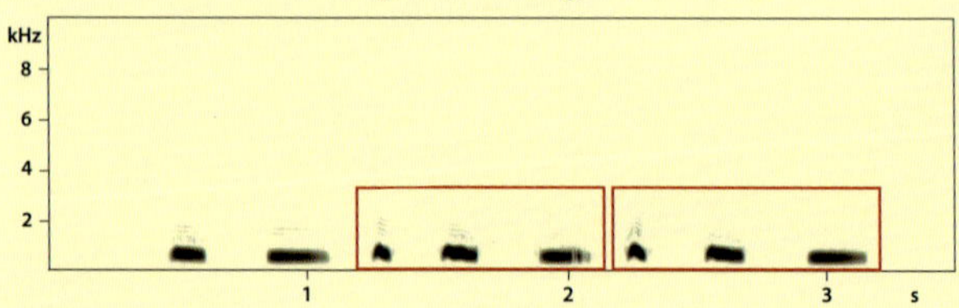

Ein junger Kuckuck wächst als Brutparasit im Nest eines artfremden Wirtsvogels auf und kennt seine wirklichen Eltern meist gar nicht. Ihm muss sein Gesang weitgehend angeboren sein. Vielleicht ist er deshalb so einfach. Außerdem verfügt der Kuckuck über verschiedene Rufe, die aber anders klingen:

22. Kuckuck – Ruf „goch“ beim Abfliegen

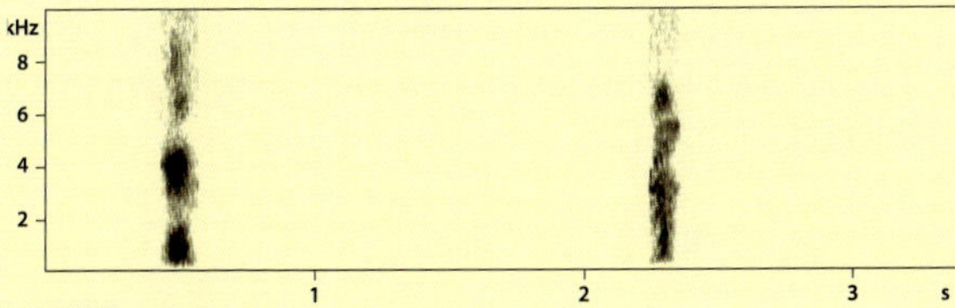

Bei größerer Erregung werden diese oder ähnliche heiser klingende Rufe entweder einzeln geäußert („goch“) oder schnell und hastig gereiht: „gauchgauchgauchgauchgauch!“ Deswegen nannte man den Kuckuck früher auch den „Gauch“.

Das Kuckucksweibchen singt nicht wie das Männchen, sondern lässt einen flüssigen Triller hören:

23. Kuckuck Weibchen – Triller

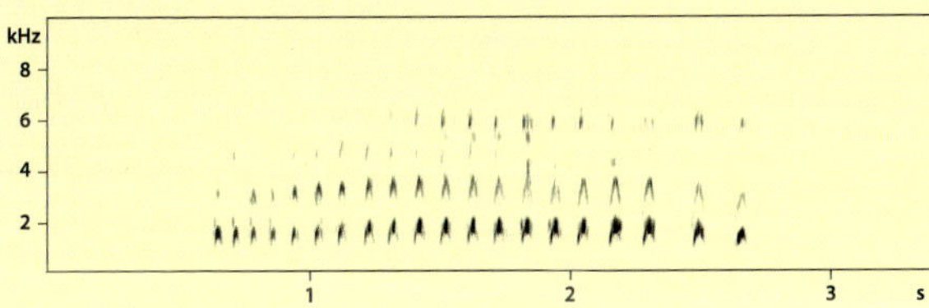

Das hört sich schon eher nach Gesang an.

Beim Singen hebt der Kuckuck manchmal den Schwanz und lässt die Flügel hängen.

Der einfache Gesang des Haussperlings ist den meisten Menschen vertraut. Man nennt ihn Tschilpen und er besteht oft nur aus einem einzigen, zusammengesetzten Element, das in Abständen monoton wiederholt wird. Doch finden sich auch Männchen, die zwischen verschiedenen Varianten ihres Tschilpens wechseln.

24. Haussperling – Gesang: Tschilpen

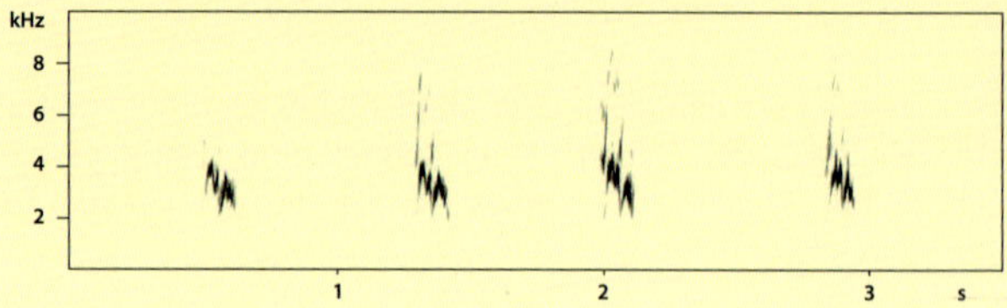

Ganz ähnlich singt der Feldsperling, doch beim genauen Hinhören kann man auch die Unterschiede wahrnehmen:

25. Feldsperling – Gesang: Tschilpen

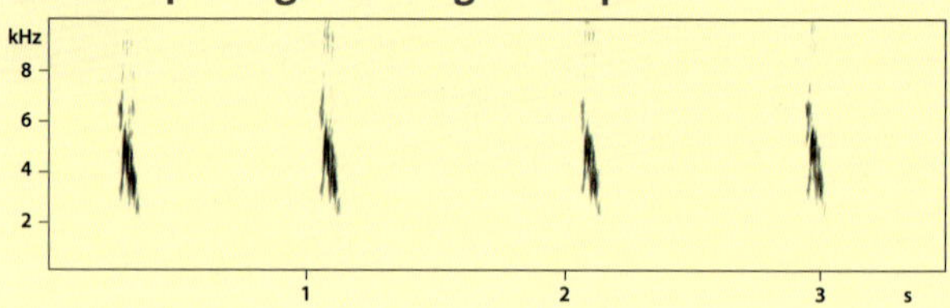

Der Gesang des Feldsperlings klingt mehr hölzern, die Elemente sind kürzer als beim Haussperling.

Rufgesang

Man kann annehmen, dass einfache Rufe in der Vogelwelt entwickelt waren, ehe die Gesänge entstanden.

Bachstelzen sind nicht an einen Bach oder an ein Gewässer gebunden. Man findet sie mitten in Ortschaften, auf Dächern, Straßen und Rasenflächen. Von einem auf dem Dach sitzenden Vogel hört man oft lange Zeit eine Folge zweisilbiger, rufartiger Elemente wie „tsilip“. Wir nennen das Rufgesang.

26. Bachstelze – Rufgesang

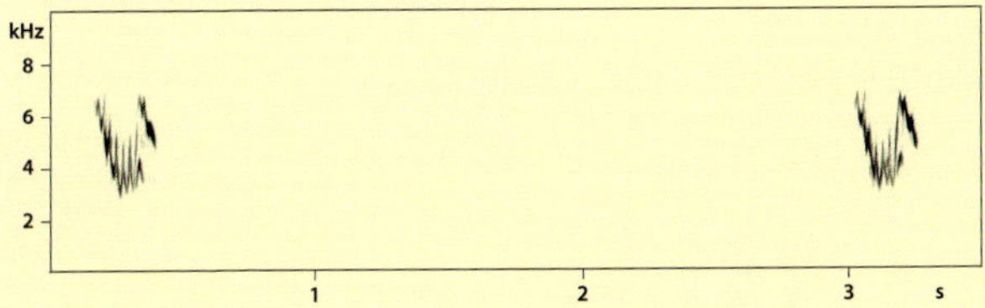

Flüssigen, zusammenhängenden Gesang bringt sie nur im frühen Frühjahr bei der Balz und beim Verfolgen eines Feindes:

27. Bachstelze – Gesang

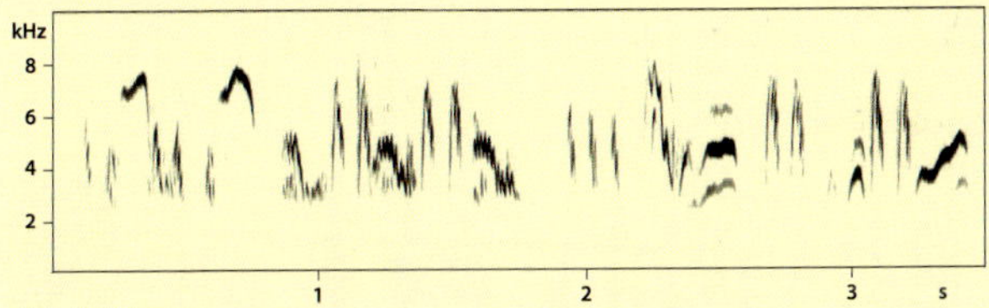

(In diesem Beispiel ist nicht der Anfang des Gesangs, sondern ein späteres Stück von 3,8–7,3 Sekunden sonagraphiert worden.)

Eine balzende Bachstelze stelzt den Schwanz und bringt flüssigen Gesang.

Ganz ähnlich ist es bei der Wacholderdrossel. Sie lässt oft lange Folgen ihrer harten Rufe ertönen, als sei es Gesang:

28. Wacholderdrossel – Rufgesang

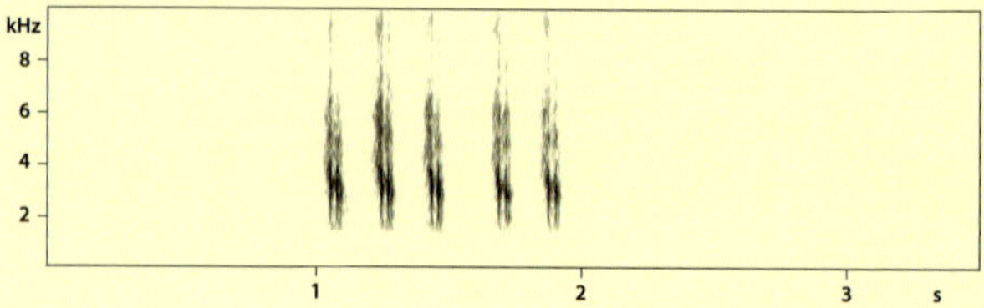

Selten hört man von ihr einen flüssigen Gesang, den sie dann im Singflug vorträgt. Der Gesang kann mit Rufen von Artgenossen aus der Brutkolonie durchmischt sein.

29. Wacholderdrossel – Fluggesang

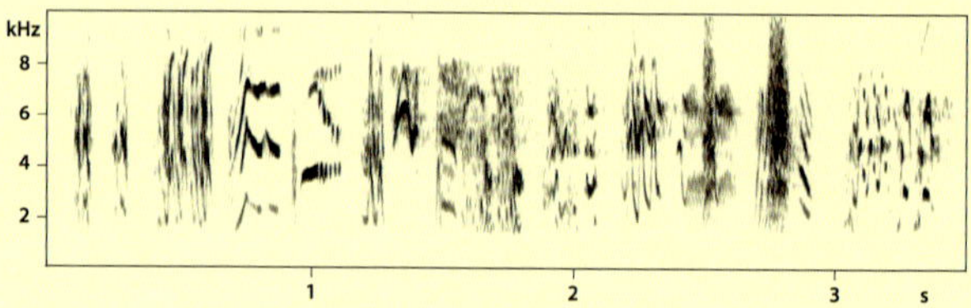

Auch der Grauschnäpper hat es mit seinem Gesang nicht weit gebracht. Er reiht nur kurze piepsend-zirpende Elemente verschiedener Art mit Abständen aneinander:

30. Grauschnäpper – Gesang

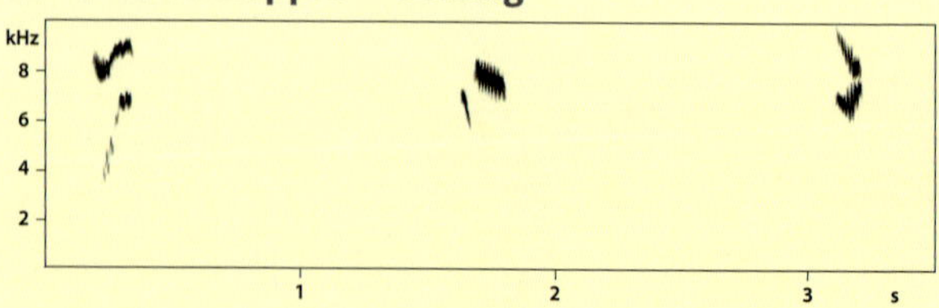

Dennoch ist er ein richtiger Singvogel aus der Familie der Fliegenschnäpper. Sein Gesang ist allerdings selten zu hören.

Lektion 4

Gesänge mit und ohne Pause

Viele Singvögel gliedern ihre Gesänge in Strophen. Die Blaumeise ist dafür ein typisches Beispiel. An ein paar hohe Elemente schließt sich ein Triller an. Danach tritt eine Pause ein, das Strophenintervall.

31. Blaumeise – Gesang

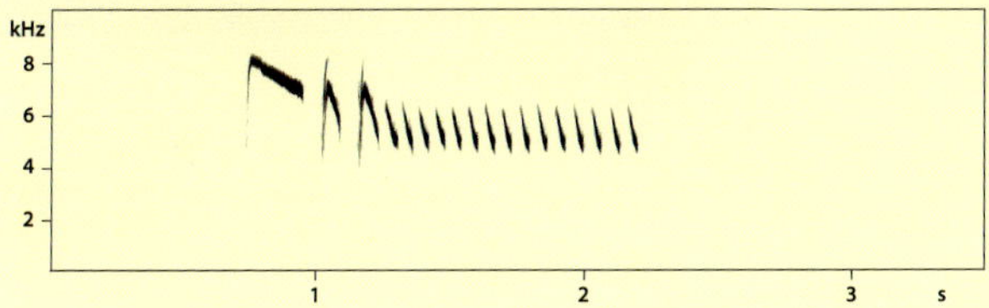

Bei anderen Arten läuft der Gesang kontinuierlich dahin oder besteht aus langen Strophen. Hierzu gehören oftmals Arten, die in der Deckung der Vegetation verborgen singen. Ein Beispiel ist der Teichrohrsänger, der im Schilf singt:

Der Teichrohrsänger reiht kontinuierlich seine etwas monotonen Motive aneinander.

32. Teichrohrsänger – Gesang

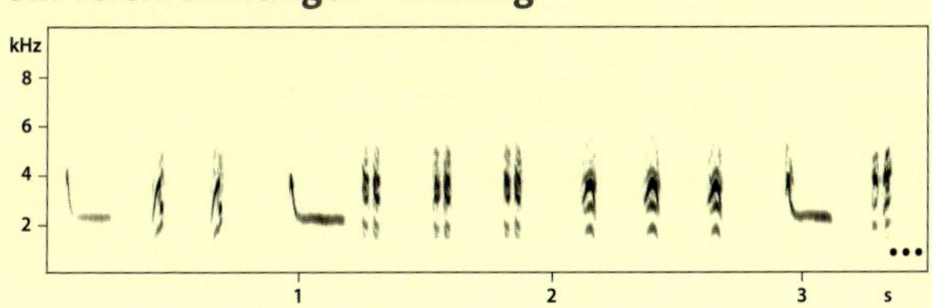

Zu den kontinuierlich singenden Vögeln gehören auch diejenigen, deren Gesang man mit dem von Insekten verwechseln könnte, die Schwirle. Hier ein Stück aus dem endlos schwirrenden Gesang des Feldschwirls:

33. Feldschwirl – Gesang

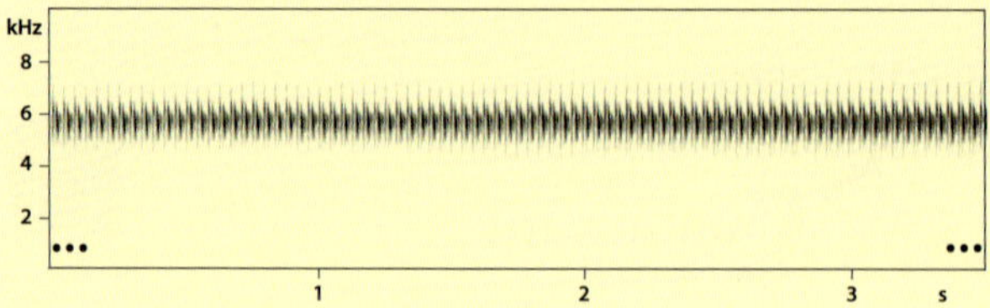

Auch der Gesang des im Schilf lebenden Rohrschwirls klingt ähnlich, nur etwas mehr trillernd:

34. Rohrschwirl – Gesang

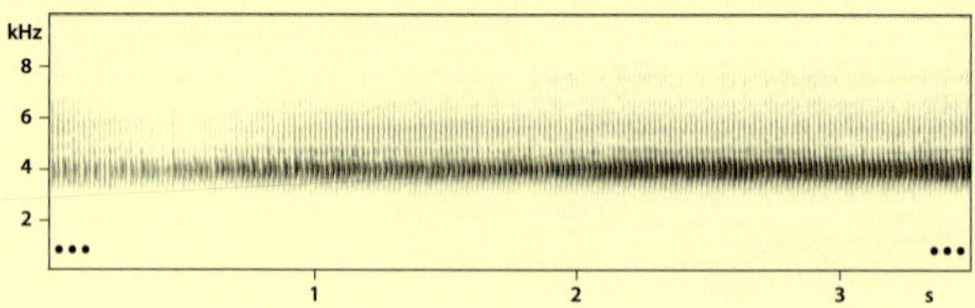

Lektion 5:

Auch Nicht-Singvögel können singen – manche trommeln

Wie oben dargestellt, haben manche Singvögel keine (für unsere Ohren) besonders schönen Gesänge entwickelt. Umgekehrt gibt es selbst bei den Nicht-Singvögeln Vertreter mit Gesängen, die durchaus hörenswert sind. Der Gesang des Wiedehopfs ist einfach, aber klangvoll und weit zu hören:

35. Wiedehopf – Gesang

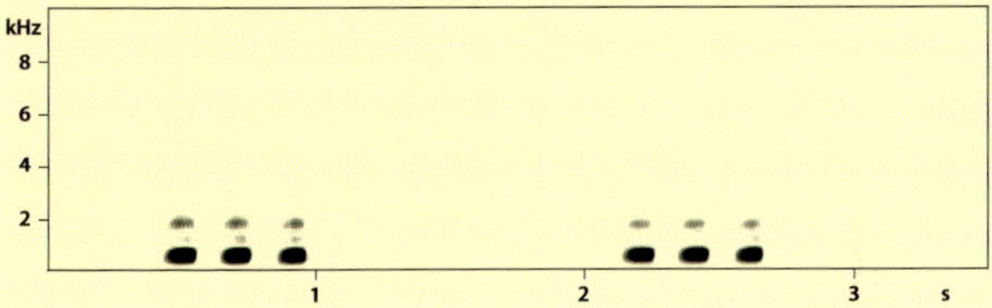

Beim Singen senkt der Wiedehopf den Kopf, die geschlossene Holle weist nach oben.

Die Gesänge der Watvögel oder Limikolen sind ebenfalls klangvoll und werden von erhöhter Warte aus oder im Singflug vorgetragen. Hier der Rotschenkel mit seinem Fluggesang („tlüü – tlüü ...").

36. Rotschenkel – Gesangsform 1

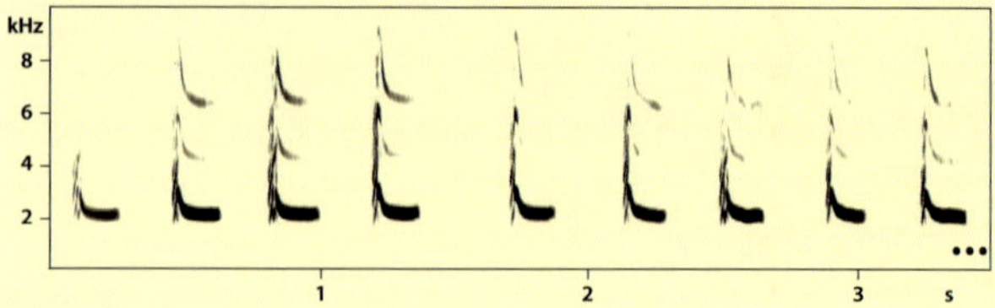

Er beherrscht sogar noch eine zweite Gesangsform, die er mit der ersten im Wechsel vorträgt, ein schnelles „tüli tüli tüli tüli ...":

37. Rotschenkel – Gesangsform 2

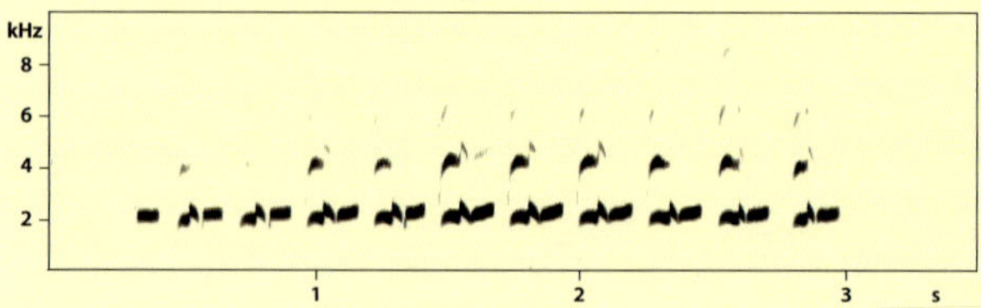

Gesang von Mann und Frau

Bei den Spechten, die ebenfalls nicht zu den Singvögeln gehören, singen sogar die Vertreter beider Geschlechter, sodass man die Strophen oft kaum auseinanderhalten kann.

Hier der Gesang eines Grünspecht-Männchens:

38. Grünspecht – Gesang Männchen

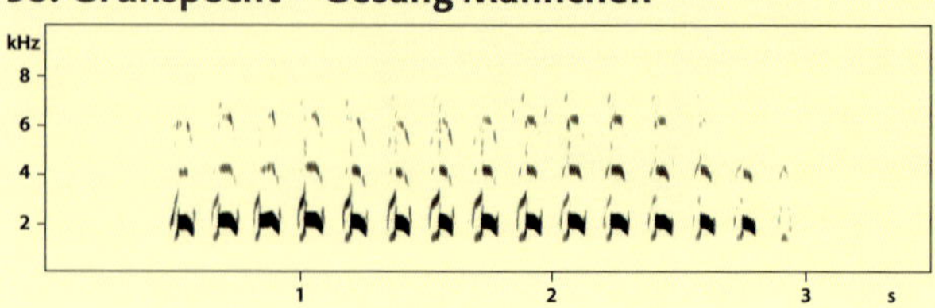

Und hier ein Weibchen:

39. Grünspecht – Gesang Weibchen

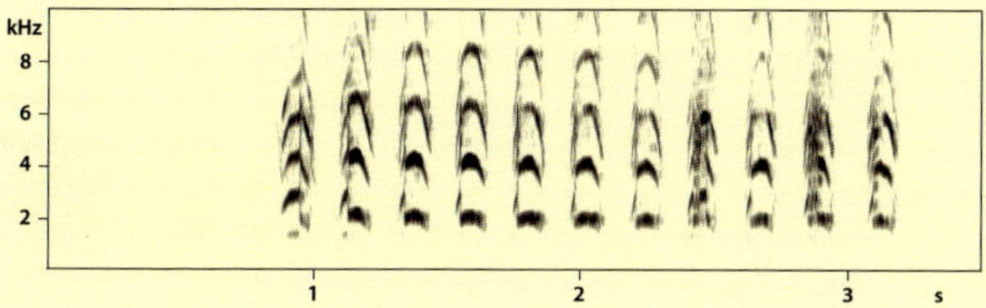

Wenn die beiden Strophen sich etwas verschieden anhören, müssen die Unterschiede keineswegs typisch für Männchen und Weibchen sein. Die Gesänge können individuell und regional abweichen, auch das Alter und die momentane Situation können solche Unterschiede hervorbringen.

Trommeln statt Gesang

Die Gesänge der Grünspechte klingen hart lachend. Weicher und deutlich absinkend erschallt die Strophe des Grauspechts:

40 Grauspecht – Gesang

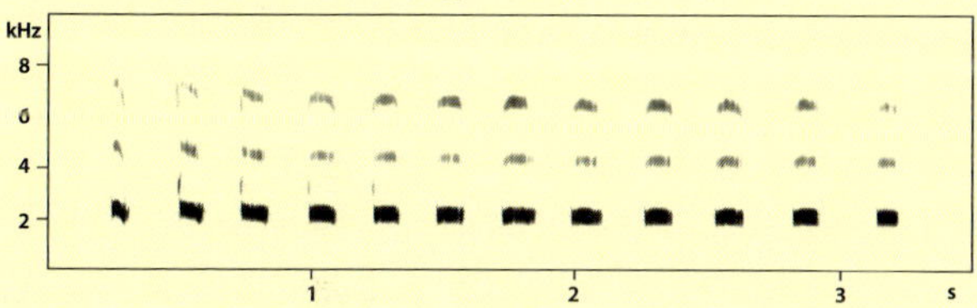

Grauspechte können aber zusätzlich etwas, was Grünspechte nicht oder nur sehr selten tun: Sie trommeln.

41. Grauspecht – Trommeln

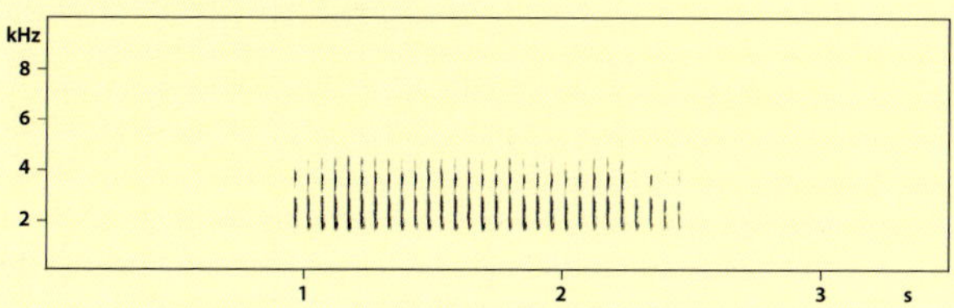

Das Trommeln zeigt, was sonst durch den Gesang demonstriert wird: Dieses Revier ist besetzt. Auch der Schwarzspecht gehört zu den Spechtarten, die beides können. Hier seine Gesangsstrophe:

42. Schwarzspecht – Gesang

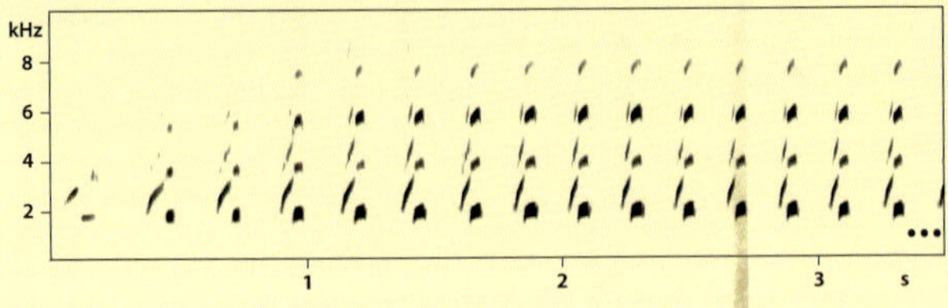

Und hier sein Trommeln, das allerdings länger und tiefer ist und langsamer abläuft als das des Grauspechts:

43. Schwarzspecht – Trommeln

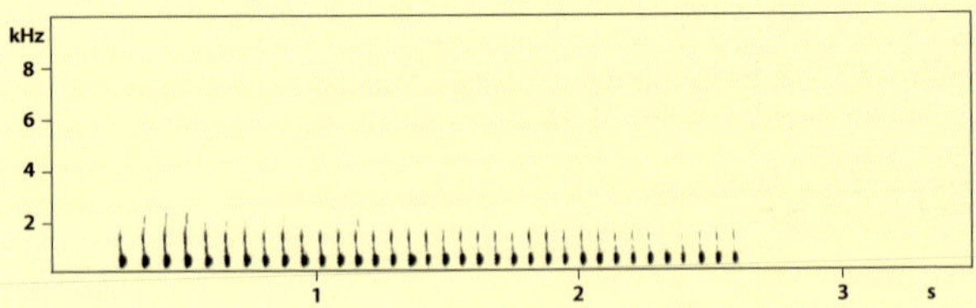

Der Buntspecht wiederum singt überhaupt nicht, sondern trommelt nur. Weil er relativ klein ist, klingt sein Trommeln kurz und schnell.

44. Buntspecht – Trommeln

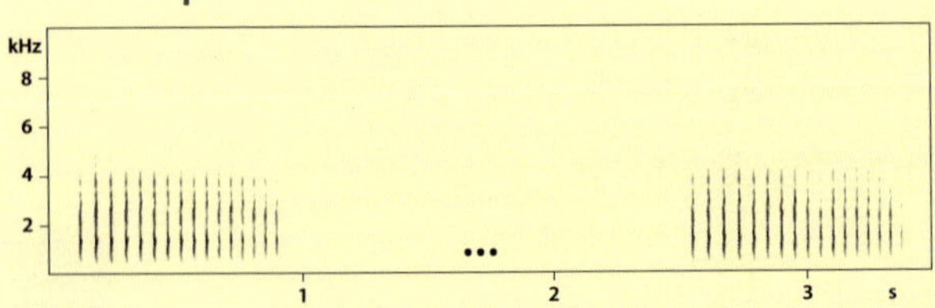

So wie man die Gesänge der Vögel kennenlernen kann und sie daran zu unterscheiden vermag, so kann man auch die verschiedenen Spechtarten am Trommeln meist recht gut auseinanderhalten.

Blutspecht: Sowohl im Gefieder als auch nach dem Trommeln dem Buntspecht sehr ähnlich.

„Singen“ mit den Flügeln

Die Nachtschwalbe, früher auch Ziegenmelker genannt, ist ein Dämmerungs- und Nachtvogel. Im normalen Wartengesang, bei dem der Vogel auf einer „Singwarte“ sitzt, etwa auf einem trockenen Ast, bedient er sich nur seiner Stimme, wechselt allerdings zwischen zwei Stimmlagen.

45. Nachtschwalbe – Gesang

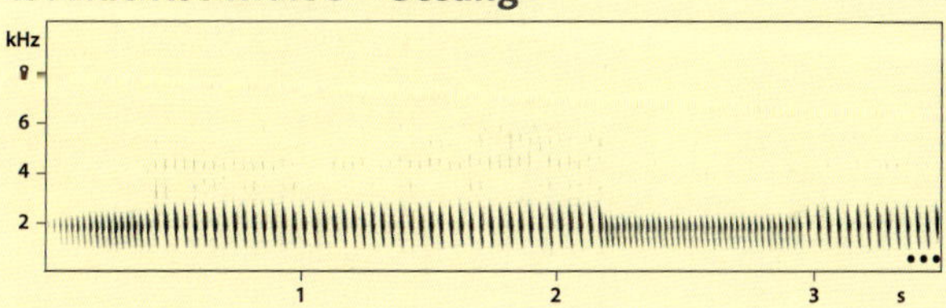

Doch nach einer Weile fliegt er ab, ändert seinen Gesang und fügt dazwischen knallende Flügelgeräusche ein.

46. Nachtschwalbe – Gesang mit Flügelpeitschen

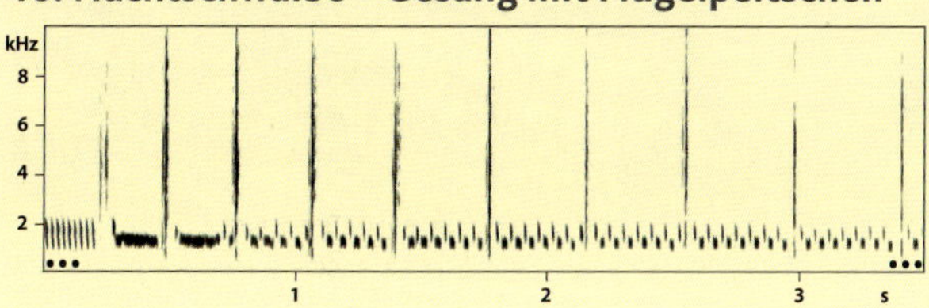

Diese Geräusche entstehen, wenn der Vogel mit seinen Flügelschlägen weit über dem Rücken ausholt. Dabei müssen sich die Flügelspitzen nicht berühren. Jeder Flügel erzeugt ein eigenes peitschendes Geräusch. Dass es mehr als ein einfaches Klatschen ist, hört man bei starker Zeitdehnung. Man achte im Sonagramm auf die vierfach gedehnte Zeitskala:

47. Nachtschwalbe – Flügelpeitschen vierfach zeitgedehnt

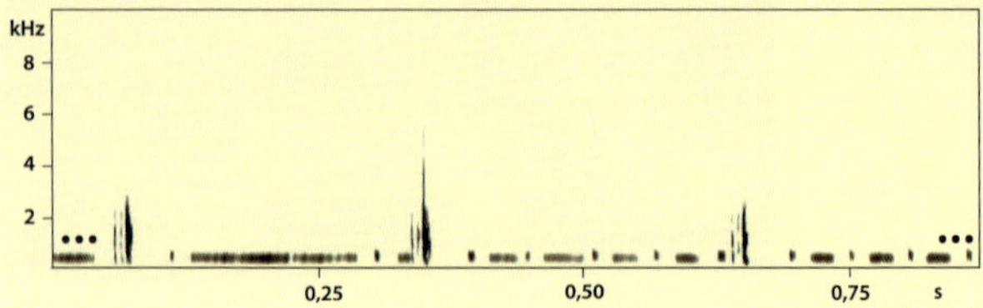

Genau genommen sieht und hört man sogar noch mehr: Ein Hauptschlag wird in vorliegender Aufnahme von leiseren Schlägen begleitet. Auch wenn dieses Phänomen vorerst unerklärt bleibt – das Sonagramm hat uns auf eine Spur gebracht. Eine Hypothese: Vielleicht sind es die Schläge mehrerer Handschwingen, die man hört.

Das Nachtschwalben-Männchen rastet gut getarnt am Waldboden. Nur selten beteiligt es sich beim Brüten.

Lektion 6

Schwierig: die ähnlichen Arten

Nachtigall und Sprosser bekommt man kaum zu Gesicht, weil sie in der Deckung der Vegetation singen. Und selbst wenn man sie einmal sieht: An ihren äußeren Merkmalen kann man sie kaum auseinanderhalten. Auch die Gesänge sind ähnlich. Nur für den Kenner klingen sie verschieden. Hier der Gesang der Nachtigall:

48. Nachtigall – Gesang

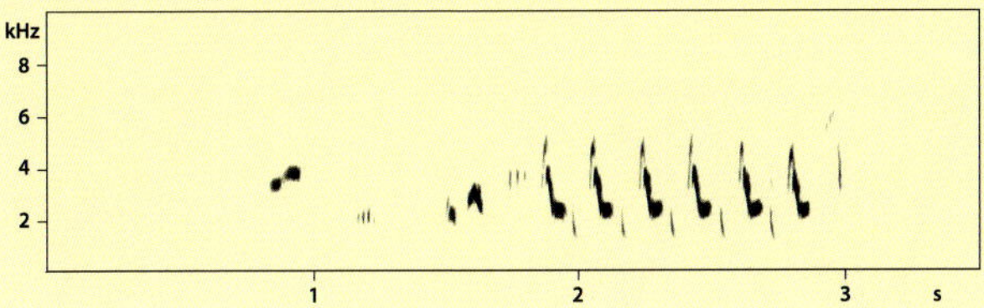

Und hier die Strophe eines Sprossers:

49. Sprosser – Gesang

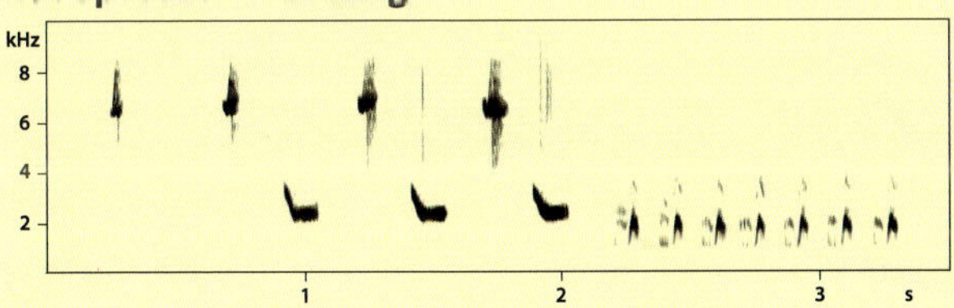

Doch gibt es auch Artenpaare, bei denen die Gesänge ganz verschieden sind – trotz naher Verwandtschaft. Laubsänger sind kleine grün-gelbliche Insektenfresser. Den Gesang des Zilpzalps hört man schon im März:

50. Zilpzalp – Gesang

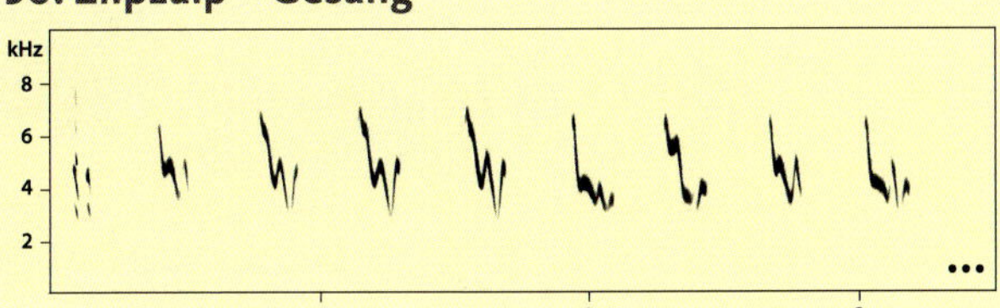

Der nahverwandte Fitis kommt ein wenig später bei uns an und singt ganz anders:

51. Fitis – Gesang

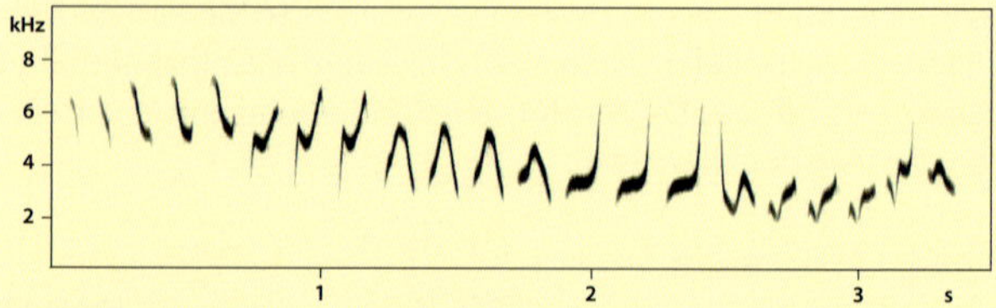

Der Fitis ist äußerlich dem Zilpzalp sehr ähnlich, aber die Gesänge sind ganz verschieden.

Auch der Waldlaubsänger gehört in die Familie der Laubsänger. Sein Gesang klingt wieder anders:

52. Waldlaubsänger – Gesang

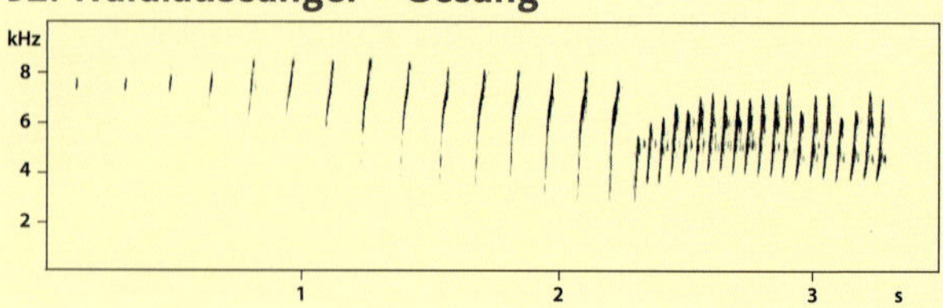

Nach seinem Gesang wurde er früher auch Waldschwirrvogel genannt.

Lektion 7
Klappergesänge

Der Gesang mancher Vögel klingt so, als würde man mit einem Stock einen Zaun entlangstreichen. Und doch wird er mit der Stimme erzeugt. Der strophige Gesang der Klappergrasmücke ist relativ einfach und kurz. Der Klapperphrase geht ein flüchtiger Vorgesang voran. Das darauf folgende Klappern setzt sich aus zwei verschiedenen, abwechselnden Elementen zusammen, was man mit dem Ohr kaum wahrnimmt.

53. Klappergrasmücke – Gesang

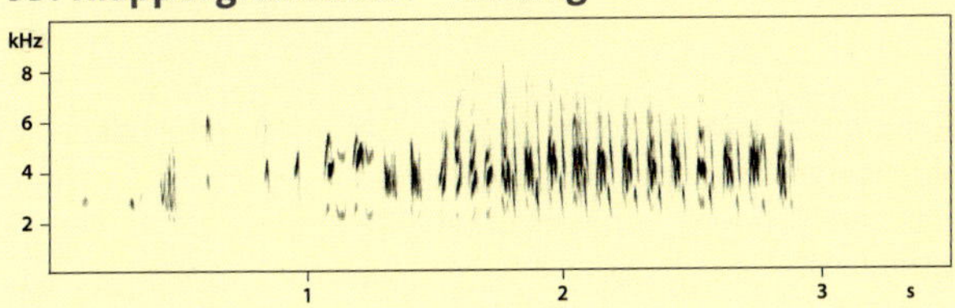

Wenn man aber dieselbe Strophe auf das Vierfache zeitgedehnt vorspielt, hört man die zwei verschiedenen Elemente heraus (vgl. auch Aufn. 111). Natürlich kann man sie auch im gedruckten Sonagramm erkennen. Man achte hier auf die vierfach gedehnte Zeitskala und die tiefe Tonlage.

54. Klappergrasmücke – Gesang, vierfach zeitgedehnt

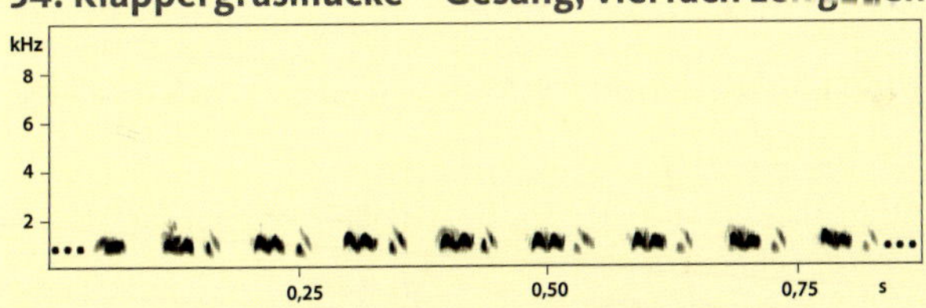

Die Klappergrasmücke trug früher auch den Namen Zaungrasmücke.

Der Gesang der im Süden vorkommenden Zaunammer ist ebenfalls klappernd; er besteht aber nur aus einem einzigen monoton wiederholten Element.

55. Zaunammer – Gesang

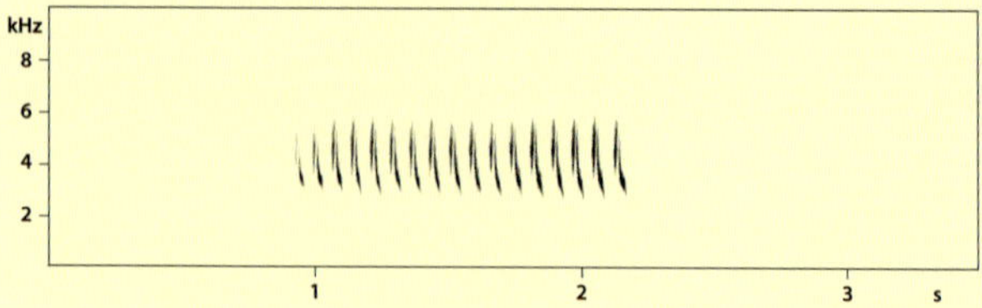

Auch die Sumpfmeise verfügt neben anderen Gesangsformen über einen einfachen Klappergesang, den man mit anderen klappernden Gesängen verwechseln kann. Das Klappern verläuft aber langsamer als bei den bisher genannten Arten.

56. Sumpfmeise – Gesang

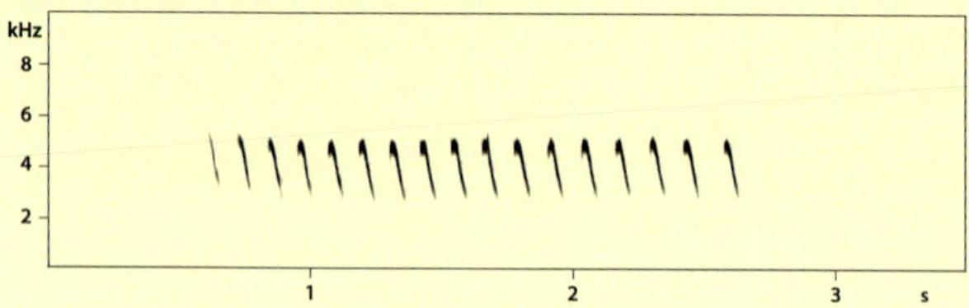

Die Sumpfmeise singt anders als die Weidenmeise (Aufnahme 2, s. S. 77), ist ihr aber äußerlich sehr ähnlich.

Ganz anders beim Zaunkönig: In seinen Gesangsstrophen hören und sehen wir viele verschiedene Elemente, die teilweise zu Trillern oder Phrasen aneinandergereiht sind. Am Schluss der Strophe steht meist ein spitzer Ton, als wollte der kleine Vogel den Zuhörer mit dem Florett aufspießen:

57. Zaunkönig – Gesang

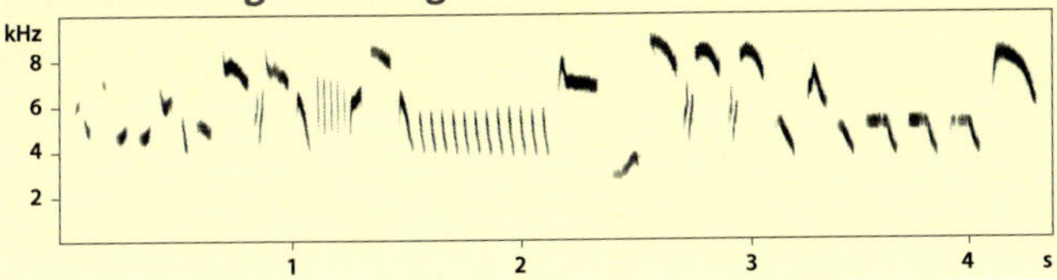

Zaungrasmücke, Zaunammer und Zaunkönig haben also doch recht verschiedene Gesänge. Auch die klappernde Sumpfmeise kann man gut unterscheiden.

Lektion 8

Ein Rezept gegen die Monotonie: Strophentypen

Schon mehrfach sind wir der Erscheinung begegnet, dass ein Sänger nicht immer nur ein und dieselbe Strophe wiederholt. Selbst wenn die Strophen untereinander sehr ähnlich sind, lassen sich doch häufig zwei oder mehr verschiedene Strophentypen erkennen.

Goldammermännchen wechseln regelmäßig zwischen verschiedenen Strophentypen.

Hören wir zuerst zwei Goldammerstrophen von demselben Typ:

58. Goldammer – Gesang, Typ 1

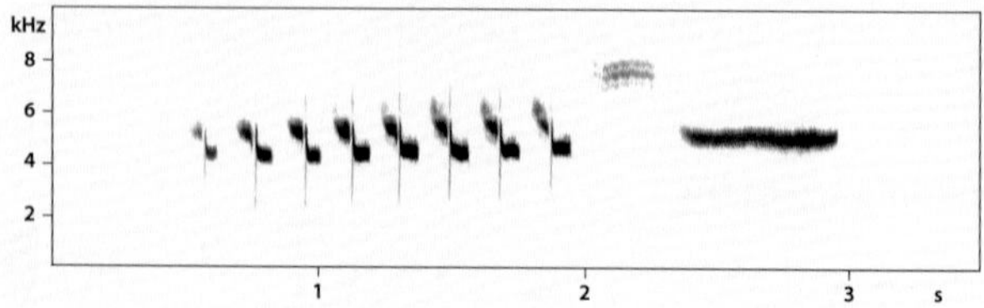

Jetzt hat die Goldammer zu einem anderen Strophentyp gewechselt:

59. Goldammer – Gesang, Typ 2

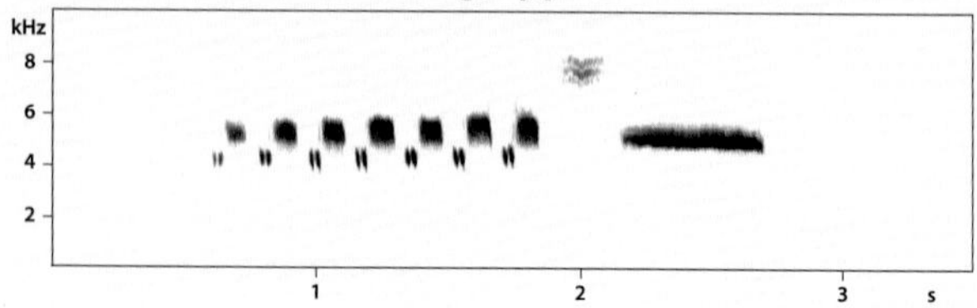

Der Unterschied besteht hauptsächlich in der einleitenden Phrase, die beiden Schlusselemente sind sehr ähnlich. Hören wir jetzt noch einmal nacheinander je eine Strophe vom Typ 1 und eine vom Typ 2.

60. Goldammer – Gesang, Strophentyp 1 und 2

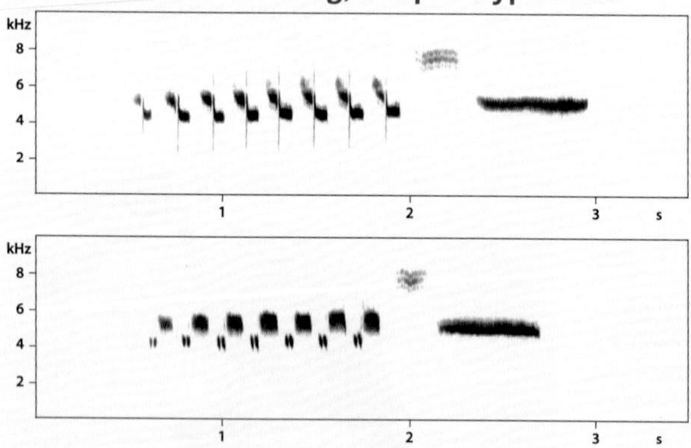

Goldammern verwenden durchweg mehrere verschiedene Strophentypen, die jedoch allesamt klar als Goldammerstrophen zu erkennen sind. Sie singen wie viele andere Vögel jeweils Serien von einem Typ, bis sie zum nächsten wechseln.

Das gilt auch für den Kleiber. Hier ein erster, flötender Typ:

61. Kleiber – Gesang Strophentyp 1

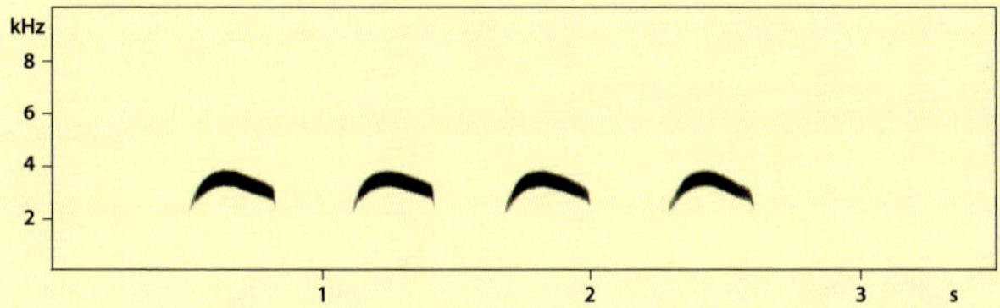

Deutlich verschieden klingt der zweite, ebenfalls flötende Strophentyp:

62. Kleiber – Gesang Strophentyp 2

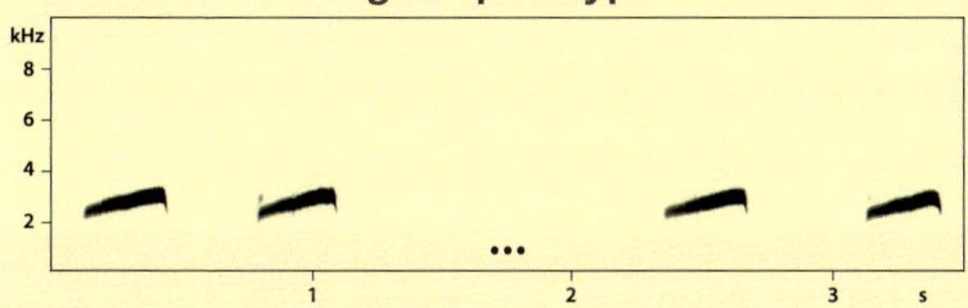

Auch das ist Kleibergesang, ein kräftiges Trillern:

63. Kleiber – Gesang Strophentyp 3

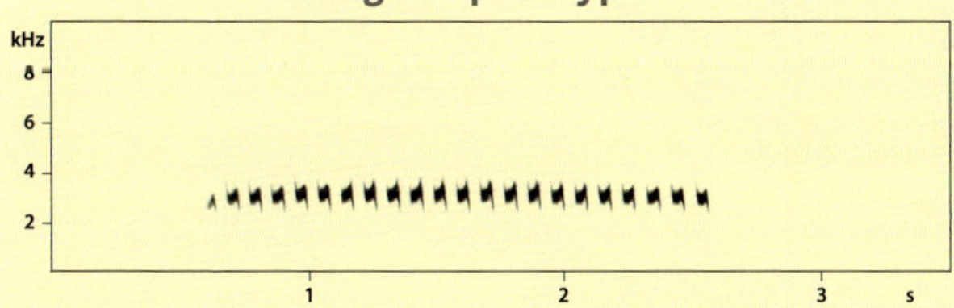

Bei zahlreichen Arten ist die Variation noch viel größer. Eine Nachtigall kann über mehr als 200 verschiedene Strophentypen verfügen. Warum sie ein so reiches Gesangsrepertoire besitzt, wo doch eine Goldammer oder ein Buchfink mit ganz wenigen, nur leicht abgewandelten Strophentypen auskommen, ist bislang nicht geklärt.

Es gibt nur wenige Vogelarten, die nur einen einzigen Strophentyp singen. Zu ihnen gehört der Karmingimpel, der immer nur diese eine Strophe wiederholt:

64. Karmingimpel – Gesang

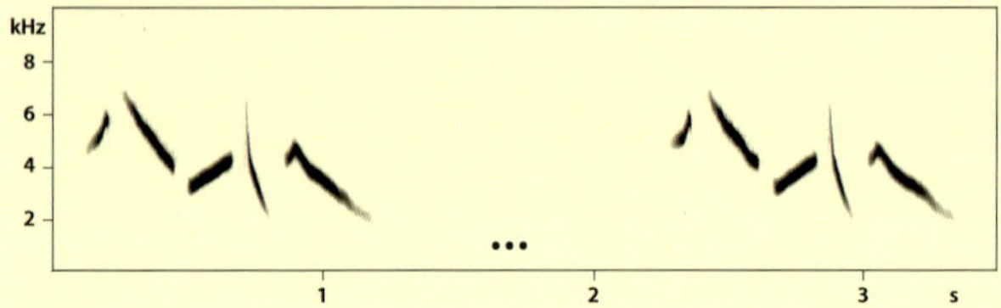

Auch Zaunkönige und Gartenbaumläufer singen recht eintönig, doch genau besehen haben auch sie verschiedene, wenn auch sehr ähnliche Strophentypen.

Ein männlicher Karmingimpel (hier im Alterskleid mit namengebender karminroter Färbung von Kopf, Kehle und Brust) wiederholt immer ein- und dieselbe Strophe.

Lektion 9

Anpassung der Stimme an den Lebensraum

Vögel an Bach und Fluss

Hohe Töne findet man nicht nur bei den kleinsten Vögeln. Manche an Bächen und rauschenden Flüssen lebenden Vögel – ob klein oder groß – haben sie auch. Bei ihnen sind sie in Anpassung an das Rauschen in ihrem Lebensraum entwickelt. Ihre Stimmen liegen dann höher als das Rauschen (oder in dessen oberen Frequenzbereich), sodass ihre Kommunikation nicht behindert wird. Das gilt beispielsweise für den Gesang der Gebirgsstelze:

65. Gebirgsstelze – Gesang

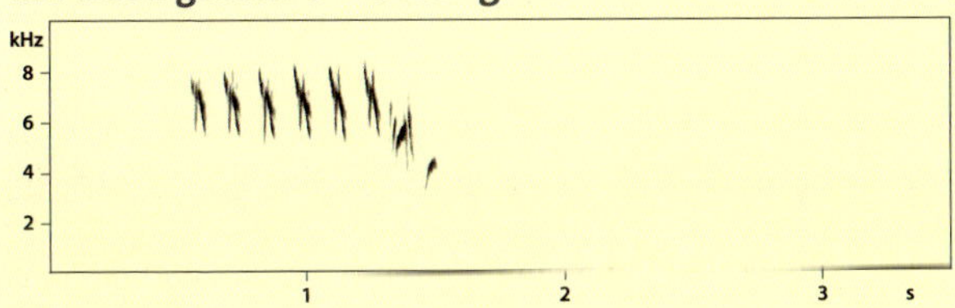

Im folgenden Sonagramm ist das Wasserrauschen als dunkler Schleier erkennbar. In der Tonaufnahme hebt sich der Gesang der Stelze aus dem Rauschen hervor.

66. Gebirgsstelze – Gesang mit Wasserrauschen

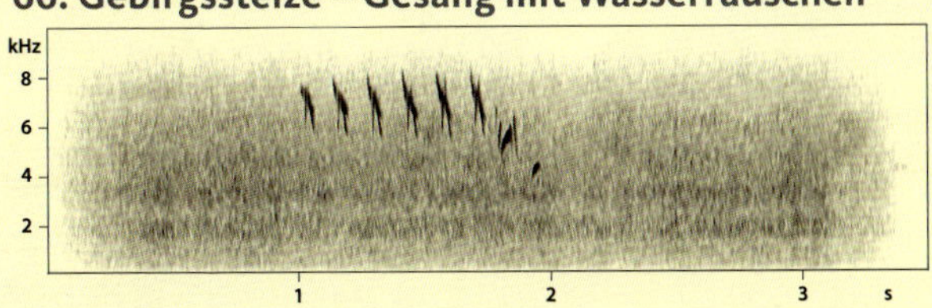

Die anderen Vogelstimmen des Hintergrundes gehen im Wasserrauschen ganz verloren.

Auch die Rufe der Wasseramsel klingen scharf und hoch durch das Rauschen des Bergbachs, hier die Bettelrufe von Jungvögeln:

67. Wasseramsel – Rufe mit Wasserrauschen

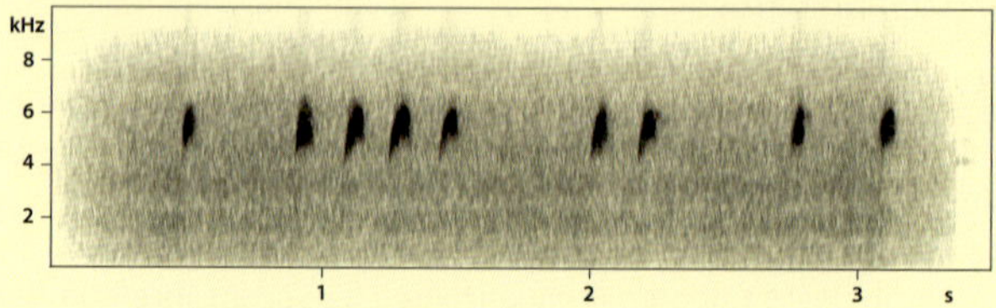

Wenn man die tiefen Störfrequenzen des Rauschens in der Aufnahme mit einem Filter beseitigt, bleiben die Rufe in ziemlich reiner Form übrig. Der Filter nimmt in diesem Fall alles Geräusch von 0 bis 5000 Hz weg.

68. Wasseramsel – Rufe gefiltert

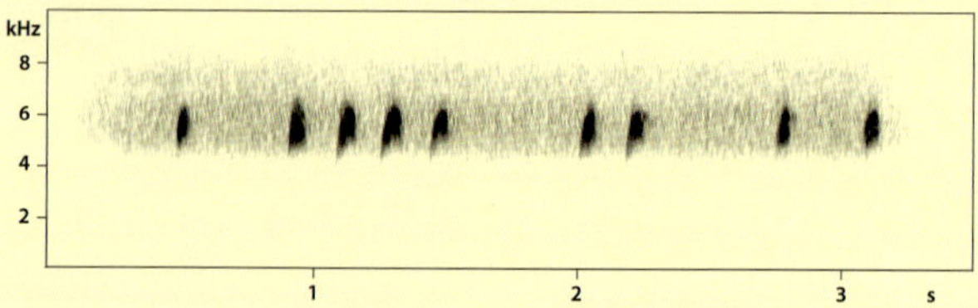

Die Wasseramsel muss sich mit Gesang und Rufen gegen das Rauschen des Baches durchsetzen.

Flussuferläufer brüten ebenfalls an Flüssen und größeren Bächen. Man kann sie an ihrem hochtonigen Gesang erkennen:

69. Flussuferläufer – Gesang mit Wasserrauschen

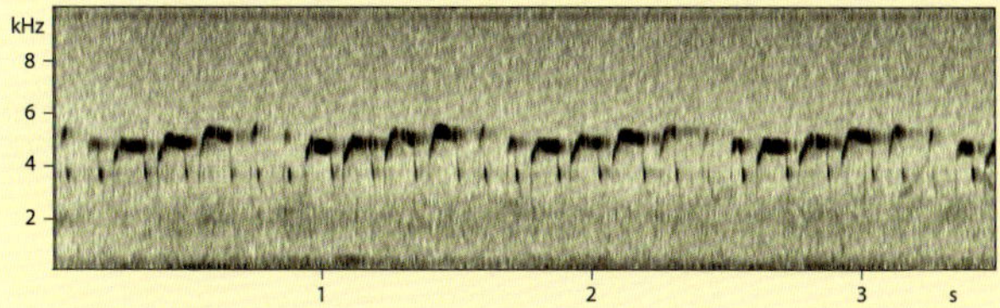

Wenn man diese Aufnahme ebenfalls mit einem Filter behandelt und damit die tiefen und die hohen Frequenzen löscht, kommen die Lautäußerungen des Vogels klarer heraus:

70. Flussuferläufer – Gesang gefiltert

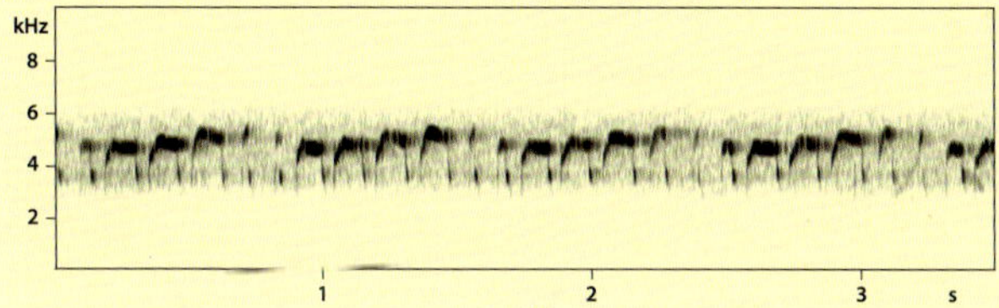

Hier wurde alles Rauschen weggefiltert und nur ein Fenster zwischen 3500 und 5800 Hz belassen. Es gibt aber auch andere Anpassungen von Vogelstimmen.

Anpassung an die Vegetation – Kohlmeisen im Wald und im offenen Lebensraum

Im Wald lebende Kohlmeisen in Mitteleuropa haben in der Tendenz tiefe Stimmen, benutzen einen engen Frequenzbereich und singen einfach aufgebaute Strophen:

71. Kohlmeise – Gesang, Wald Mitteleuropa

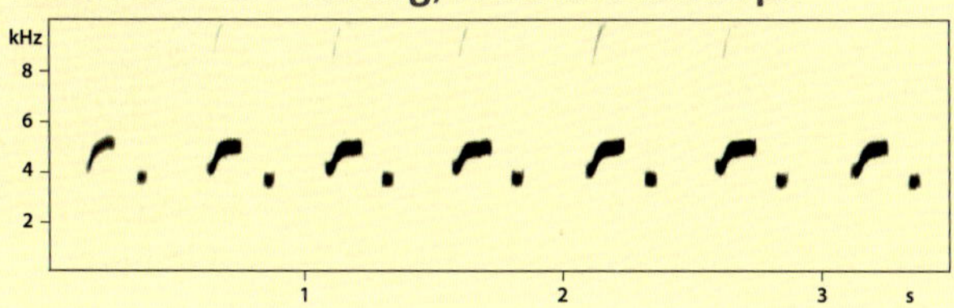

In offenen Lebensräumen, beispielsweise auf der griechischen Insel Kreta, klingt der Gesang durch rhythmische Frequenzmodulation („Vibrato") und weitere Faktoren anders:

72. Kohlmeise – Gesang, Kreta

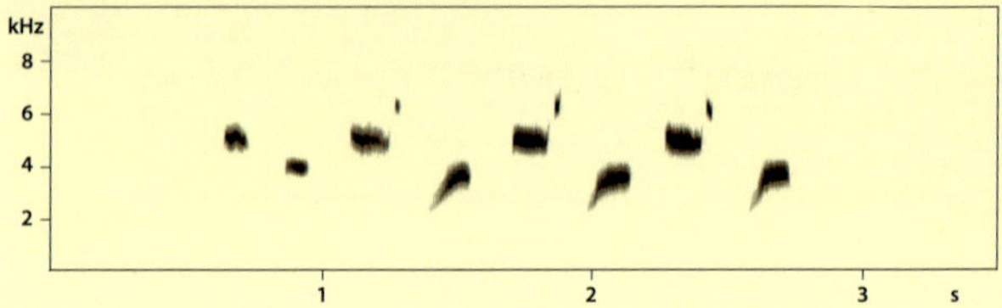

Auch sonst haben die im Wald singenden Vögel tiefe, voll klingende Stimmen, weil diese dort besonders weit tragen. Ein Beispiel ist die in dichtem Gebüsch lebende Gartengrasmücke:

73. Gartengrasmücke – Gesang

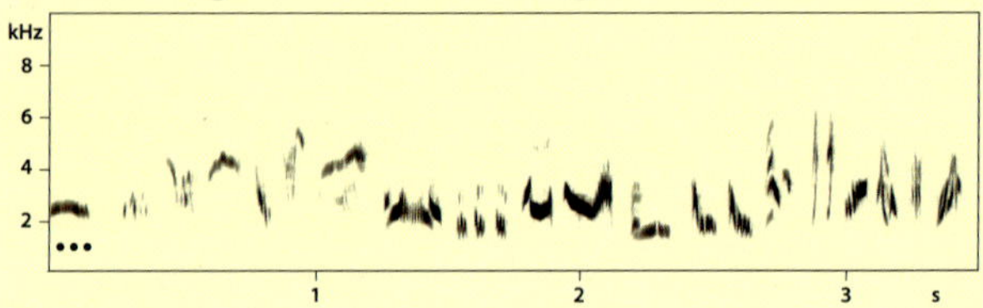

Die in offenem Lebensraum vorkommenden Verwandten haben höhere und härtere Stimmen, wie etwa die Dorngrasmücke:

74. Dorngrasmücke – Gesang

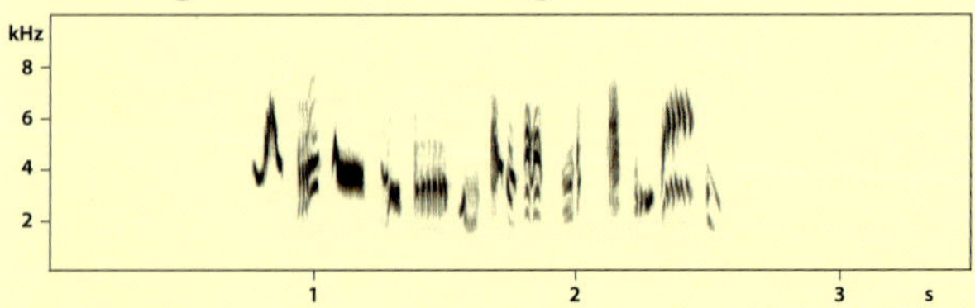

Dorngrasmücken als Bewohner offener Lebensräume singen kurze, harte Strophen.

Nah und fern

Man sollte sich klarmachen, dass eine Vogelstimme aus der Ferne grundsätzlich etwas anders klingt als aus der Nähe. Die Luft und die Vegetation des Lebensraums filtern sie.

So klingt eine Singdrossel aus der Nähe, kristallklar und laut:

75. Singdrossel – Gesang nahe

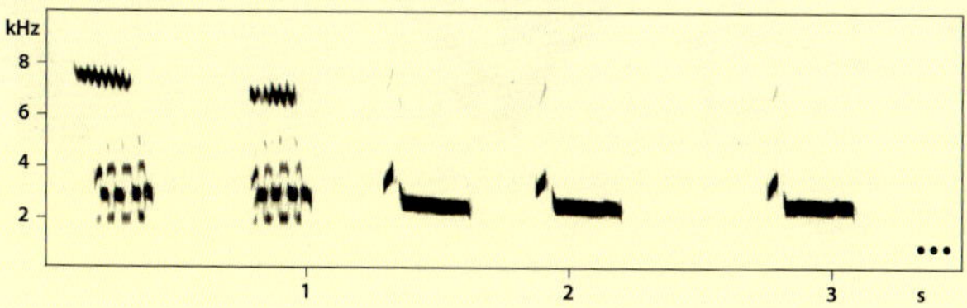

Und so klingt sie aus ein paar hundert Metern Entfernung:

76. Singdrossel – Gesang fern

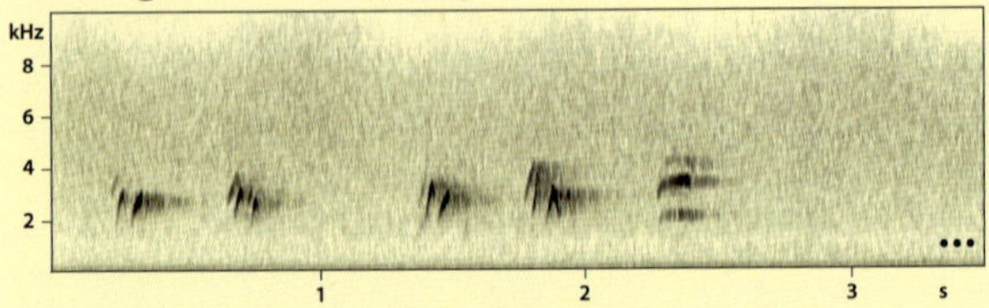

Hier kommen sowohl in der Tonaufnahme wie auch im Sonagramm das Hintergrundrauschen des Waldes und das Echo zur Geltung. Die meisten Tonaufnahmen würden so aussehen und sich so anhören, wenn man nicht beim Aufnehmen einen Parabolreflektor oder ein Richtmikrofon (s. S. 207) verwenden und möglichst nahe an den Vogel herangehen würde.

Die Motive der Singdrossel kann man auf weite Entfernung hören, aber sie klingen etwas anders als aus der Nähe.

Lektion 10

Achtung: Feind in Sicht

Die akustischen Signale der Vögel müssen nicht nur die gewünschten Adressaten sowie die physikalischen Bedingungen des Kanals berücksichtigen, sondern auch die Feindsituation. Wenn ein Vogel einen fliegenden Feind am Himmel entdeckt, äußert er oft spezielle Luftfeindalarmrufe, bleibt aber unbeweglich in der Deckung sitzen, sodass er dem Feind nicht auffällt.

77. Rotkehlchen – Luftfeindalarmruf

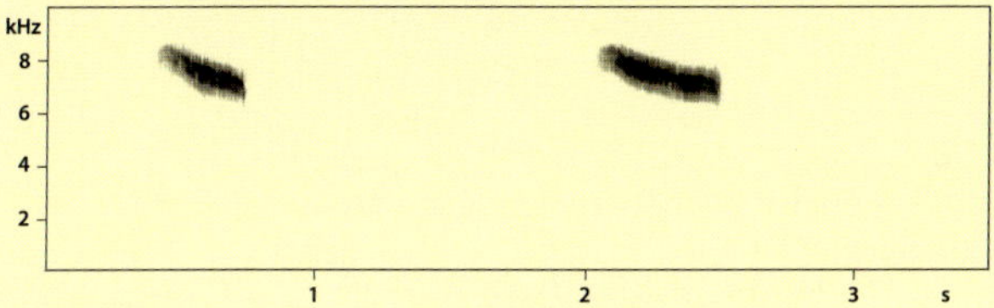

Der Luftfeindalarmruf des Rotkehlchens ist hoch und dünn („ziih"). Man kann ihn schwer orten. Durch feine rhythmische Frequenzmodulation klingt er etwas scharf, im Sonagramm entstehen dadurch Seitenbänder. Sperber, vielleicht auch andere fliegende Feinde, können ihn kaum hören. Das ist für den Rufer von Vorteil. – Der Luftfeindalarmruf der Goldammer klingt ganz ähnlich hoch und dünn, wenngleich etwas heiserer.

78. Goldammer – Luftfeindalarmruf

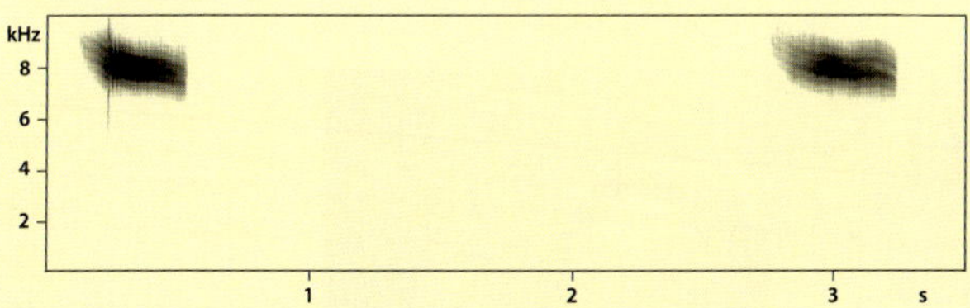

Man findet ähnliche Rufe auch noch bei einer Reihe anderer Singvögel (siehe Aufn. 120, 128). Kein Wunder: Sie wirken auch bei anderen Arten, sodass zwischenartliche Kommunikation möglich ist und alle Beteiligten davon profitieren. Ganz anders klingen die Bodenfeindalarmrufe. So „schnickernd“ ruft ein Rotkehlchen, wenn eine Katze durch den Garten läuft:

79. Rotkehlchen – Bodenfeindalarmruf

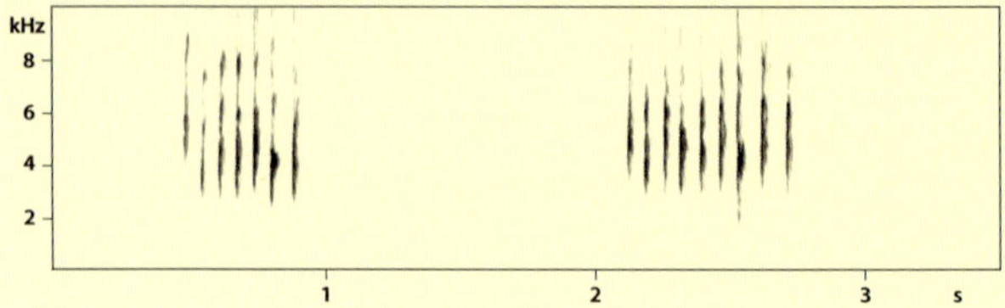

Die Weidenmeise äußert bei Beunruhigung ein breites „däh-däh“, das sie mit hohen kurzen Elementen einleitet:

80. Weidenmeise – Rufe

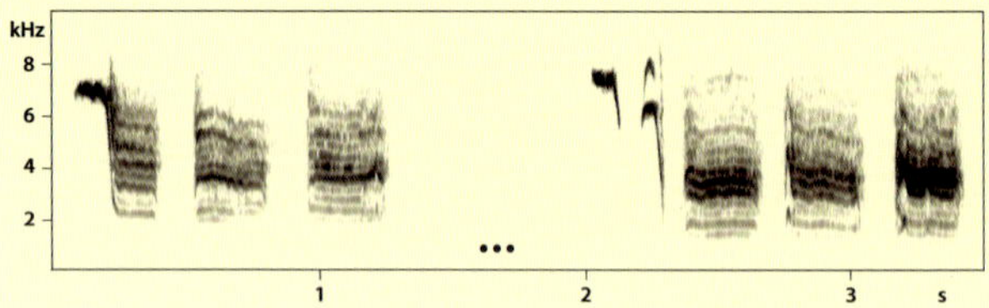

Wird die Weidenmeise in der Nähe ihrer Bruthöhle gestört, äußert sie erregte Alarmrufe.

Die Sumpfmeise ist der Weidenmeise zwar äußerlich sehr ähnlich, aber die Rufe klingen anders. Die „dä“-Elemente sind viel kürzer und werden schnell wiederholt. Hohe Elemente sind ebenfalls beteiligt:

81. Sumpfmeise – Rufe

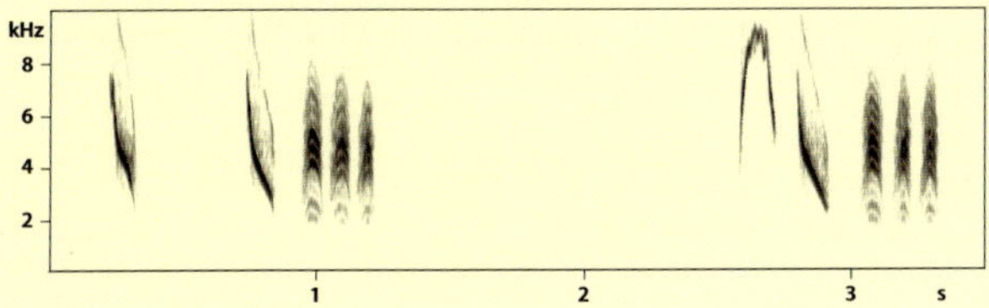

Am Boden brütende Vogelarten sind besonders durch Bodenfeinde wie Fuchs und Hermelin gefährdet. Der Rotschenkel und manche seiner Verwandten haben deshalb zwar keinen Luftfeindalarmruf, aber dafür zwei verschiedene Bodenfeindalarmrufe. Steht der Feind still, ruft der Rotschenkel so:

82. Rotschenkel – Alarm 1

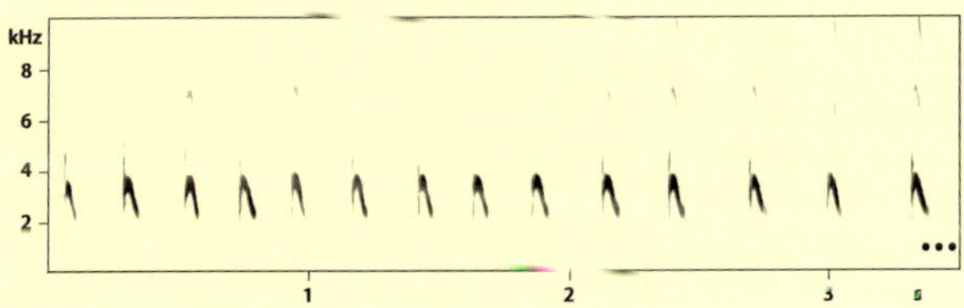

Der Ruf ist einsilbig und wird schnell wiederholt („tjik ...“). Wenn der Feind sich vorwärtsbewegt, ruft der Vogel anders. Dieser Ruf ist zweisilbig und wird langsamer wiederholt („tlü ...“):

83. Rotschenkel – Alarm 2

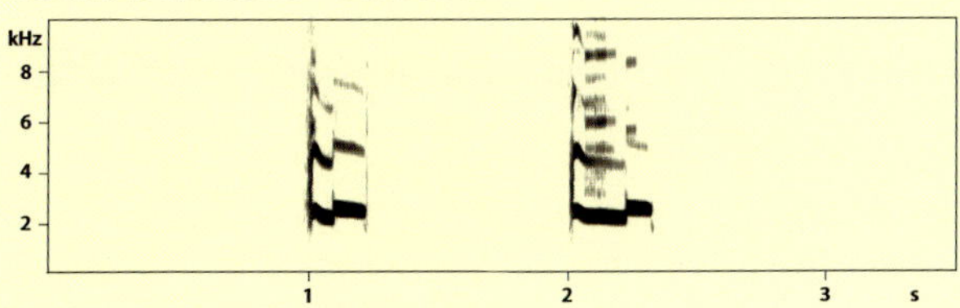

Auf diese Weise kann der Rufer dem auf dem versteckten Bodennest sitzenden Partner kundtun, was in der Umgebung los ist bzw. wie ernst die Bedrohung durch einen gesichteten Feind ist.

Lektion 11

Wo man lebt: Dialekte bei Vogelstimmen

Wenn Gesänge und Rufe geographisch variieren, sprechen wir in Anlehnung an die menschliche Sprache von Dialekten. Die Weidenmeise singt in weiten Teilen Mitteleuropas ihre typischen, hoch geflöteten und absinkenden Elemente (wie Aufn. 2, S. 77):

84. Weidenmeise – Gesang, Mitteleuropa

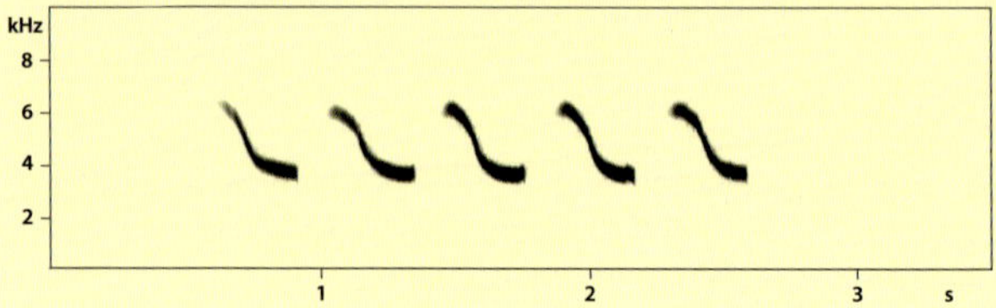

Doch in den Alpen und im Osten Mitteleuropas hört man einen anderen Gesang. Hier sind die Elemente nicht (oder nur minimal) absinkend, sondern bleiben fast auf der gleichen Tonhöhe.

85. Weidenmeise – Gesang, Ostpolen

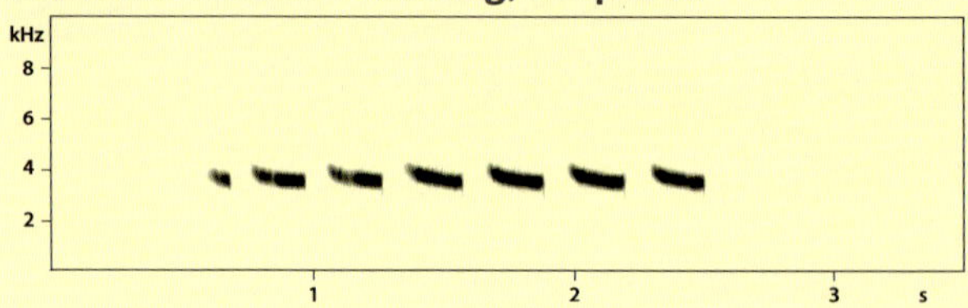

Aus eins mach zwei: erst Dialekte, dann verschiedene Arten

Wo die Teilpopulationen bei einer Vogelart verschiedene Lautäußerungen haben, liegt die Vermutung nahe, dass sie auch genetisch voneinander verschieden sind. Das gilt zwar nicht für die Weidenmeise, aber zum Beispiel für den Berglaubsänger. Hier ist schon lange bekannt, dass die westlichen Berglaubsänger, die die Alpen bewohnen, einen gedehnten tonalen Ruf haben, der wie „hüie" klingt:

86. Berglaubsänger – Ruf, Alpen

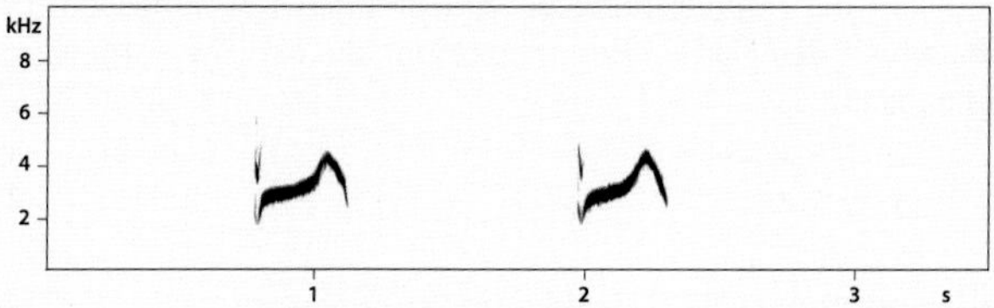

Schon vor Jahrzehnten wurde entdeckt, dass die Verwandten auf dem Balkan anders rufen; sie äußern nur ein kurzes „tjep“.

87. Balkanlaubsänger – Ruf

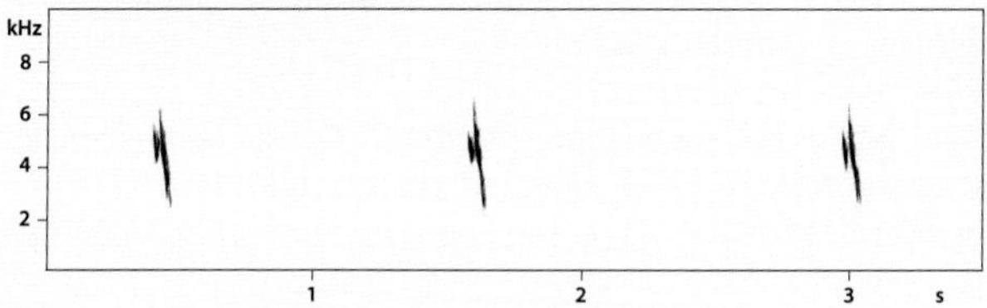

Das sieht doch wirklich völlig anders aus! Bei genauerem Hinhören und einer sonagraphischen Analyse zeigte sich, dass auch die Gesänge verschieden sind.

Hier der variable Gesang eines alpinen Berglaubsängers:

88. Berglaubsänger – Gesang

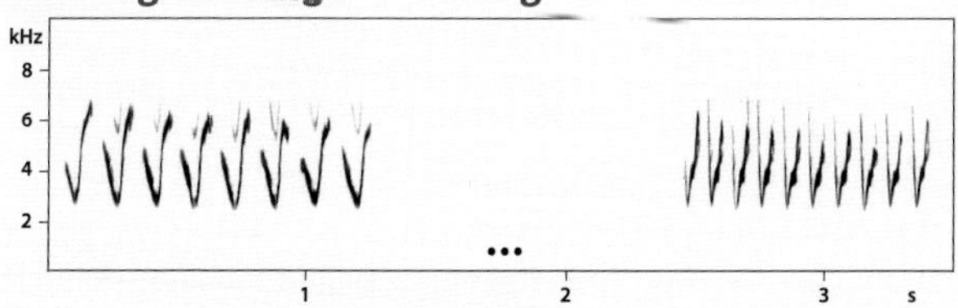

Und hier derjenige des Verwandten vom Balkan, eine mehr monotone Wiederholung desselben Motivs:

89. Balkanlaubsänger – Gesang

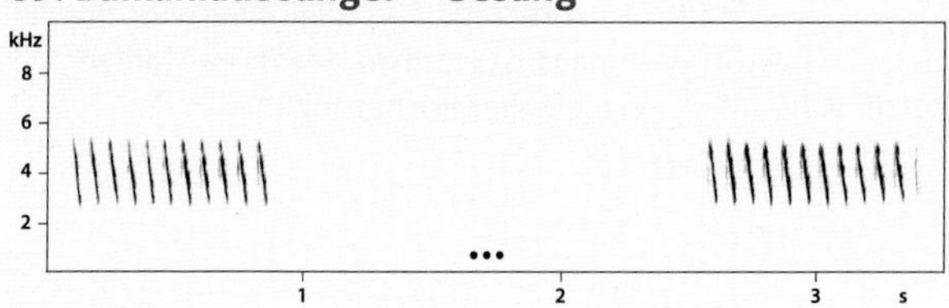

Als auch die genetische Analyse diese Unterschiede bestätigte, musste man von nun an die Populationen als getrennte Arten auffassen. Die alpine Form behielt den Namen Berglaubsänger, die östliche Form wurde zum Balkanlaubsänger.

Gegenbeispiel Regenrufdialekte des Buchfinken: alles eine Art

Dialekte bei Vogelgesängen und Rufen, ja sogar bei Instrumentallauten sind verbreitet. Nicht alle bedeuten jedoch, dass ihre Träger schon verschiedenen Arten angehören müssen.

Bei Buchfinken gibt es den sogenannten Regenruf, der nur den Männchen zu eigen ist und nur zur Fortpflanzungszeit erklingt. Demnach ist er eine Art Gesang, allerdings sehr einfach. Die häufigste Form umschreibt man mit „wrüt“.

90. Buchfink – Regenruf 1 „wrüt“

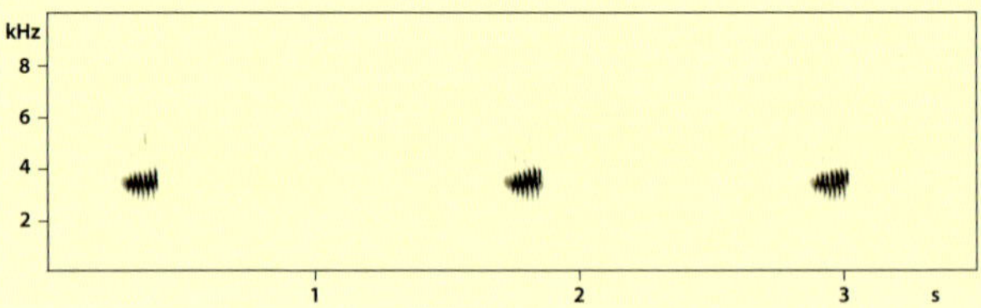

Der Regenruf hat nichts mit dem Wetter zu tun, außer dass er oft auch bei ungünstiger Witterung erklingt, wenn andere Vögel schweigen. Er zeigt jedoch an, dass der Buchfink eigentlich singen möchte, sich aber aus irgendwelchen Gründen daran gehindert sieht. Der Grund kann auch eine Katze sein, die durch den Garten schleicht. Der Regenruf ist eine Art Gesangsersatz und zugleich Ausdruck von Erregung.

In der norddeutschen Stadt Osnabrück gibt es allein vier verschiedene Dialektgebiete. Das „wrüt“ hört man im Osten der Stadt. Im Stadtzentrum rufen die Buchfinken „huit“, ein einfacher hochgezogener Pfiff:

91. Buchfink – Regenruf 2 „huit“

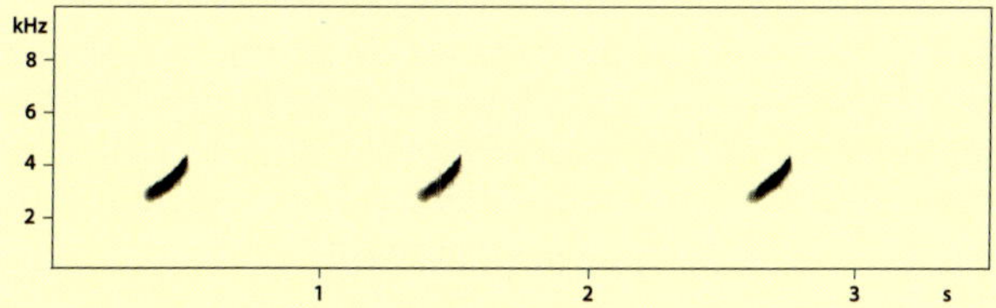

Im Westteil der Stadt rufen die Finken ein breites „dschäd“, nach Klang und Bild ganz anders als die beiden bisherigen:

92. Buchfink – Regenruf 3 „dschäd“

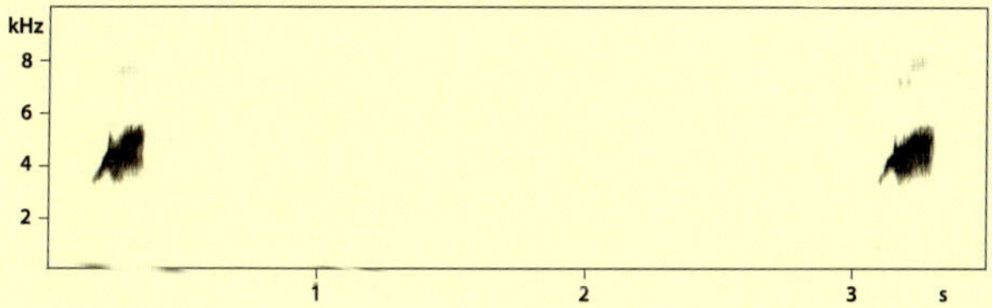

Südlich der Stadt hören sich die Regenrufe wie „flüt“ an, recht tonal, aber in der Mitte mit einem Tonsprung, den wir als „l“ hören:

93. Buchfink – Regenruf 4 „flüt“

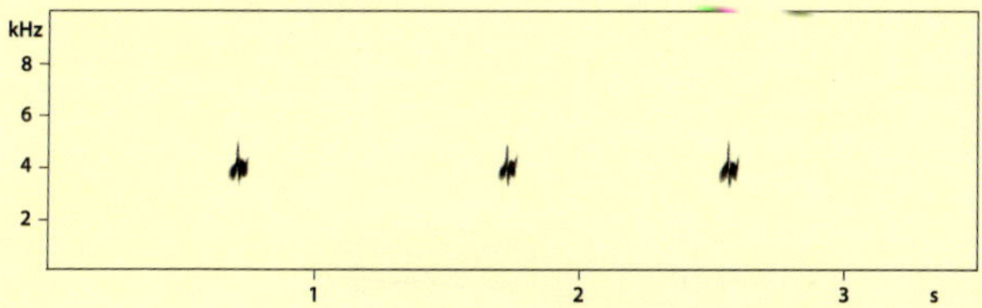

Das Gemeinsame aller dieser Dialekte ist, dass die Rufe kurz und prägnant sind und in Abständen von etwa einer Sekunde wiederholt werden – und sie müssen gelernt werden.

In den Grenzgebieten zwischen den reinen Dialekten gibt es Misch- und Übergangsformen. Selbstverständlich kann man schon deswegen nicht annehmen, dass es sich hier um genetisch unterschiedliche Populationen handelt. Die kleinräumigen Dialekte sind in diesen Fällen wohl schlichtweg Nebeneffekte des Lernens.

Gimpel und Trompetergimpel: ein neuer Rufdialekt

Aus den Gärten und von den Futterhäuschen kennt man den schönen Vogel. Der Gimpel lebt das ganze Jahr über paarweise bei uns, die Vögel sind aber im Sommer sehr heimlich und brüten im Wald. Im Herbst und Winter kommen sie in die Gärten und fressen dort Sämereien, Beeren und Knospen. Ihre Rufe sind weiche, herabgezogene Pfiffe:

94. Gimpel – Rufe

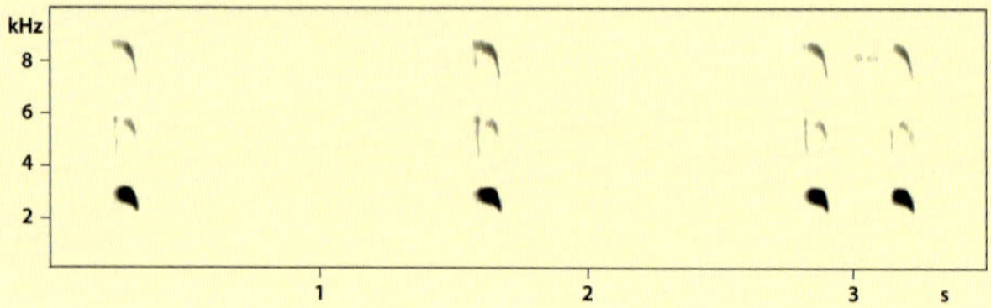

Seit wenigen Jahren tauchen im Winter bei uns kleine Trupps von Gimpeln mit anderen Rufen auf:

95. Trompetergimpel – Rufe

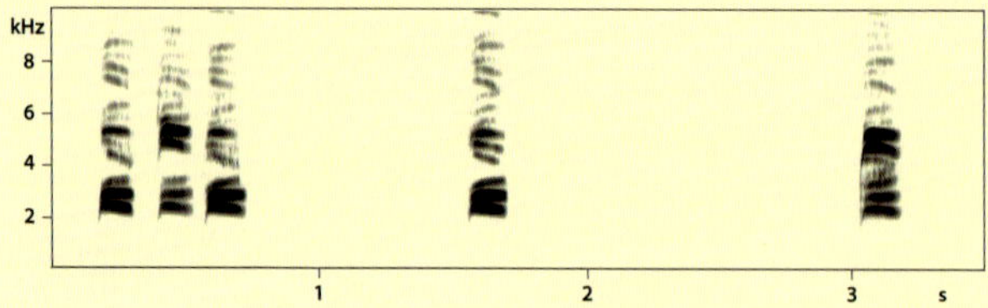

Zuweilen stellen sich bei uns außerhalb der Brutzeit Gimpel ein, die ungewohnt rufen.

Die Rufe klingen nasal und unrein, deutlich anders als die uns vertrauten Rufe. Im Sonagramm hat man den Eindruck, als ob mehrere Vögel gleichzeitig rufen. Doch wird das zusammengesetzte Muster allein von einem Individuum erzeugt (vgl. auch Aufn. 4, S. 78). Wie sich herausgestellt hat, stammen diese fremden Gimpel aus Nordosteuropa. Wegen ihrer Rufe nennt man sie „Trompetergimpel". Sie gehören jedoch zur selben Art wie die bei uns brütenden Gimpel.

Lektion 12

Zugehört: Das Nachahmen der Vögel

Viele Singvögel verstehen es, sich Laute aus dem Repertoire anderer Arten anzueignen und damit ihren eigenen Gesang zu bereichern. Wir haben das oben schon bei der Kohlmeise (13, S. 81) und beim Sumpfrohrsänger (14, S. 81) kennengelernt. Manchmal ist die Nachahmung sehr unauffällig. Ein Gartenrotschwanz beginnt seine Strophen mit einem klaren arttypischen Flöten- oder Fanfarensignal aus vier Silben, danach kommen andere Motive.

96. Gartenrotschwanz – Gesang

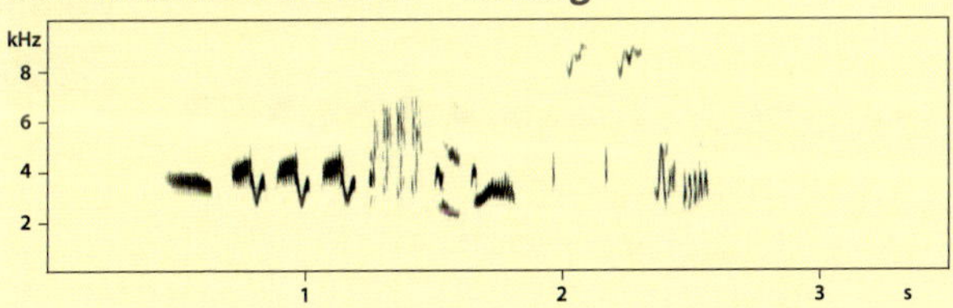

Nur wenn man genau hinhört, bemerkt man am Schluss seiner zweiten Strophe ein Gesangsstück der Klappergrasmücke:

97. Gartenrotschwanz – Gesang mit Imitation

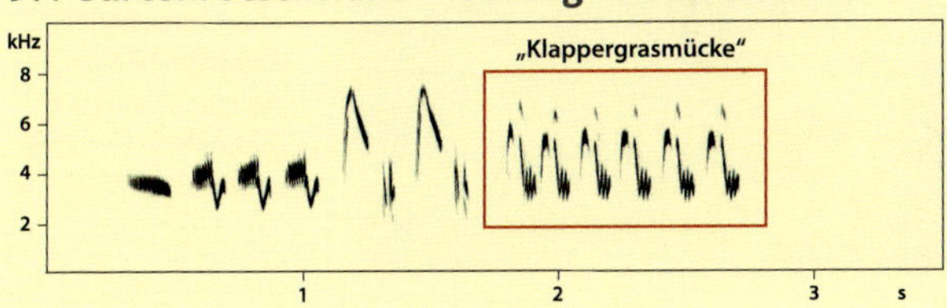

Man vergleiche diesen Schlussteil mit dem Klappergrasmückengesang (111, S. 125).

Auf dem Fußballplatz und auf der Schafweide: Nachahmung des Menschen

Bei manchen wildlebenden Vögeln findet man sogar Nachahmungen von Lauten aus der Welt der Menschen. Diese Amsel hat das Signal einer Trillerpfeife in ihre Strophe eingebaut:

98. Amsel – Gesang mit Pfiff

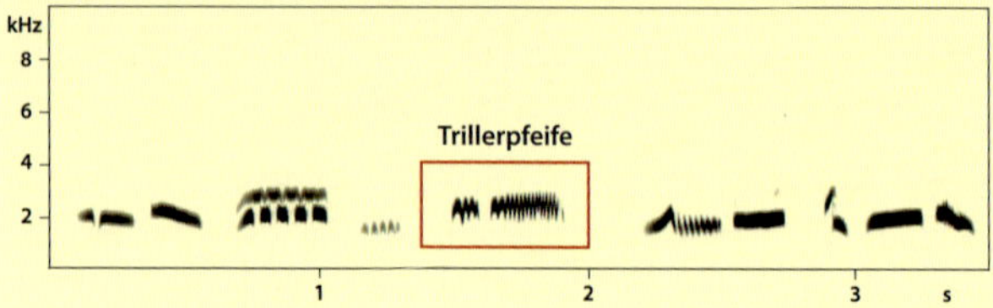

Auch die Haubenlerche in einem Siedlungsgebiet hat die Trillerpfeife aufgeschnappt:

99. Haubenlerche – Gesang mit Pfiff

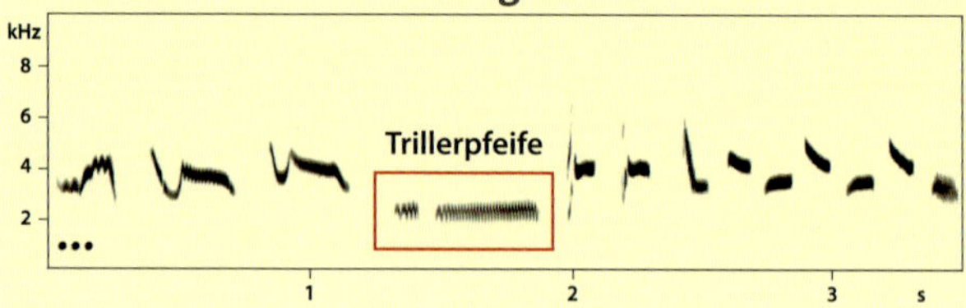

Die singende Haubenlerche flicht in ihren Gesang viele sehr gute Imitationen anderer Vogelstimmen ein, manchmal auch die Trillerpfeife vom Fußballplatz.

Isabellsteinschmätzer sind sehr stimmbegabte Sänger. Im griechischen Evrosdelta imitieren sie gern sogenannte Hütepfiffe: Das sind gepfiffene Signale, mit deren Hilfe ein Schafhirte seinen Hütehunden Befehle gibt.

Zum Leidwesen der Hirten reagieren die Hunde manchmal auch auf die Pfiffe der Vögel.

100. Isabellsteinschmätzer – Gesang

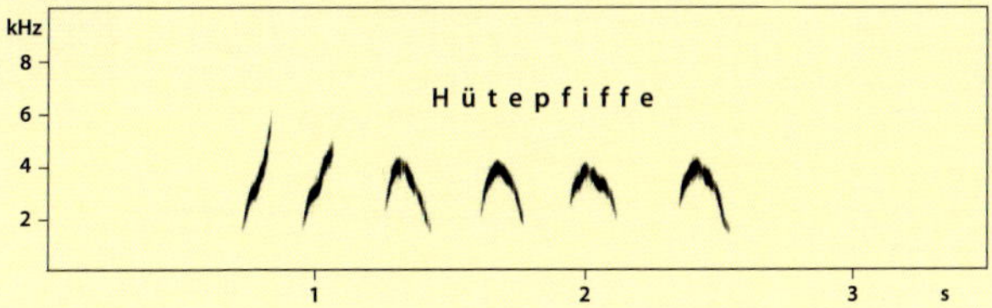

Manche Blaukehlchen haben auch Grillenzirpen und anderes in ihre Strophen aufgenommen:

101. Blaukehlchen – Gesang

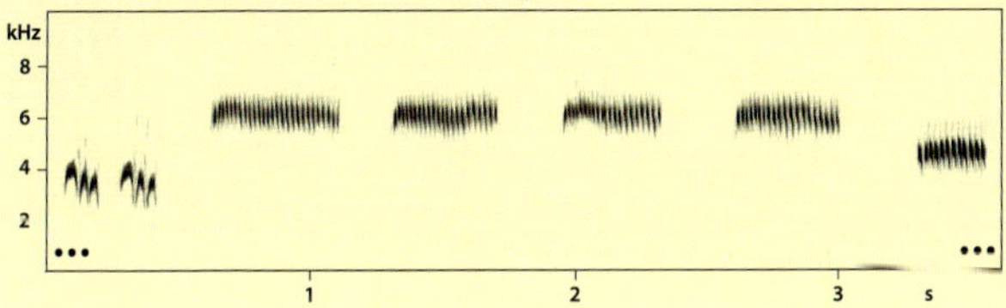

Lektion 13

Falsch gelernt: Mischsänger

Nicht alle Sänger sind so begabt für Fremdimitationen wie das Blaukehlchen. Doch müssen immerhin die meisten von einem Vorbild lernen. Sie bevorzugen angeborenermaßen Vorbilder der eigenen Art. Wenn ihnen aber ein solches Vorbild fehlt, kann es geschehen, dass sie einen fremden Gesang übernehmen.

So singt eine normale Dorngrasmücke:

102. Dorngrasmücke – Gesang, normal

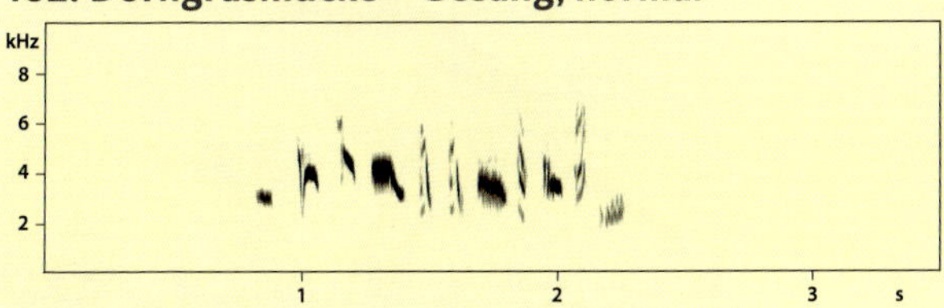

Das ist deutlich verschieden vom Gesang einer Mönchsgrasmücke:

103. Mönchsgrasmücke – Gesang

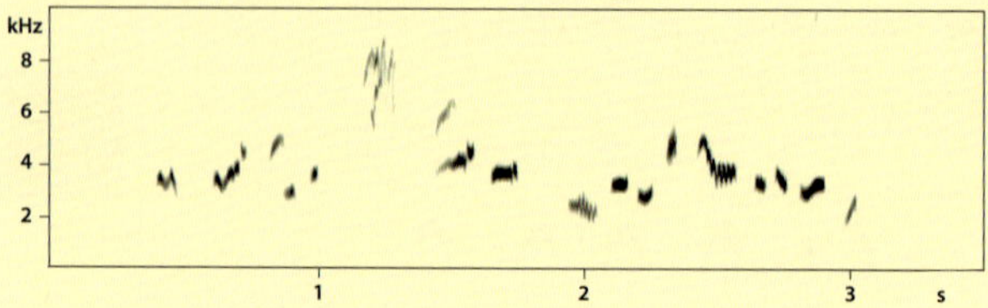

Diese Dorngrasmücke aber hat den Gesang einer Mönchsgrasmücke übernommen und wird zum Mischsänger:

104. Dorngrasmücke – Mischsänger

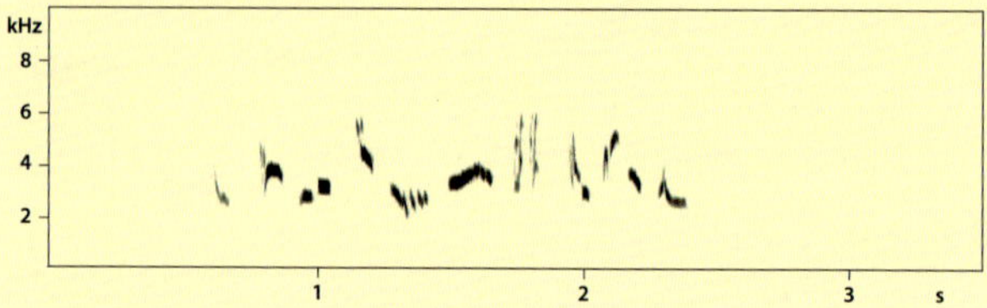

Kein ganz echter Mönchsgrasmückengesang, aber schon gar nicht der Gesang einer normalen Dorngrasmücke – das ist eben der Gesang einer Mönchsgrasmücke, so wie die Dorngrasmücke ihn versteht. Selbstverständlich war der Sänger kein Mischling, sondern nach allen äußeren Merkmalen eindeutig eine Dorngrasmücke – mit dem falschen Vorbild. So ein Mischsänger ist durch seinen Gesang in eine Falle gegangen: Er wird von den Weibchen der eigenen Art meist nicht anerkannt und bleibt unverpaart. Man kann auch von einem Unfall beim Lernen sprechen.

Eine Dorngrasmücke muss ihren Gesang lernen. Mit falschem Vorbild kann sie zum Mischsänger werden.

Lektion 14

Woher kommt der Gesang? – Lernen bei der Mönchsgrasmücke

Singvögel finden ihren Gesang nicht in ihrem Erbgut, sondern müssen ihn von einem Vorbild lernen. Auch Mönchsgrasmücken können und müssen lernen. In ihren Vorgesang nehmen sie sogar fremde Vorbilder auf, so wie diese Mönchsgrasmücke ihre Strophe mit einem Amselmotiv beginnt.

105. Mönchsgrasmücke – Normalgesang

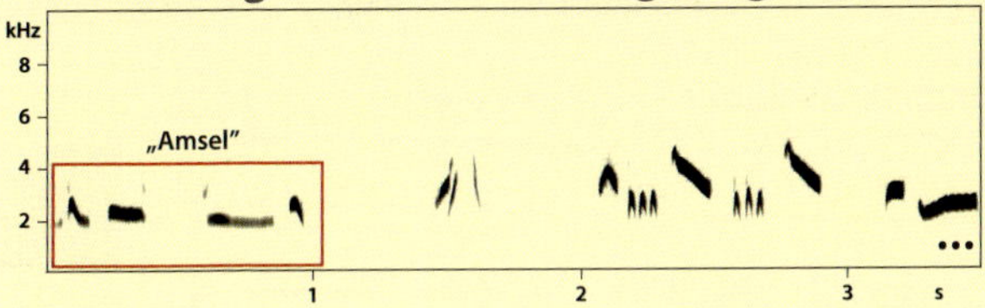

Auf manchen Inseln und Halbinseln gibt es Mönchsgrasmücken mit einem besonders prägnanten Gesangsmotiv, das man „Leiern" nennt. Das folgende Leiern stammt von der Kanarischen Insel Teneriffa.

106. Mönchsgrasmücke – Leiern, Teneriffa

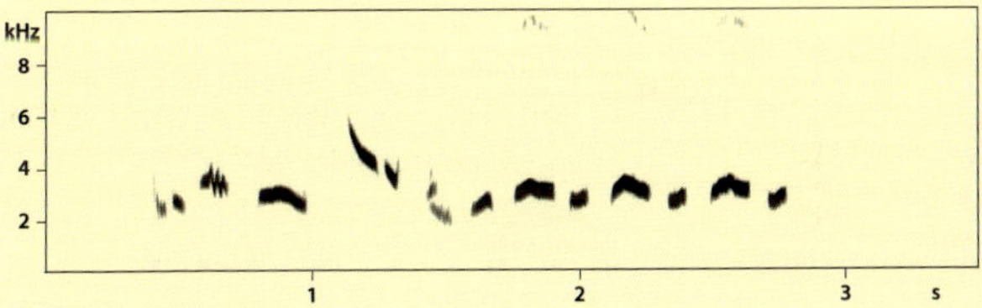

Einer in menschlicher Obhut aufwachsenden jungen Mönchsgrasmücke wurde im Sommer über fast zwei Monate hin jeden Tag eine Stunde lang diese Leierstrophe vorgespielt. Den Herbst über war der Vogel still, begann aber im Dezember mit einem leise plaudernden Vorgesang. Er klingt sehr unrein „welschend" und das sieht man auch an dem Obertonspektrum und den geräuschhaften Komponenten im folgenden Sonagramm.

107. Mönchsgrasmücke – Subsong

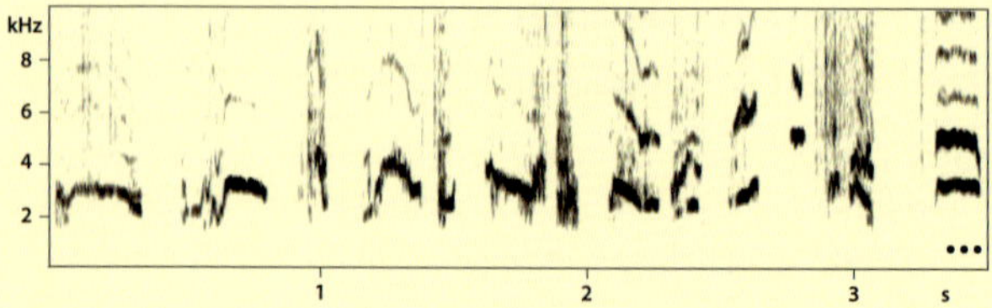

Am 1. Januar des folgenden Jahres ließ er erstmals ein Motiv hören – immer noch eingebettet in den unreinen Subsong.

108. Mönchsgrasmücke – erstes Leiern

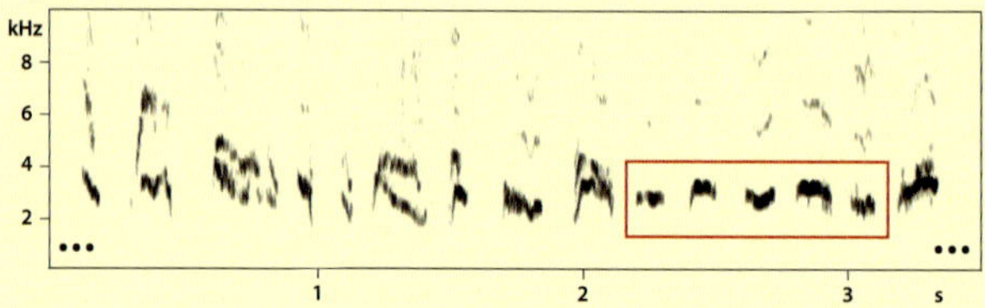

Es dauerte nicht lange und der Vogel sang aus dem Vorgesang heraus genau jenes Leiermotiv nach, das er im August des vorangegangenen Jahres das letzte Mal gehört hatte.

Verschiedene Leiermotive der Mönchsgrasmücke findet man auf Inseln, Halbinseln und in anderen abgegrenzten Gebieten.

109. Mönchsgrasmücke – volles Leiern

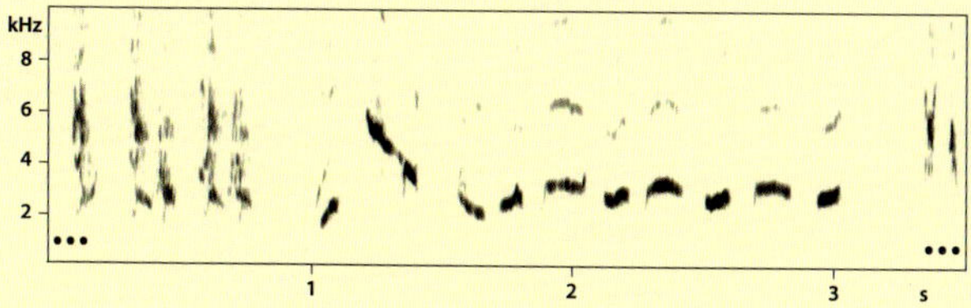

Doch damit nicht genug. Normale Mönchsgrasmücken wechseln zwischen verschiedenen Motiven. Dieser Vogel hatte aber nur eines gehört. Da improvisierte er und leitete von dem gehörten Motiv, das er schon beherrschte, ein zweites ab – etwa eine Terz tiefer.

110. Mönchsgrasmücke – Leiern Typ 2

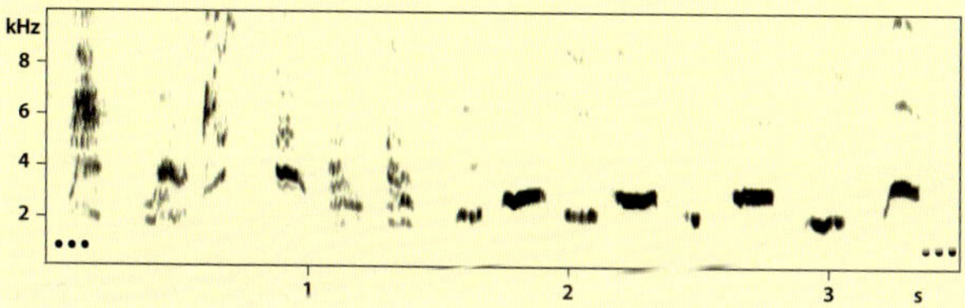

Nun konnte er zwischen zwei Motiven wechseln. Ob Leiergesänge in der Natur ihren Besitzern Vorteile bringen, etwa gegenüber den Konkurrenten oder den Weibchen, ist nicht bekannt.

Der Gesang freilebender Klappergrasmücken klingt so:

111. Klappergrasmücke – Normalgesang

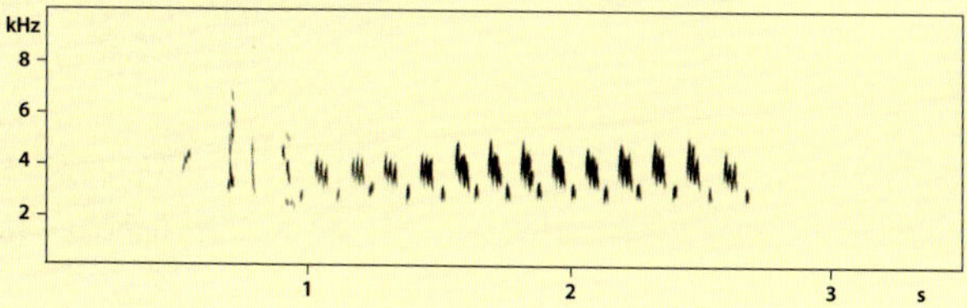

Ganz anders als bei der Mönchsgrasmücke. Würde die Klappergrasmücke auch das Leiern der Mönchsgrasmücke lernen? Eine junge Klappergrasmücke hatte ebenfalls zwei Monate lang das Leiermotiv gehört. Auch sie entwickelte einen Gesang, der mit Vorgesang beginnt und zu einem Motiv führt (im Vorgesang hat sie eine arttypische Sequenz von extrem hochtonigen Elementen untergebracht, die 10 kHz erreichen – mehr als man sonst je bei Singvögeln findet):

112. Klappergrasmücke – Gesang improvisiert

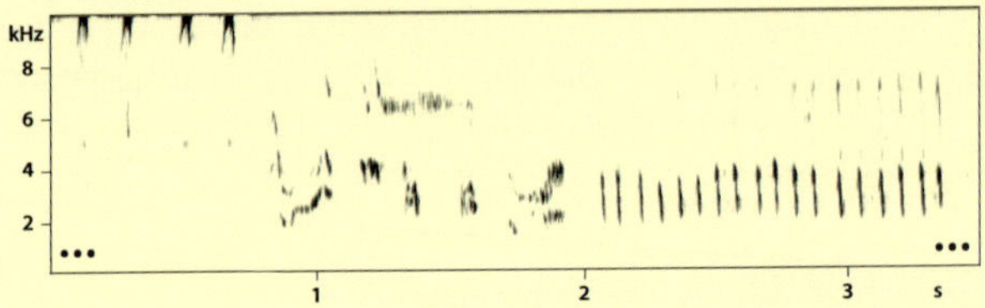

Das Motiv klingt jedoch nicht leiernd, sondern klappernd! Seine Struktur ist allerdings einfacher als bei einem wildlebenden Artgenossen.

Eine Klappergrasmücke lernt bevorzugt Klapperstrophen.

Ein Vogel kann nicht Beliebiges lernen, sondern nur Bestimmtes, was seiner vorgegebenen Anlage entspricht. Diese Klappergrasmücke hat einen Gesang entwickelt, der nicht dem Vorbild entspricht. Sie hat entgegen dem Außeneinfluss eine Form improvisiert, so als sei sie ganz ohne Vorbild aufgewachsen.

Lektion 15

Nachahmung ohne Grenzen: Spottsänger

Der Sänger mit dem reichsten Repertoire in Mitteleuropa stellt den Zuhörer wirklich auf eine harte Probe. Beim Sumpfrohrsänger kann man fast alles üben, was man an Vogelstimmen gelernt hat. Wie viele und welche Vogelstimmen hören Sie heraus? Vorsicht: Der Vogel ahmt auch die Stimmen afrikanischer Vögel nach, die er aus seinem Überwinterungsgebiet nach Europa importiert. Man würde sie sonst hierzulande niemals zu hören bekommen. Es sollte aber schon genügen, wenn man einige heimische Vogelstimmen heraushört. (Die Lösung finden Sie unten auf S. 128). Im Sonagramm sind Rufe von Dorngrasmücke und Austernfischer dargestellt (33.5–37.00 s).

113. Sumpfrohrsänger – Gesang

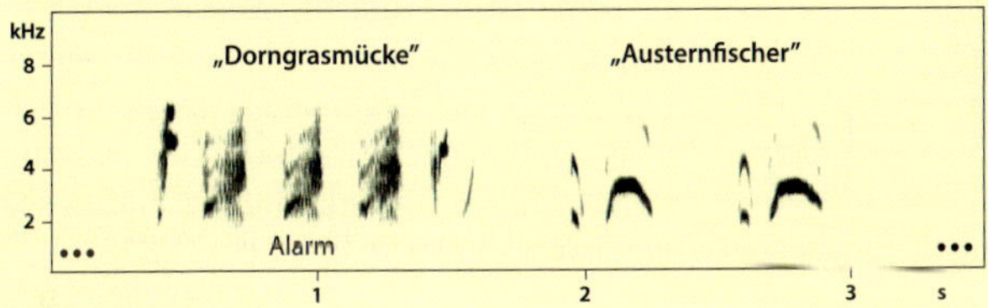

Lektion 16

Volles Repertoire 1: Was der Buchfink alles kann

Rufe, Gesänge, Instrumentallaute: Hieraus setzt sich das Repertoire eines Vogels zusammen. Die „Sprache" einer Vogelart kann eine ganze Menge unterschiedlicher Lautäußerungen beinhalten. Es gibt mehrere verschiedene Formen von Gesang, unterschiedliche Rufe und manchmal sogar verschiedene Instrumentallaute. Man nennt dies das Lautrepertoire oder Lautinventar des Vogels. Es kann durchaus um die 20 verschiedene Lautäußerungen umfassen – die Misch-, Entwicklungs- und Übergangsformen gar nicht gerechnet. Wir haben zwar schon die Alarm- und die Regenrufe aus dem Lautrepertoire des Buchfinken studiert, hier soll aber das ganze Inventar unseres häufigsten Vogels, soweit verfügbar, im Zusammenhang vorgestellt werden.

Als erstes kommt das Wichtigste: der Gesang, den es nur bei den Männchen gibt. Er besteht aus typischen Strophen, die man beim Buchfinken auch „Schlag" nennt. Die Strophe besteht aus zwei bis vier Phrasen, danach folgt ein Endschnörkel, der oft mit einem „Schnapper“ abgeschlossen wird. Dieser stellt meist eine Nachahmung des „kix“-Rufs des Buntspechts dar.

114. Buchfink – Vollgesang

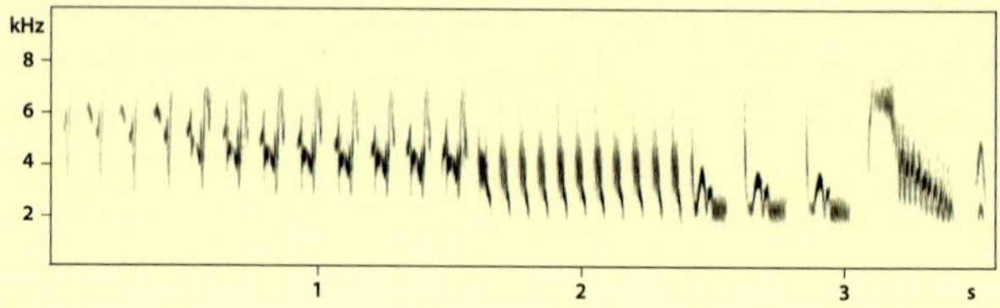

Nicht immer erklingen die Gesangsstrophen des Buchfinken so vollständig. Besonders wenn er gestört wird, bricht der Vogel häufig die Strophe vor ihrem Ende ab. Das tut er auch im frühen Frühjahr, wenn er noch nicht so recht singbereit ist. Dann singt er manchmal die Strophen schnell hintereinander und stottert dabei etwas. Im nachfolgenden Sonagramm geht ein Stück Strophe mit zwei Phrasen voran, nach einem sehr kurzen Intervall folgt ein Strophen-Endstück mit doppeltem Endschnörkel und zweifachem Schnapper, danach weitere Strophenstücke in schneller Folge.

115. Buchfink – Frühjahrsgesang

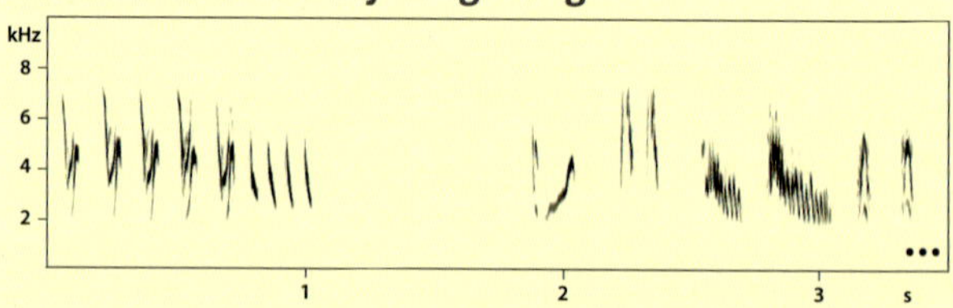

Wenn der Buchfink ganz wenig singlustig ist, dann plaudert er leise vor sich hin und fügt manchmal ein plötzliches hartes Schnarren in sein Geschwätz ein. Der Gesang klingt dann reichlich unorganisiert und ist hin und wieder auch mit Rufen untermischt. Immerhin findet auch die Haubenlerche diesen Gesang so charakteristisch, dass sie ihn nachahmt (Aufn. 145, S. 141).

(Lösung zu 113: Mindestens zwölf europäische Arten sind mit Gesangselementen oder Ruf zu hören: Amsel, Austernfischer, Dorngrasmücke, Grünfink, Feldlerche, Haussperling, Mehlschwalbe, Rauchschwalbe, Rohrweihe, Singdrossel, Sumpfmeise, Stieglitz ...)

116. Buchfink – Subsong mit Schnarren

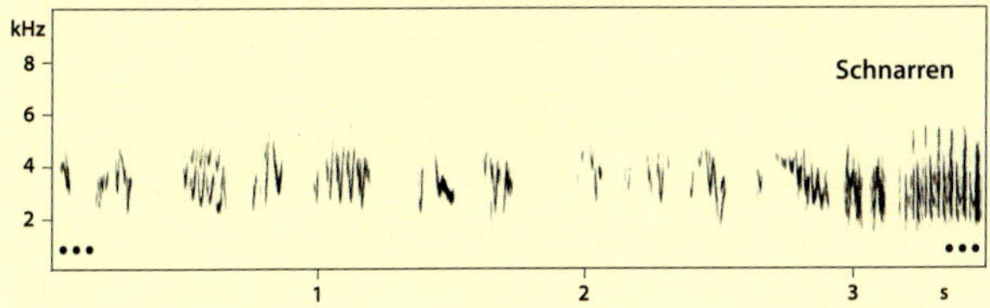

Bis hierher haben wir uns nur mit den Gesängen der Buchfinken befasst. Daneben verfügen diese Vögel aber noch über zahlreiche Rufe. Der Alarmruf „pink“ gibt dem Buchfinken den Namen. Männchen und Weibchen beherrschen ihn in gleicher Weise. In der nachfolgenden Aufnahme sind dreisilbige Phrasen dargestellt, die von mittlerer Erregung zeugen.

117. Buchfink – „pink“

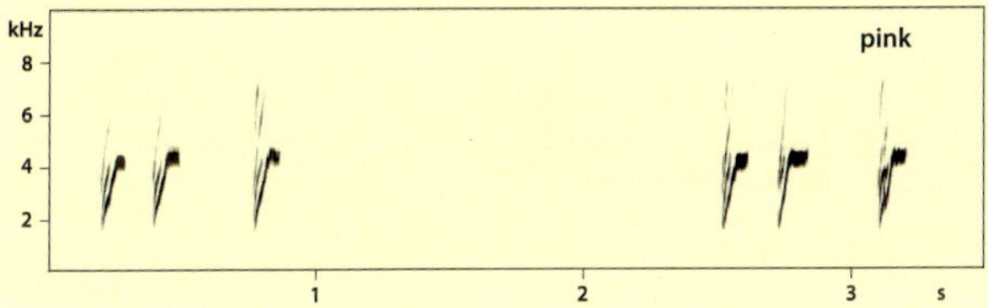

Im frühen Frühjahr erkennt man im Kleid des Buchfinkenmännchens noch helle Säume des Schlichtkleids, der Gesang ist dann häufig noch unvollständig.

Der Ruf kann auch einsilbig geäußert werden und entspricht dann einer relativ geringen Erregung. Wenn er zwei-, drei- oder mehrsilbig gerufen wird, ist die Beunruhigung größer. Er kann auch kontinuierlich in langer Reihe ertönen, wenn der Vogel richtig alarmiert ist.

Von den vielen Dialekten von Regenrufen des Buchfinken ist oben (S. 116/117) schon die Rede gewesen. Hier erklingt stellvertretend noch einmal der häufigste, den wir „wrüt“ nennen:

118. Buchfink – Regenruf „wrüt“

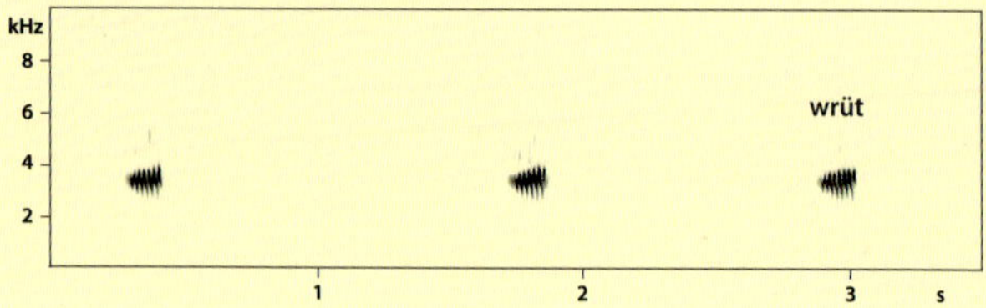

Wenn ein Buchfink wegfliegen will, oder im Flug selbst äußert er ein weiches, unauffälliges „djüb“, den Flugruf.

119. Buchfink – Flugruf

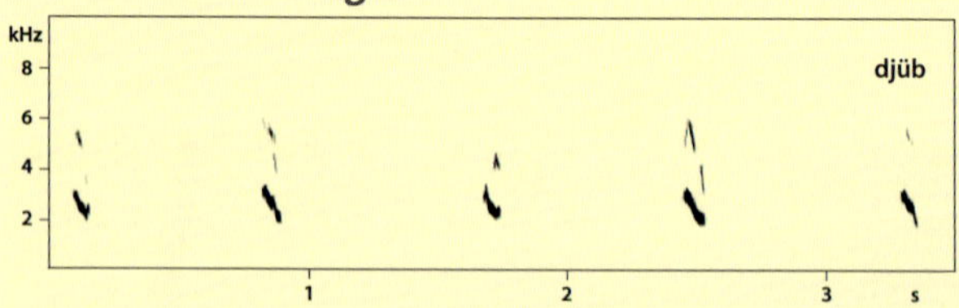

Fliegt ein Sperber plötzlich am Himmel vorbei, ruft der Buchfink ein hohes, gedehntes, fast unhörbares „siih“, das von einer Tonhöhe von mehr als 8 kHz aus etwas absinkt.

120. Buchfink – Luftfeindalarmruf

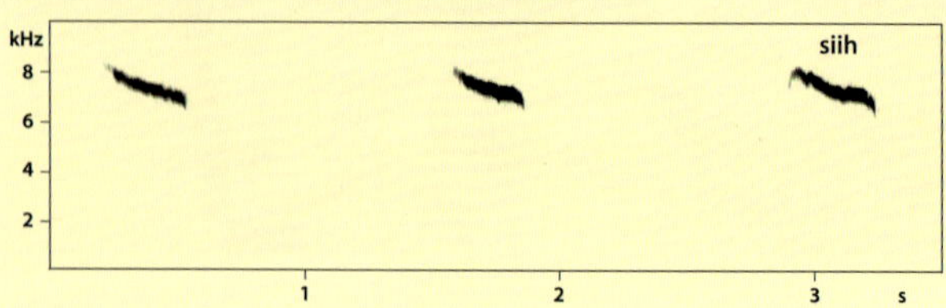

Wir haben einen ganz ähnlichen Ruf schon vom Rotkehlchen (77, S. 111) und von der Goldammer (78, S. 111) kennengelernt. – Hoch, aber kurz ist der Ruf des Weibchens vor der Paarung, ein gedämpftes „sit“.

121. Buchfink – Paarungsruf Weibchen

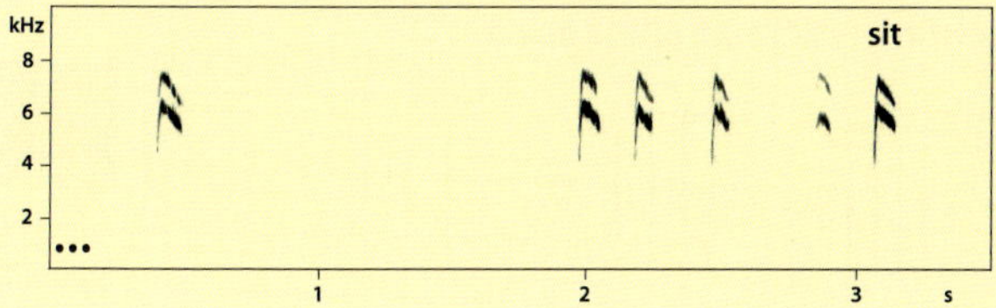

Über einen ganz ähnlichen Ruf verfügen auch die Männchen.

Im Frühjahr äußert das Buchfinkenmännchen manchmal anhaltend wiederholt einen kurzen tschilpenden Ruf, der ein wenig an einen Haussperling erinnert. Man könnte ihn als Rufgesang bezeichnen, zumal dabei mindestens zwei Ruftypen beteiligt sein können.

122. Buchfink – Frühlingsruf Männchen

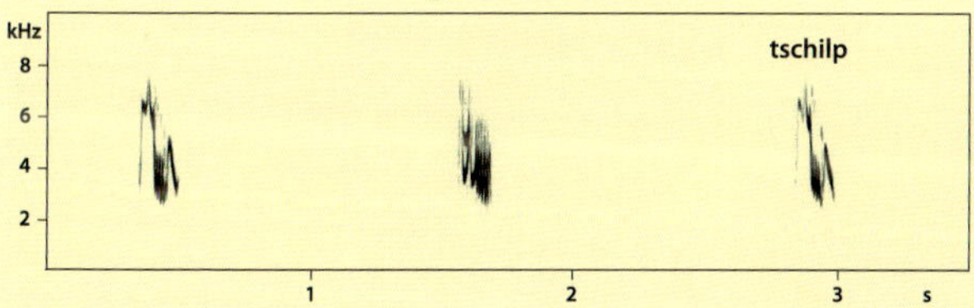

Ganz ähnlich klingt der Ruf eines ausgeflogenen Jungvogels, wenn er seinen Eltern mitteilen will, wo er sitzt und dass er hungrig ist.

123. Buchfink – Bettelruf Jungvogel

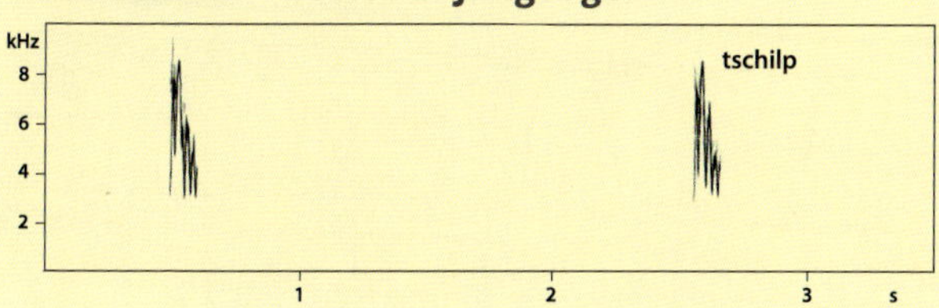

Neben den stimmlichen Lautäußerungen verfügen Buchfinken auch über Instrumentallaute. Ihr Flug klingt manchmal laut burrend. Wenn sie ein Insekt fangen oder miteinander streiten, hört man von ihnen ein Schnabelknappen – einzeln oder gleich in ganzen Serien:

124. Buchfink – Schnabelknappen

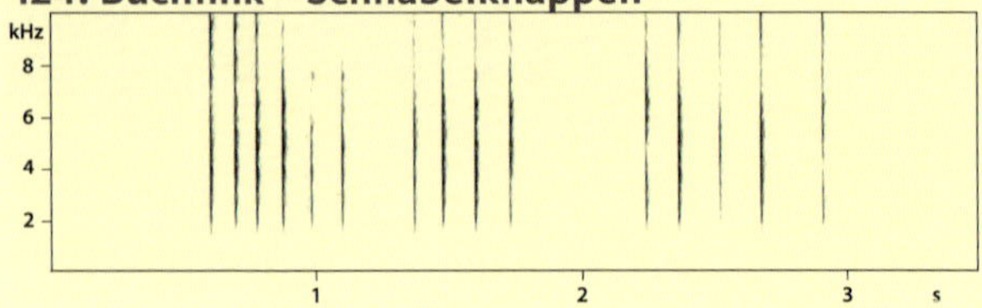

Damit genug vom Buchfinken, obwohl er noch über weitere Ruftypen verfügt.

Die Jungvögel haben den Vater mit Bettelrufen zum Füttern aufgefordert.

Lektion 17

Volles Repertoire 2: Was die Amsel alles kann

Die Amsel ist einer der häufigsten Gartenvögel, man kann sie das ganze Jahr über fast jeden Tag sehen und ihre Stimme hören. Der Gesang der Amsel ertönt im Frühling und Sommer beinahe von jedem Hausdach, selbst mitten in der Ortschaft. Amseln waren jedoch ursprünglich reine Waldvögel, aus denen erst später Stadt-, Park- und Gartenvögel geworden sind.

125. Amsel – Gesang

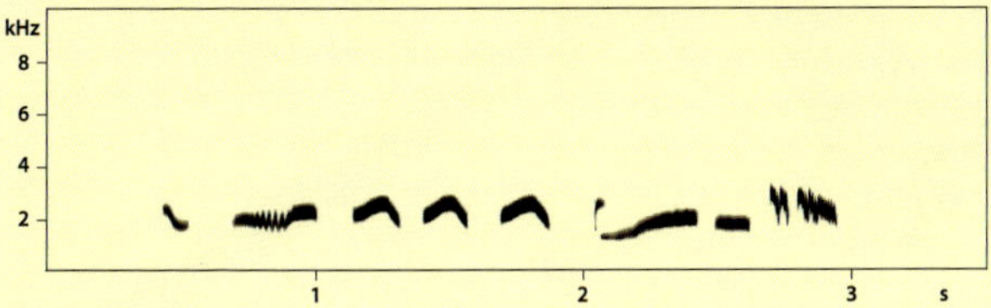

Im Vollgesang der Amsel beginnen und enden die Strophen leise, in der Mitte tragen sie den vollen flötenden Ton. Am Schluss klingen sie oft unrein und gequetscht.

Im Spätsommer oder Herbst sitzt manchmal ein Amselmännchen entspannt im Gebüsch und singt leise vor sich hin. Der Gesang ist dann nicht in Strophen gegliedert, sehr variabel und enthält manchmal eigene Rufe, aber auch Nachahmungen fremder Laute.

126. Amsel – Subsong

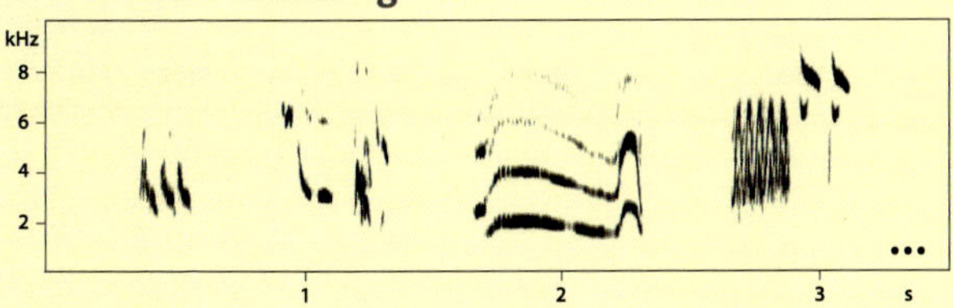

Mit einem englischsprachigen Begriff nennt man solche Gesangsformen Subsong (s. S. 23), im Gegensatz zum lauten strophigen Vollgesang. Das Repertoire der Amsel enthält außer den Gesängen eine ganze Anzahl verschiedener Rufe. Der sogenannte Sozialruf der Amsel ist ein hohes, schrilles

Im Frühjahr beherrscht die Amsel mit ihrem Gesang Gärten und Parks – häufig hört man mehrere dieser Sangeskünstler zugleich.

„sri“. Sein schriller Klang kommt durch die hohe Hauptfrequenz bei 7 kHz, durch die grobe Frequenzmodulation, vielleicht auch die jeweils im Abstand von 1,3 kHz oben und unten begleitenden Nebenfrequenzen zustande.

127. Amsel – Sozialruf

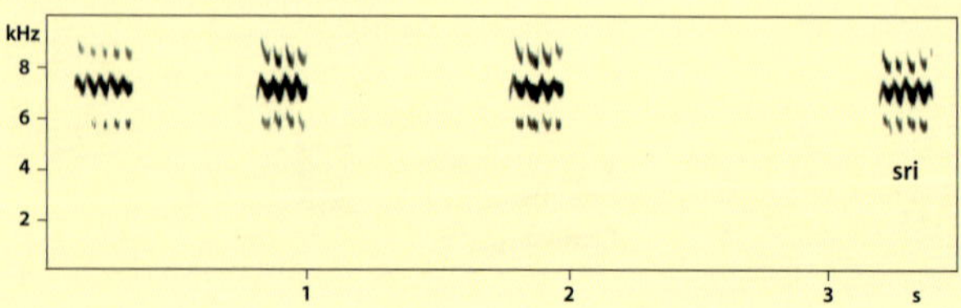

Der Luftfeindalarmruf ist mit einem Wert zwischen 8 und 9 kHz noch ein wenig höher, aber nur wenig frequenzmoduliert und klingt daher lediglich etwas heiser oder körnig. Weitere Luftfeindalarmrufe anderer Arten siehe Lektion 10 sowie Aufnahme 120.

128. Amsel – Luftfeindalarmruf

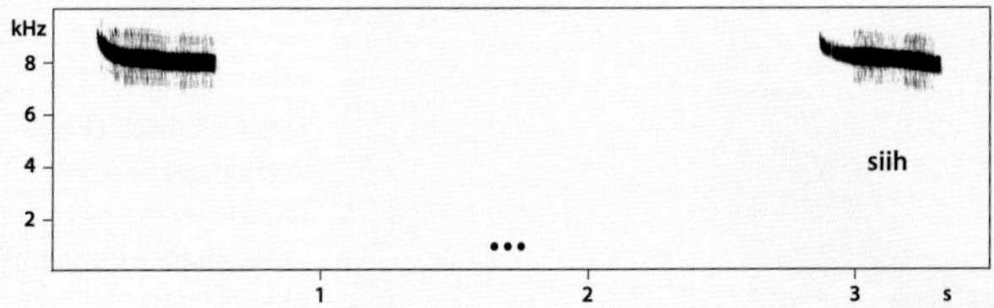

Wenn sie eine Katze in ihrem Revier entdecken, äußern Amseln ihre Bodenfeindalarmrufe „djuk“, die oft einzeln oder mit größeren Abständen zu hören sind:

129. Amsel – Bodenfeindalarmrufe

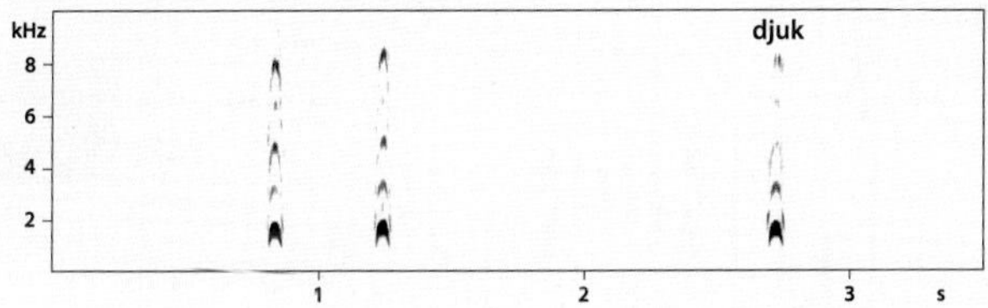

Doch verfügen sie noch über weitere Ausdrucksformen ihrer Erregung, zum Beispiel das „Ducken“:

130. Amsel – „Ducken“

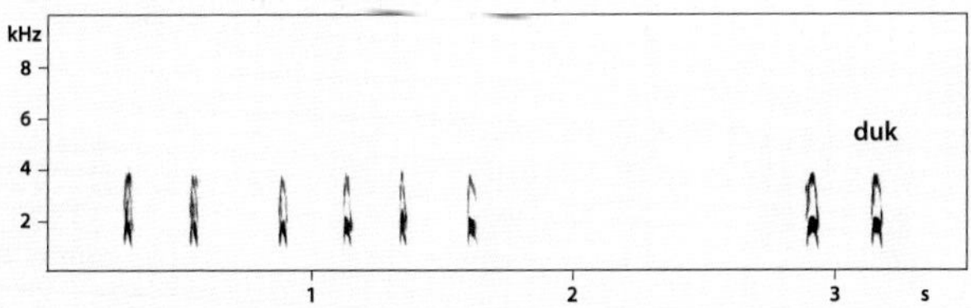

Schon durchdringender klingt das Tixen:

131. Amsel – „Tixen“

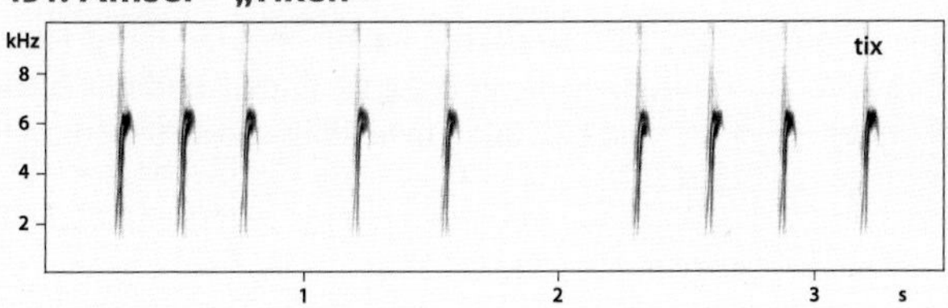

Das Amselweibchen verfügt genauso wie das Männchen über verschiedene Rufe, singt aber niemals.

Es kann sich zu einem regelrechten Zetern steigern:

132. Amsel – Zetern

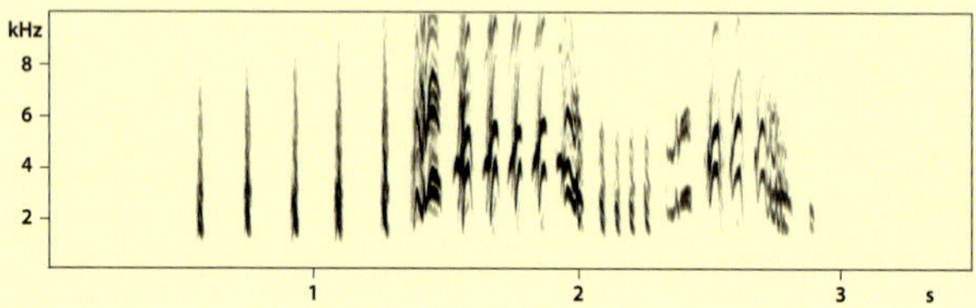

Eine Amsel, die von einem Feind ergriffen wird, äußert Angstschreie. Wir bezeichnen sie lautmalerisch mit dem Begriff „Schirken“. Dabei scheinen zwei Rufkomponenten beteiligt zu sein.

133. Amsel – Angstschrei

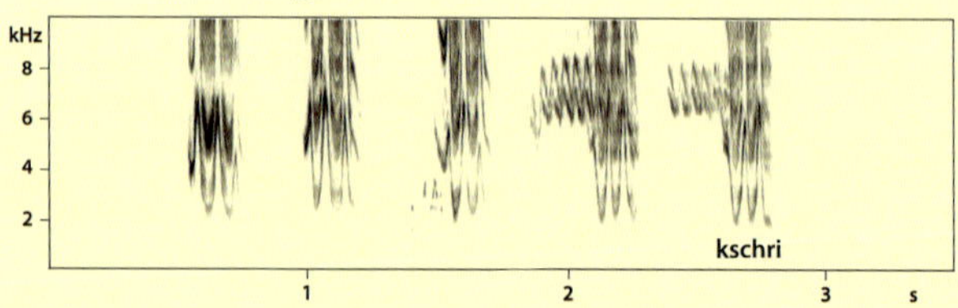

Junge Amseln, die eben das Nest verlassen haben, müssen ihren Eltern akustisch ihren Standort mitteilen, damit diese sie finden und mit Futter versorgen können. Die Rufe sind ein- oder mehrsilbig und sehr geräuschhaft, also auch gut zu orten.

134. Amsel – Bettelruf Jungvogel

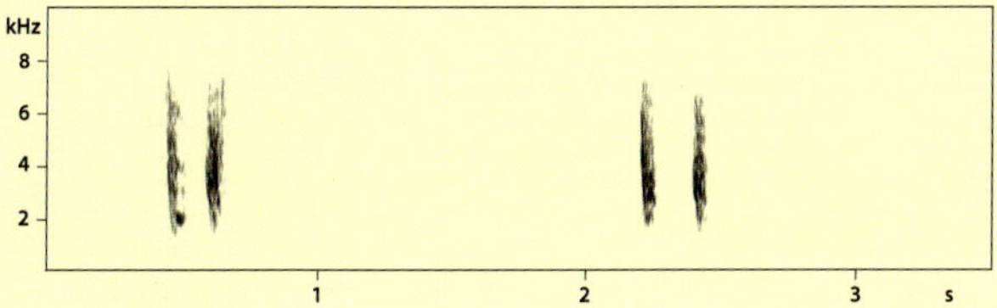

Lektion 18

Noch mehr Repertoire: Mischrufe bei der Haubenlerche

Die Haubenlerche verfügt über klangvoll geflötete mehrsilbige Rufe wie „di-dji-djii“, deren erste Silbe meist kürzer ist als die folgenden beiden.

135. Haubenlerche – mehrsilbige Rufe

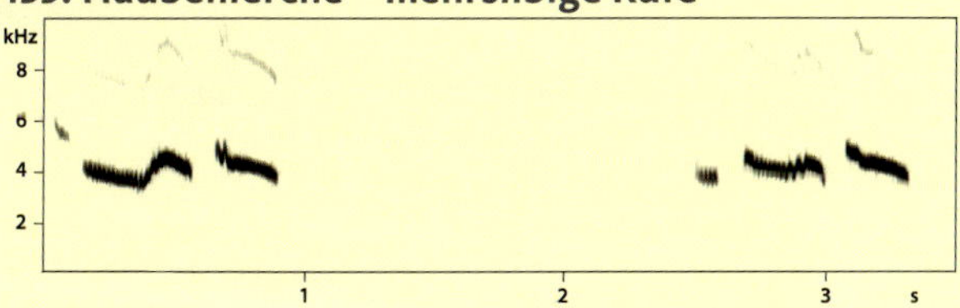

Daneben gibt es auch zwitschernde Rufe:

136. Haubenlerche – Zwitschern

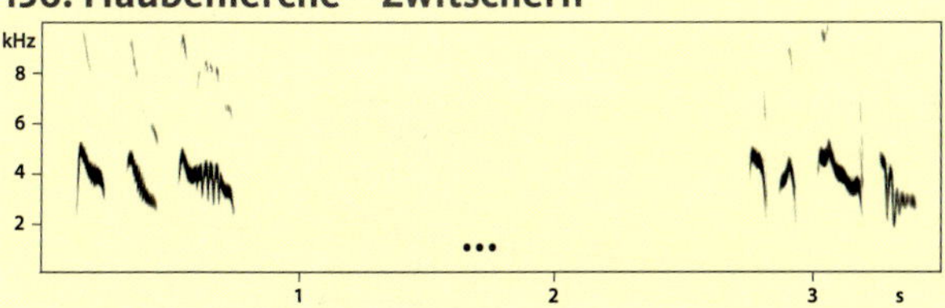

... und einen nasalen, hochgezogenen Flugruf:

137. Haubenlerche – Flugrufe

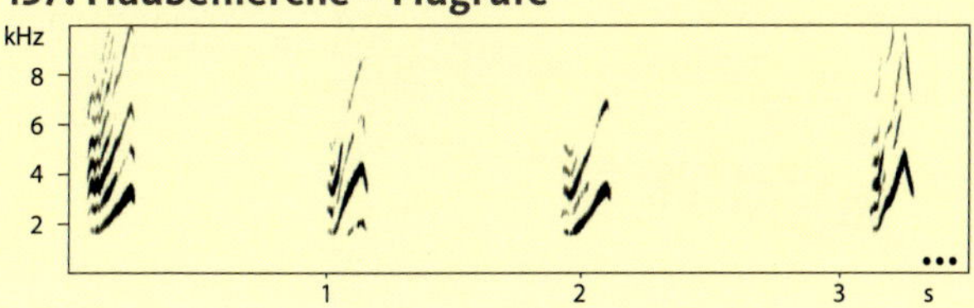

Die Haubenlerche kann aber diese Reinformen der Rufe miteinander kombinieren, so den mehrsilbigen Ruf mit dem Zwitschern.

138. Haubenlerche – Mischform 1 mit Zwitschern

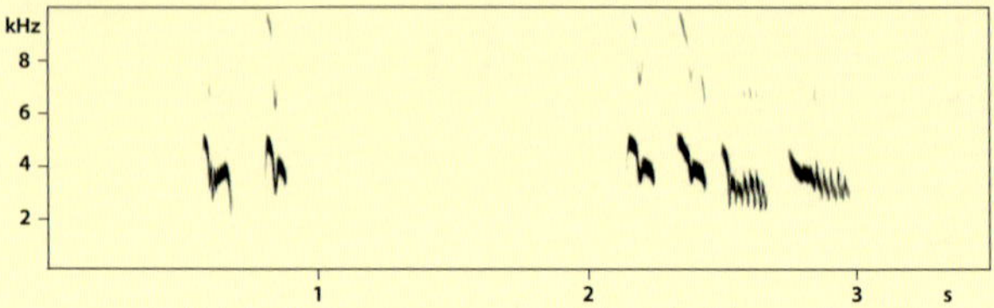

Ebenso kann sie den mehrsilbigen Ruf mit dem Flugruf kombinieren:

139. Haubenlerche – Mischform 2 mit Flugruf

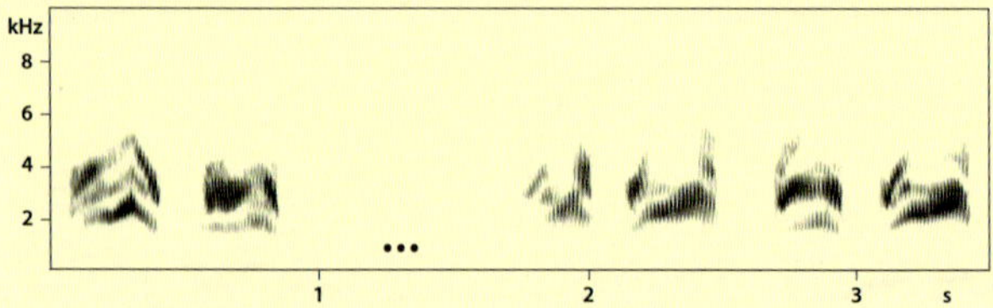

Hier sind im Sonagramm ein mehrsilbiger Ruf in zwei Silben und einer mit vier Silben dargestellt, beide aber nicht tonal, sondern in der Struktur (und auch im Klang) den Flugrufen entsprechend. Man kann auch sagen: Die Grammatik stammt vom mehrsilbigen Ruf, die Phonetik vom Flugruf. Auf diese Weise vermag die Lerche ihr Rufrepertoire zu vergrößern.

Haubenlerchen laufen häufig auf der Straße und lassen dort ihre Rufe ertönen.

Lektion 19

Aktualgenese: Vom Ruf zum Gesang

Manchmal setzt der Gesang eines Vogels nicht sofort als vollständiger Gesang ein, sondern er beginnt mit Rufen, aus denen dann allmählich im Laufe von Minuten oder in noch kürzerer Zeit der Gesang hervorgeht. Man nennt diese Änderung im stimmlichen Verhalten, die sich innerhalb so kurzer Zeit abspielen kann, eine Aktualgenese. Zuerst hört man nur eine monotone Folge von rufartigen Elementen:

140. Grünfink – „Schwunschen"

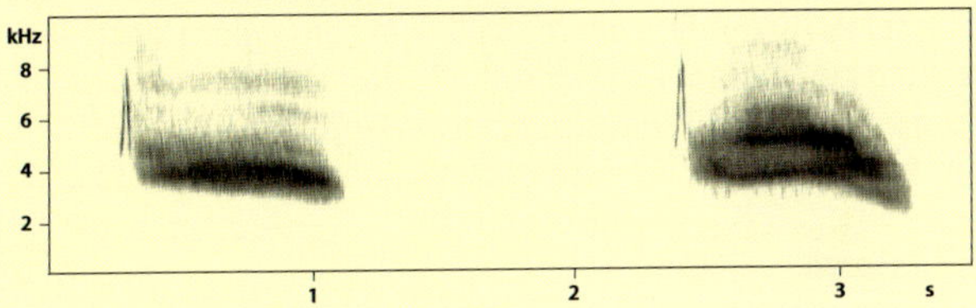

Der Grünfink bringt diese Rufe als Gesangsersatz vor, wenn er gestört wird. Auch im nachfolgenden Gesangsstück ist der Ruf noch einmal versteckt:

141. Grünfink – Gesang mit „Schwunschen"

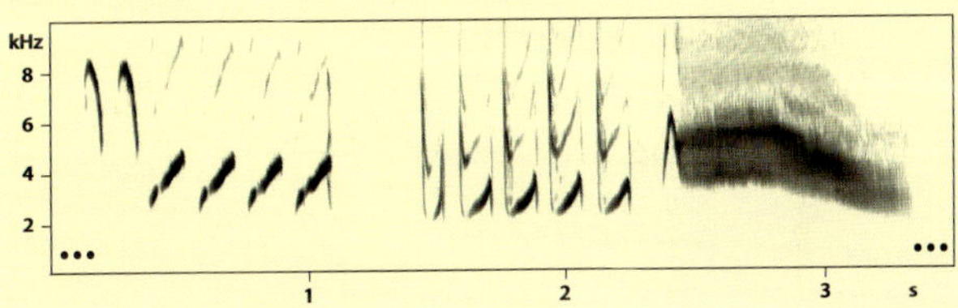

Der Grünfink kann diesen Ruf in zunehmender oder abnehmender Häufigkeit in den Gesang einmischen, je nach Grad der Störung. Schließlich folgt ununterbrochener reiner Gesang:

142. Grünfink – Vollgesang

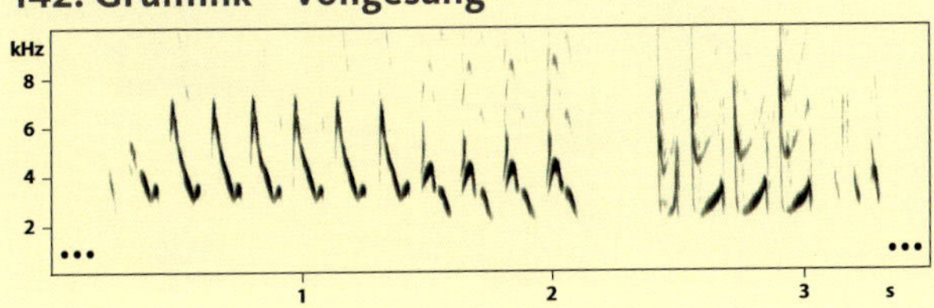

Dabei ist eines klar: In solchen Fällen beherrscht der Vogel die verschiedenen Lautäußerungen schon vorher. Es handelt sich bei der Aktualgenese nicht um einen Entwicklungs- oder einen Lernprozess, sondern um eine Form der Aktivierung. Doch könnte nach diesem Modell immerhin die stammesgeschichtliche Entwicklung des Vogelgesangs vor sich gegangen sein.

Lektion 20

Potpourri: Wer ruft, wer singt da alles?

Stellen Sie sich vor, ein Zaunkönig hat eine Katze in seinem Revier entdeckt. Dann wird er seine Alarmrufe äußern. Bald kommen andere Vögel hinzu und veranstalten gemeinsam ein wahres Rufkonzert, sodass die Katze, die keine Beute mehr erhoffen kann, sich bald verzieht. Wer ist in Aufnahme 143 alles mit Alarmrufen zu hören? Die Lösung finden Sie auf S. 143.

143. Mischalarm

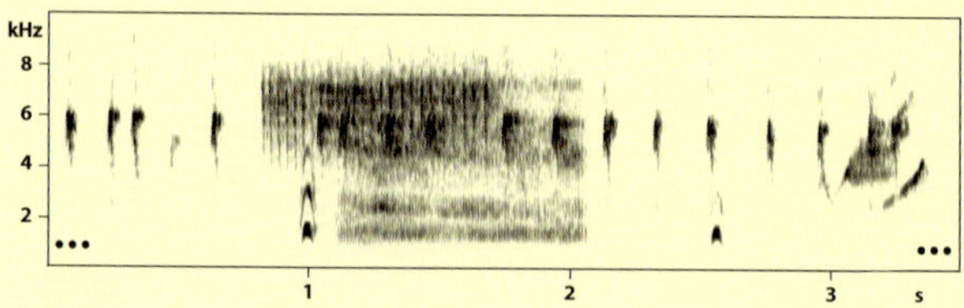

Vogelkonzert am Morgen: Meistens ist auch der Zaunkönig beteiligt.

Noch verwirrender für unsere Ohren geht es an einem Maimorgen zu, wenn viele Vögel durcheinander singen. Wer da alles singt, das kann man nur mit einer gewissen Übung heraushören. Es handelt sich durchweg um Arten, die nicht selten sind:

144. Gesangskonzert

Da es sich hier um eine reine Hörübung handelt, wird kein Sonagramm abgebildet. Es sind Gesänge von acht Arten enthalten. Es lohnt sich, mitzuschreiben (Lösung auf S. 145).

Die singende Haubenlerche vermag mit ihrer Stimme auch allein ein wahres Vogelkonzert zu veranstalten.

145. Haubenlerche – Gesang mit Imitationen

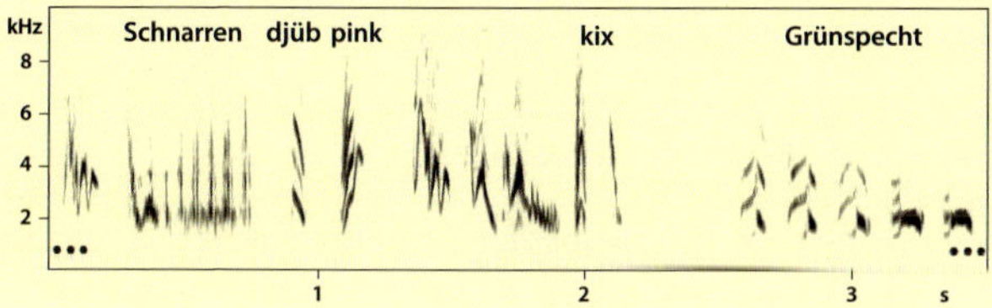

Der Vogel hat Rufe und Gesangsstücke von mindestens einem Dutzend verschiedener Vogelarten miteinander verflochten. Im Sonagramm zitiert er ausführlich den Buchfinken mit „djüb", „pink", Schnarren aus dem Subsong, Ausschnitt aus der Vollgesangsstrophe mit Endschnörkel und nachgeahmtem Buntspecht-„kix", sowie eine verkürzte Grünspecht-Strophe und eigene Rufe. Das geht alles so schnell vor sich, dass man mit dem Gehör kaum folgen kann (Sonagramm Ausschnitt 22,4–25,9 s der Aufnahme).

Lektion 21

Die hohe Kunst der Vogelstimmen-Imitation

In dieser Lektion soll anhand einiger Vergleiche gezeigt werden, wie gut es einem menschlichen Vogelstimmen-Imitator (Uwe Westphal) gelingt, die Vögel nachzuahmen (vgl. auch Erläuterungen im entsprechenden Kapitel ab S. 59)

Hier ein Artvorbild, ein Ausschnitt aus dem Gesang einer Feldlerche:

146. Feldlerche – Gesang

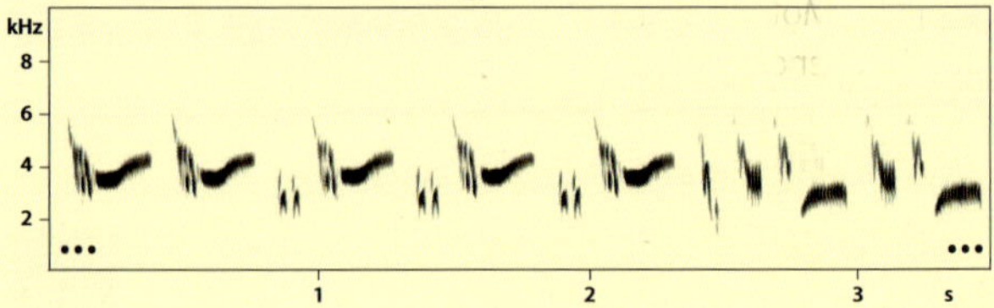

(Sonagramm Ausschnitt 6,8–10,3 s der Aufnahme)

In diesem Gesangsstück fällt besonders die Rhythmisierung auf. Die Motive werden in Phrasen wiederholt. Nun die Imitation:

147. Imitation Feldlerche

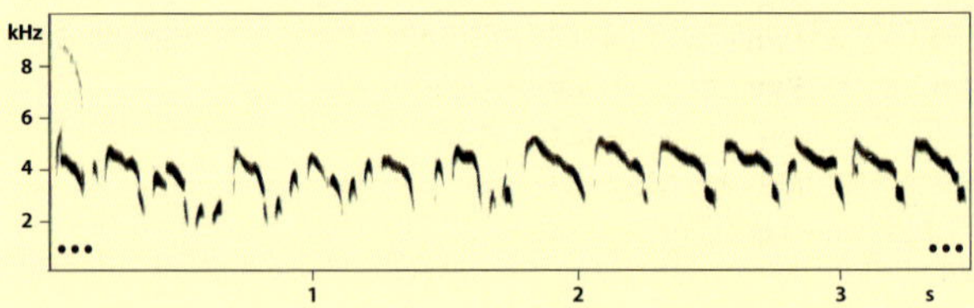

(Sonagramm Ausschnitt 7,3–10,8 s)

Der Imitator hat seine Nachahmung durch die Zähne pfeifend erzeugt. Auffallend ist auch hier die Wiederholung in langer Reihung.

Den hochtonigen Gesang des Wintergoldhähnchens hat ein Dichter einmal mit gesponnenem Gold verglichen. Die wesentlichen Elemente liegen knapp unter 8 kHz. Hier das natürliche Vorbild:

148. Wintergoldhähnchen – Gesang

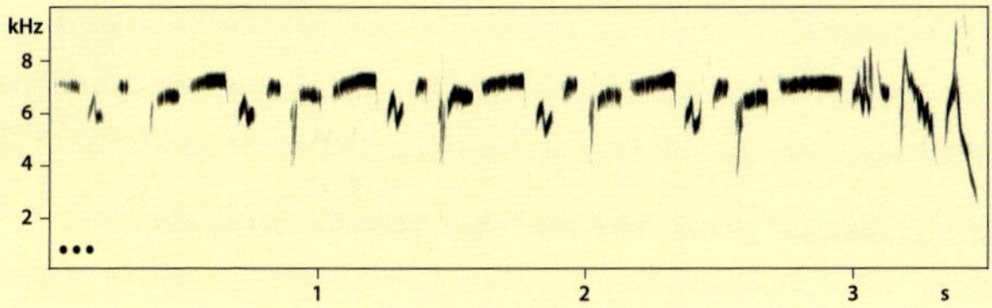

Die Strophe dauert etwa dreieinhalb Sekunden. Charakteristisch ist die Wiederholung von Motiven aus vier bis fünf verschiedenen Elementen mit einem abschließenden Endschnörkel.

149. Imitation Wintergoldhähnchen

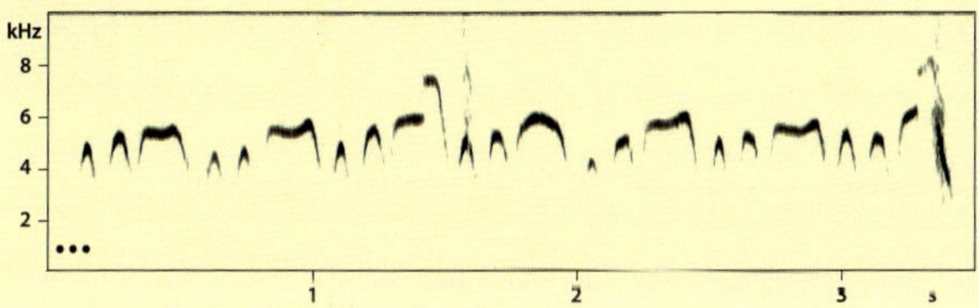

Die Imitation wird, wie bei der Nachahmung der Feldlerche, zwischen den Zähnen pfeifend erzeugt. Die Phrasierung ist ähnlich wie beim Artvorbild angelegt, wenn auch dreisilbig. Auch ein Endelement ist erkennbar. Die Tonhöhe des Goldhähnchens hat der Imitator nicht ganz geschafft: Er liegt bei 6 kHz. Im Tempo ist er sogar etwa zehn Prozent schneller als das zarte Vorbild, weil er pro Motiv ein Element weniger pfeift. Insgesamt eine beeindruckende Leistung!

(Lösung zu 143: Amsel, Buchfink, Dohle, Rotkehlchen, Zaunkönig, Grünfink)

Der Gesang des Brachvogels besteht aus tiefen ansteigenden Flötenelementen, die in eine Trillerserie übergehen. In Vorbild und Nachahmung wurde für das Sonagramm jeweils eine Passage ausgewählt, in der beide Typen von Elementen vertreten sind. Hier ein Vorbild:

150. Brachvogel – Gesang

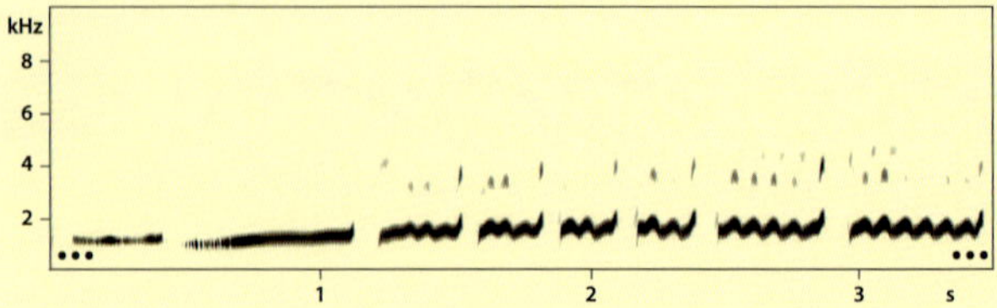

Im Hintergrund ein zweiter Vogel, dazu Kiebitz. Hier die Nachahmung durch den Imitator:

151. Imitation Brachvogel

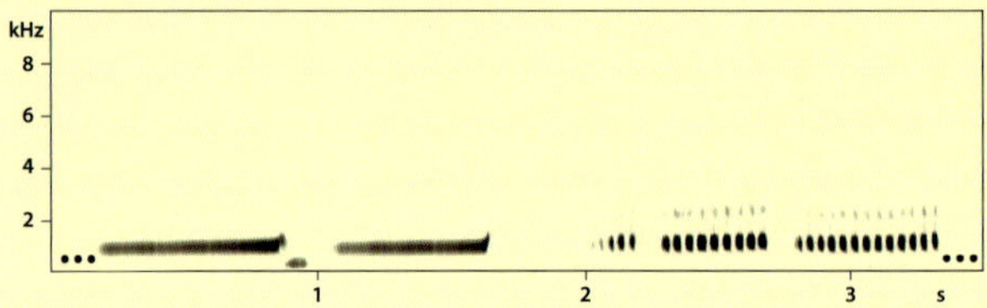

Gedehnte geflötete Elemente und Triller sind wie beim Artvorbild zu erkennen, aber die Tonlage ist tiefer und die Störungen fehlen. Während der Triller beim Brachvogel durch ein Auf und Ab in der Tonhöhe eines in sich verbundenen Elements zustande kommt, zerlegt der Imitator das Element in lauter Segmente. Für uns hört sich das jedoch sehr ähnlich an.

Die trillernden lauten Flugrufe des Schwarzspechts dürften nicht so leicht nachzuahmen sein. Beim Artvorbild besteht der Triller aus 2–4 kurzen Impulsen, die nicht miteinander verbunden sind.

152. Schwarzspecht – Flugrufe

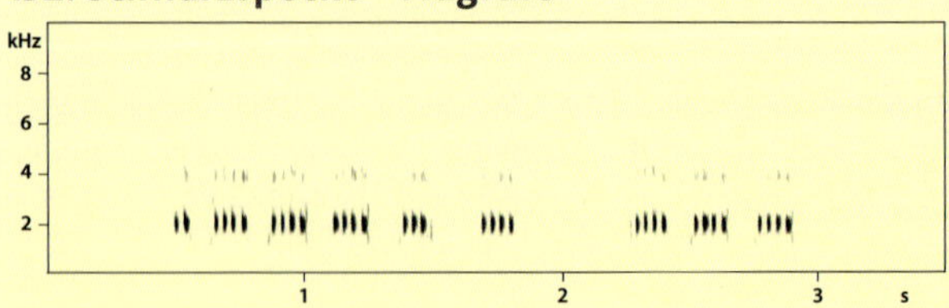

Hier die Nachahmung durch den Imitator:

153. Imitation Schwarzspecht

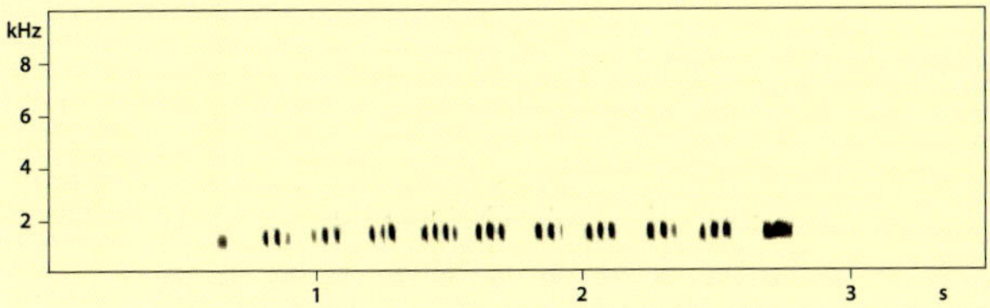

Die Nachahmung wurde bei flatterndem Gaumenzäpfchen geflötet. In Rhythmik und Gestaltung ist sie dem Vorbild sehr ähnlich, aber die Tonlage ist etwas tiefer. Außerdem steigt die Tonhöhe ein wenig an, wie bei der Gesangsstrophe des Schwarzspechts. Bei der letzten Silbe sind dem Imitator die Teilelemente zu einem Flötenton verschmolzen.

Der Schwarzspecht singt vom Eingang seiner Höhle aus. Die Flugrufe hört man nur, wenn er fliegt.

(Lösung zu 144: Amsel, Buchfink, Fitis, Kohlmeise, Mönchsgrasmücke, Singdrossel, Sommergoldhähnchen, Zilpzalp)

Der Gesang des Wendehalses besteht aus Strophen, die im Original kehlig und klagend klingen. Sie verfügen über ein gut entwickeltes Obertonspektrum:

154. Wendehals – Gesang

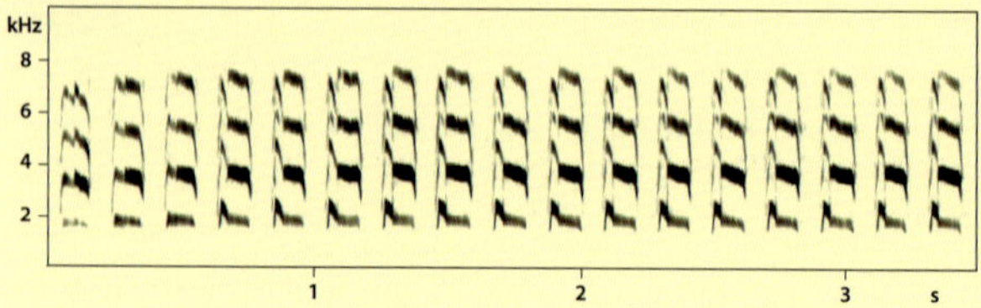

Im Hintergrund ist ein zweiter Vogel, wohl der Partner im Kontergesang, außerdem ein Grünfink zu hören.

Hier nun das, was der Vogelstimmenimitator daraus gemacht hat:

155. Imitation Wendehals

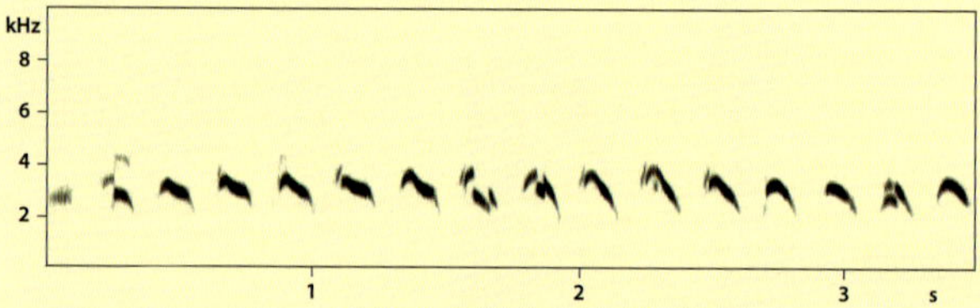

Die teilweise etwas ungleichmäßige Nachahmung ist deutlich geflötet, sie klingt nicht so kehlig wie das Vorbild. Das zeigt sich im Sonagramm in dem fehlenden Obertonspektrum und dem fehlenden oder nur angedeuteten Tonsprung. In der Melodieführung und der hauptsächlichen Tonlage sowie im Absinken des einzelnen Elements besteht eine gute Übereinstimmung. Die Absicht des Imitators war es, den Wendehals so nachzuahmen, wie man ihn auf größere Entfernung hört. Nachweislich reagiert der Wendehals auf das nachgepfiffene Signal. Was der Nachahmer nicht tut: Vogelstimmen nachahmen, die man im Original im Hintergrund hört.

(Lösung zu 145: Imitationen von Bluthänfling, Fichtenkreuzschnabel, Stieglitz, Fitis, Buchfink, Grünspecht, Amsel, Grünfink, Trillerpfeife, Mehlschwalbe, Haussperling, Kohlmeise, am Schluss mehr und mehr Haubenlerchenmotive.)

Lektion 22

Merksprüche

Merksprüche stellen eine vergnügliche Eselsbrücke dar, mit deren Hilfe man sich Vogelstimmen ins Gedächtnis einprägen kann (s. S. 45). Die Merksprüche werden von Uwe Westphal gesprochen (aus der CD „Vogelexkursion mit Uwe Westphal", mit freundlicher Genehmigung des Verlags Edition AMPLE). Sonagramme sind hier nicht angebracht, weil ein Merkspruch klanglich nicht mit dem Vogelvorbild zu vergleichen ist. Merksprüche sind allein für das Hören gemacht.

Rauchschwalbe

Die Rauchschwalbe ist ein populärer Vogel, weil sie meist in Gebäuden ihr Nest baut. Hier Rauchschwalbengesang im Original:

156. Rauchschwalbe – Original

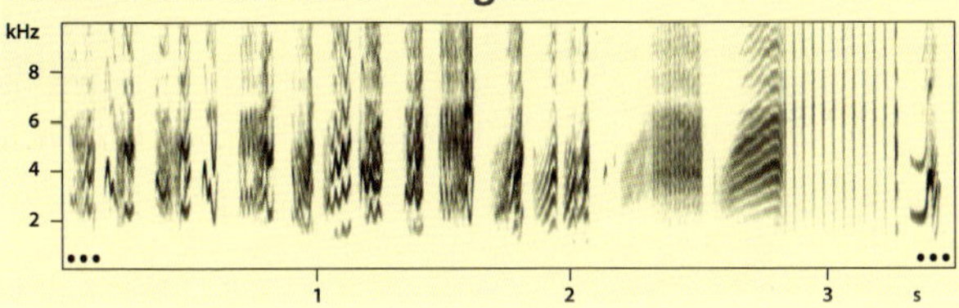

Der Gesang besteht aus recht kurzen Strophen.

Um eine Annäherung an das Vorbild zu erreichen, müssen die beiden Merksprüche sehr schnell vorgetragen werden. Die Wörter mit „rrr" am Ende jeder Zeile entsprechen dem Schnurren, mit dem die Schwalbe ihre Strophe abschließt.

157. Merksprüche Rauchschwalbe

Wollte meine Jacke flicken, hatte kein' Zwirrrn,
fand nur ein Endchen, da musst ich lang zerrrn...

oder auch:

Flick mir's Mützl, gib mir'n Faden Zwirrrn,
wird, wirb wirb, wiedewitsch, witt, weid, woi ä zerrr.

Dorngrasmücke

Die Strophen der Dorngrasmücke beim Wartengesang sind kurz und rau.

158. Dorngrasmücke – Original

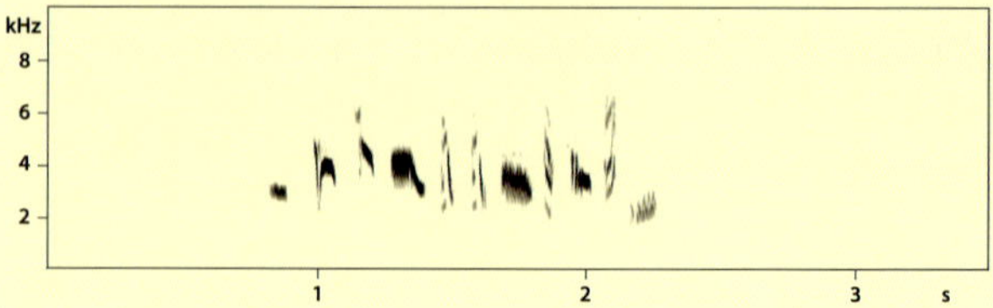

Dazu zwei Merksprüche:

159. Merksprüche Dorngrasmücke

Sag' ich doch! Hab' ich doch gesagt! Sag' ich doch die ganze Zeit!

Oder (nicht gesprochen):

Heda, Sie da! Geh'n Sie doch mal weg da!

Trauerschnäpper

Charakteristisches Merkmal der Trauerschnäpperstrophe ist der rhythmische Wechsel zwischen zwei unterschiedlich hohen Elementen am Beginn.

160. Trauerschnäpper – Original

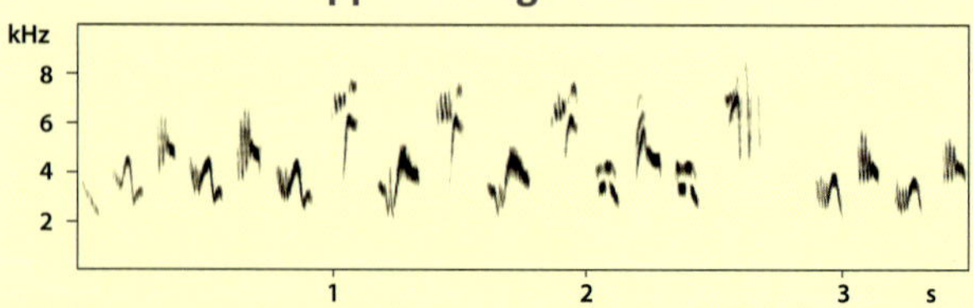

Der Merkspruch muss nun versuchen, diesen Wechsel zwischen zwei Elementen nachzuahmen:

161. Merkspruch Trauerschnäpper

Siehst Du, siehst Du, siehst Du – trüb, trüb ist die Lieb',
trüb die Lieb'.
Siehst Du, siehst Du, siehst Du – trüb, trüb ist die Lieb, trüb ja.

Unaufhörlicher Gesang am Sommerhimmel: Singflug der Feldlerche

Feldlerche

Zum Schluss die Feldlerche. Hier ein kleiner Ausschnitt aus ihrem Gesang im Original:

162. Feldlerche – Original

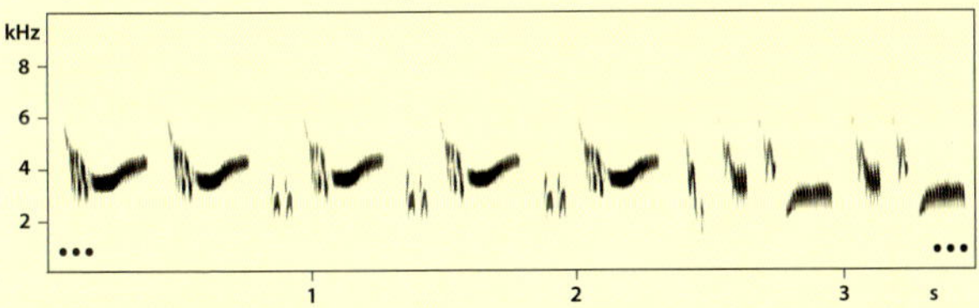

Im Merkspruch wird die Wiederholung der Motive durch wiederholte Silben oder Wörter wiedergegeben. Die hohe Tonlage spiegelt sich in den vielen Wörtern mit dem Buchstaben i.

163. Merkspruch Feldlerche

Nun bin ich hier, nun bin ich hier, nun bin ich hier,
über der Wiese, Wiese, Wiese, Wiese, Wiese,
mein Ziel, mein Ziel, mein Ziel, mein Ziel
ist der Himmel, Himmel, Himmel, Himmel.
Was mich trieb, was mich trieb, was mich trieb, was mich trieb,
ist die Liebe, Liebe, Liebe, Liebe
zu Dir, zu Dir, zu Dir, zu Dir!

9 Üben und Prüfen

Nur Übung macht den Meister

Wenn Sie sich bis zu diesem Kapitel vorgearbeitet haben, wird Ihnen das folgende Audio-unterstützte Übungsprogramm helfen, sich für die Praxis vorzubereiten, also das Bestimmen von Vögeln nach ihren Lautäußerungen einzuüben. Sie üben zugleich das Lesen der Sonagramme. Das Programm auf der Homepage http://welcher-vogel-singt-denn-da.quelle-meyer.de (unter Üben und Prüfen) stellt Ihnen eine Auswahl von Vogelstimmen vor, die auch anderswo in diesem Buch vorkommen. Aber sie sind hier nicht benannt, sondern nur verschiedenen Lebensräumen zugeordnet. Der Grund dafür ist, dass Sie sich leichter zurechtfinden können, wenn Sie nur zwischen Vogelarten eines Lebensraums zu wählen haben. Und draußen ist es schließlich genauso: Man lernt die Vögel im Lebensraum kennen und erkennt sie dann dort auch besser wieder (s. S. 65 ff.). Nachfolgend sind die betreffenden Vogelarten aufgeführt, und zwar jeweils mit dem zugehörigen Sonagramm. Auf der Homepage des Verlags (s. o.) finden Sie die Stimmbelege dazu, allerdings nicht in der gleichen Reihenfolge und ohne den Namen der Vogelart! Ihre Aufgabe ist es nun, eine Stimme anzuhören und sie dann dem richtigen Sonagramm und damit der zugehörigen Vogelart zuzuordnen.

So gehen Sie vor:

1. Rufen Sie in der Datei auf der Homepage z. B. die Stimmdatei A = Wald auf.

2. Wählen Sie eine beliebige Aufnahme aus, hören Sie sie (gegebenenfalls wiederholt) an und versuchen Sie, mithilfe des Sonagramms diese einer der Vogelarten aus dem zugehörigen Lebensraum zuzuordnen.

3. Wenn Sie glauben, die richtige Vogelart gefunden zu haben, tragen Sie dort die Nummer der Tonaufnahme in das vorgesehene Feld ein.

4. Wenn Sie nun prüfen wollen, ob Sie richtig bestimmt haben, finden Sie die richtige Nummer zur Tonaufnahme in der Liste auf S. 168/169 am Ende dieses Kapitels. Setzen Sie diese Nummer gleichfalls in das dafür vorgesehene Feld und Sie sehen sofort, ob Ihre Entscheidung richtig war.

5. Bei falscher Zuordnung sehen Sie auch unmittelbar, mit welcher Vogelart Sie die Stimme verwechselt haben. Rufen Sie die verwechselten

Stimmen dann am besten nacheinander auf, um die Unterschiede festzustellen. Hilfreich sollte dabei sein, dass bei jeder Art vermerkt ist, unter welcher Nummer sie im Vogelstimmenkurs (Kapitel 8) ausführlich behandelt wird, sodass Sie dort noch einmal „einsteigen" können. Beachten Sie auch das Kapitel 11 über die 22 häufigsten heimischen Vogelarten im Anhang (S. 186 ff.).

6. Versuchen Sie nicht, zu viele Stimmen nacheinander zu bestimmen. Brechen Sie rechtzeitig ab, wenn Sie merken, dass Ihre Konzentration nachlässt. Merken Sie sich die zuletzt zugeordnete Stimme, um dann später dort wieder anzusetzen.

Vorsicht! Die hier beschriebene Bindung der Vögel an den Lebensraum gilt nur für Mitteleuropa. Dieser Zilpzalp hält sich im Winter am Mittelmeer im Kiefernwald auf.

Was ist, wenn alles ausgefüllt ist?

Kein Problem! Im Internet finden Sie auf der Verlags-Homepage von Quelle & Meyer (s. S. 150) – ebenfalls unter „Welcher Vogel singt denn da?“ – eine Druckdatei (ausdruckbare Übungsbögen mit Sonagrammen), mit deren Hilfe Sie das benötigte Material noch einmal ausdrucken können, für beliebig viele Tests!

TIPP: Das Übungsprogramm eignet sich hervorragend für Gruppenarbeit!

Drucken Sie, entsprechend der Gruppengröße, die benötigte Anzahl von Übungsbögen aus. Spielen Sie die zuzuordnenden Stimmen nacheinander vor und lassen die jeweilige Nummer, wie vorstehend beschrieben, in die Bögen eintragen. Überprüfen Sie anhand des Buches die Ergebnisse!

Die Zuordnung der Arten zu den Lebensräumen in den folgenden Abschnitten stimmt nicht völlig mit derjenigen im Kapitel „Wer singt wo?“ (S. 65 ff.) überein. So ist zum Beispiel dort der Zaunkönig unter „Parks“ sowie „Hecken und Gebüsche“ aufgelistet, hier pauschal unter „Wald“. Er kommt in der Tat in allen genannten Lebensräumen vor. Für das hier angewandte Verfahren ist das ohne Bedeutung.

Lebensraum A:
Wald

Singdrossel

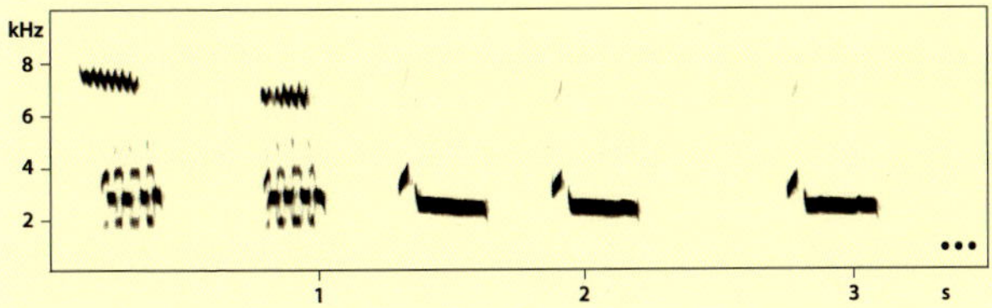

zugeordnete Tonaufnahme:

richtige Tonaufnahme:

Sonagramm-Nr.:

Trauerschnäpper

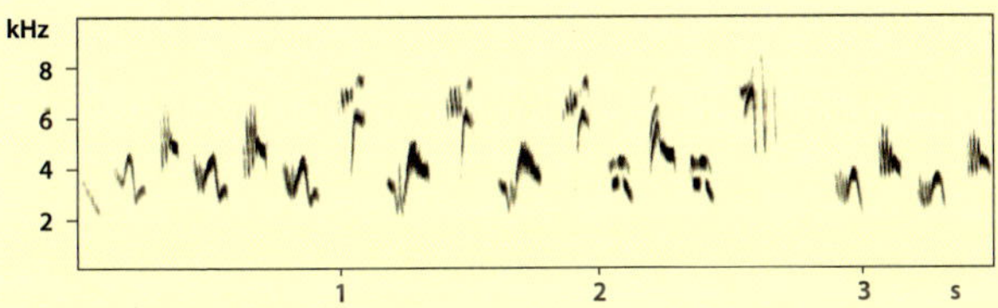

zugeordnete Tonaufnahme:

richtige Tonaufnahme:

Sonagramm-Nr.:

Zaunkönig

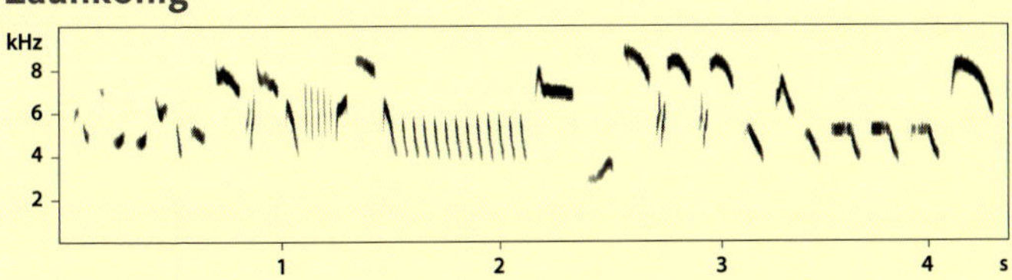

zugeordnete Tonaufnahme:

richtige Tonaufnahme:

Sonagramm-Nr.:

Lebensraum A:
Wald

Waldlaubsänger

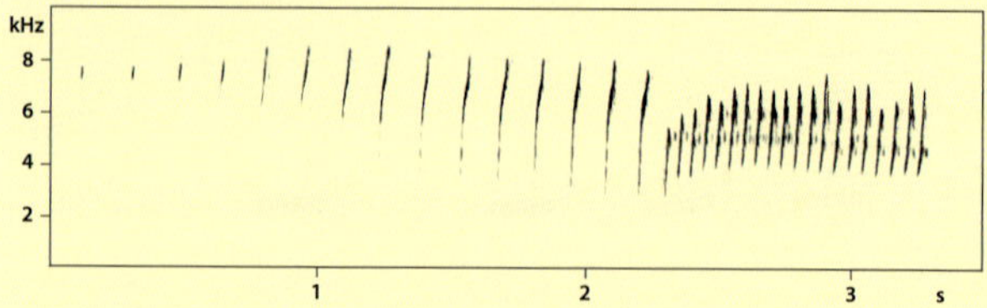

zugeordnete Tonaufnahme: richtige Tonaufnahme: Sonagramm-Nr.:

Kuckuck

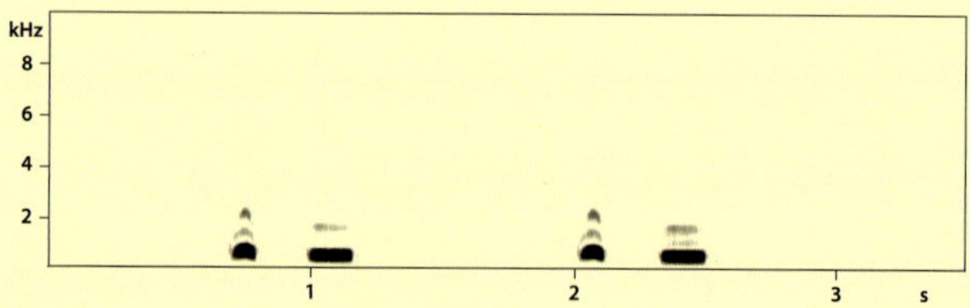

zugeordnete Tonaufnahme: richtige Tonaufnahme: Sonagramm-Nr.:

Schwarzspecht

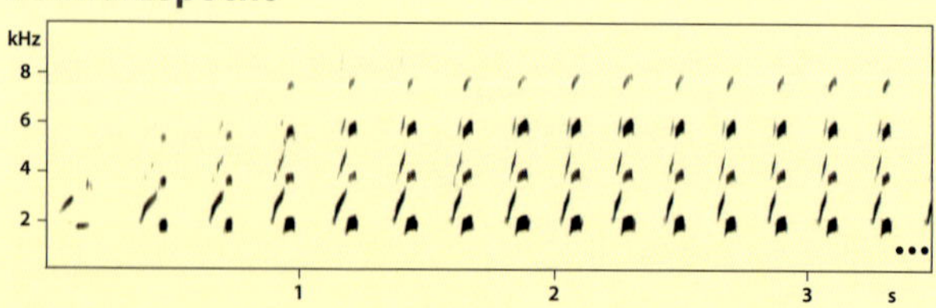

zugeordnete Tonaufnahme: richtige Tonaufnahme: Sonagramm-Nr.:

Grünspecht

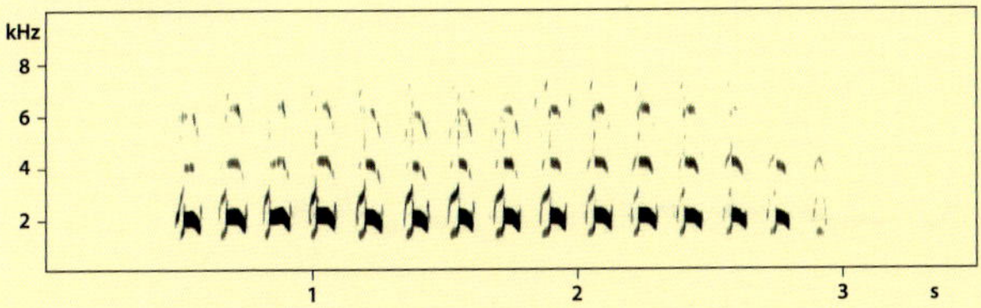

zugeordnete Tonaufnahme: richtige Tonaufnahme: Sonagramm-Nr.:

Buntspecht

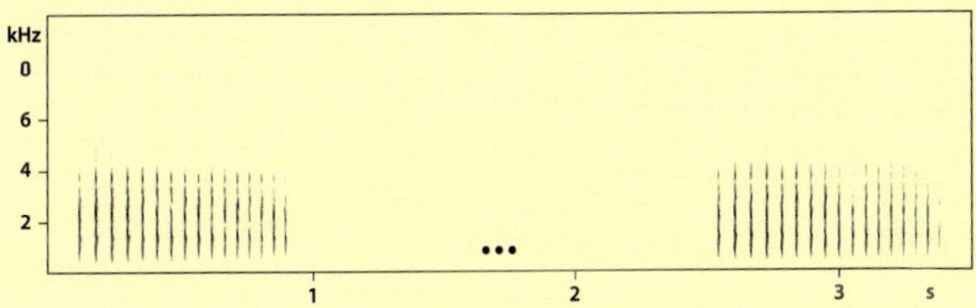

zugeordnete Tonaufnahme: richtige Tonaufnahme. Sonagramm-Nr.:

Lebensraum B:
Park und Garten

Amsel

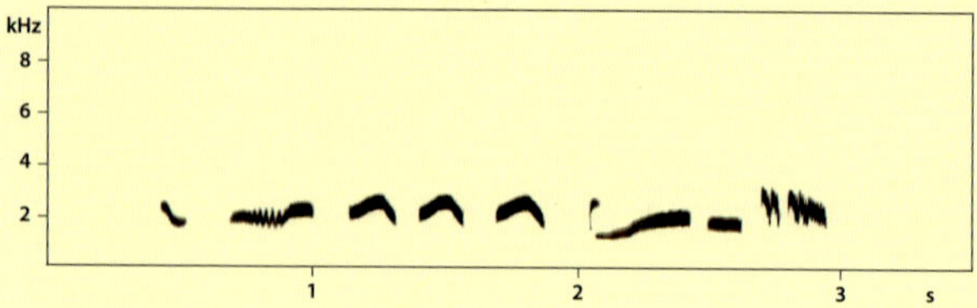

zugeordnete Tonaufnahme: richtige Tonaufnahme: Sonagramm-Nr.:

Gartenrotschwanz

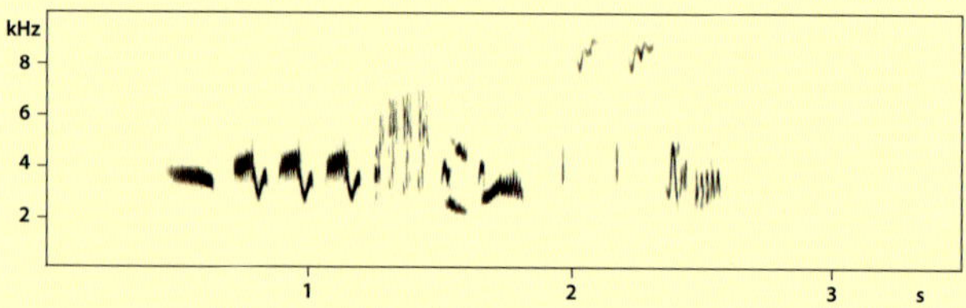

zugeordnete Tonaufnahme: richtige Tonaufnahme: Sonagramm-Nr.:

Kleiber

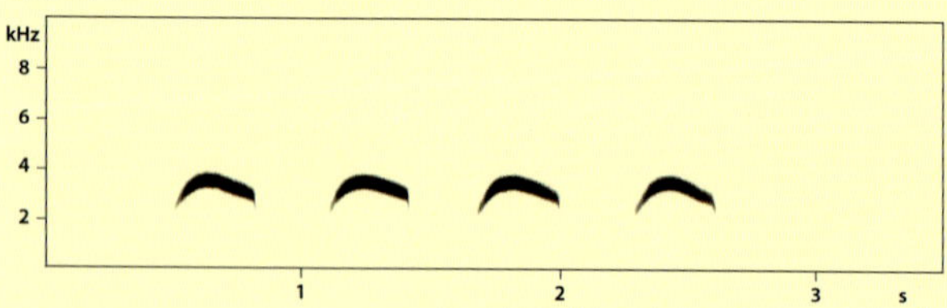

zugeordnete Tonaufnahme: richtige Tonaufnahme: Sonagramm-Nr.:

Blaumeise

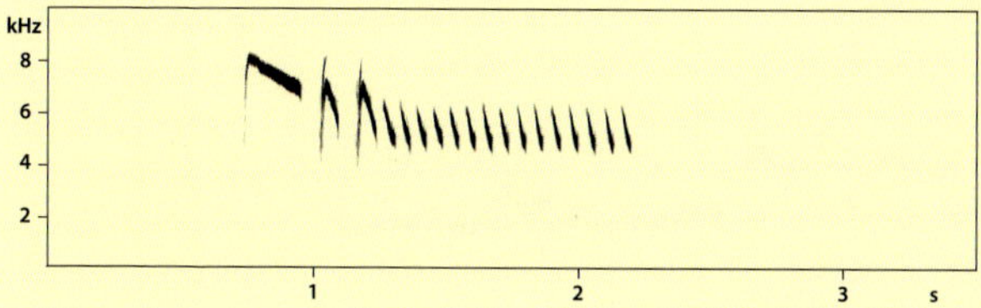

zugeordnete Tonaufnahme:

richtige Tonaufnahme:

Sonagramm-Nr.:

Kohlmeise

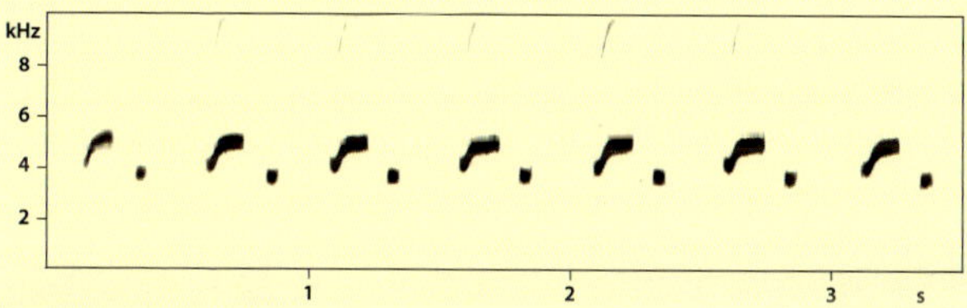

zugeordnete Tonaufnahme:

richtige Tonaufnahme:

Sonagramm-Nr.:

Grünfink

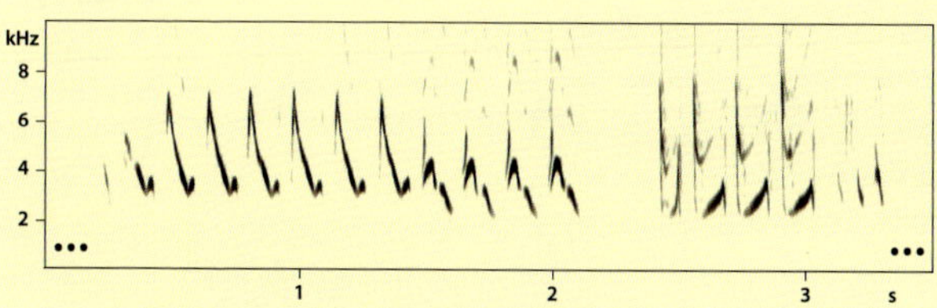

zugeordnete Tonaufnahme:

richtige Tonaufnahme:

Sonagramm-Nr.:

Lebensraum B:
Park und Garten

Gartengrasmücke

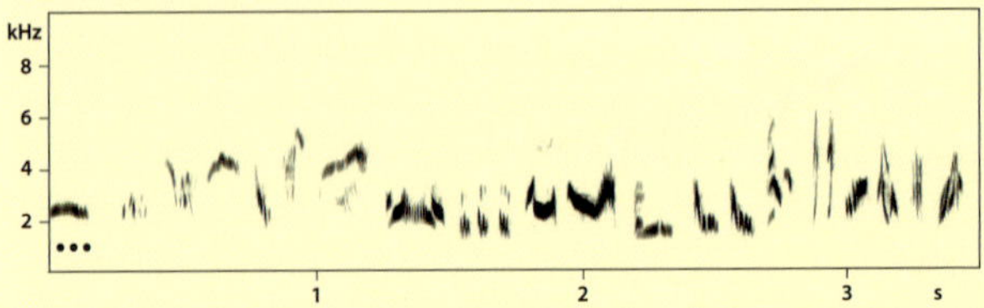

zugeordnete Tonaufnahme: | richtige Tonaufnahme: | Sonagramm-Nr.:

In einem strukturreichen Garten finden sich viele Vögel ein.

Lebensraum C:
Hecke und Gehölz

Weidenmeise

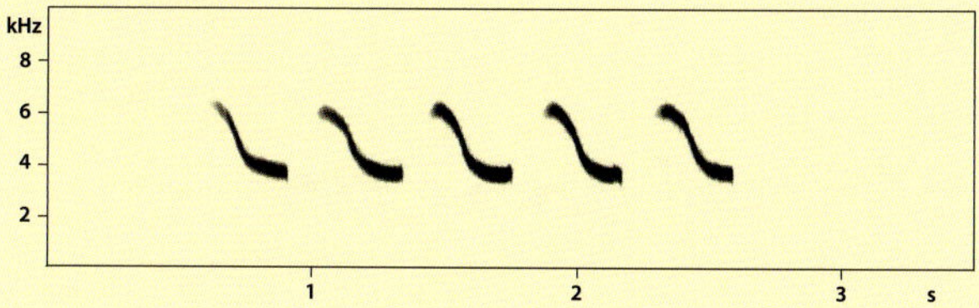

zugeordnete Tonaufnahme: richtige Tonaufnahme: Sonagramm-Nr.:

Sumpfmeise

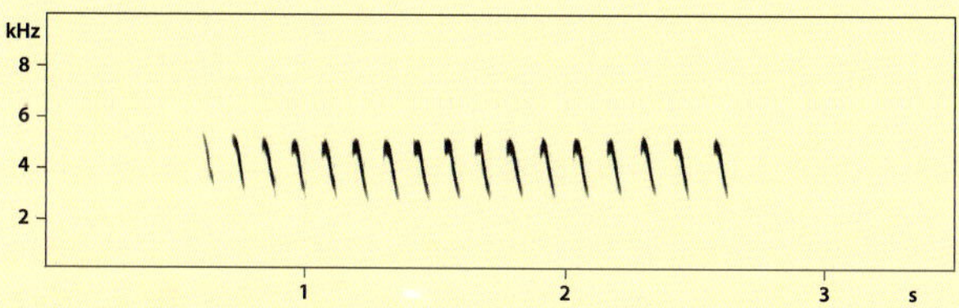

zugeordnete Tonaufnahme: richtige Tonaufnahme: Sonagramm-Nr.:

Dorngrasmücke

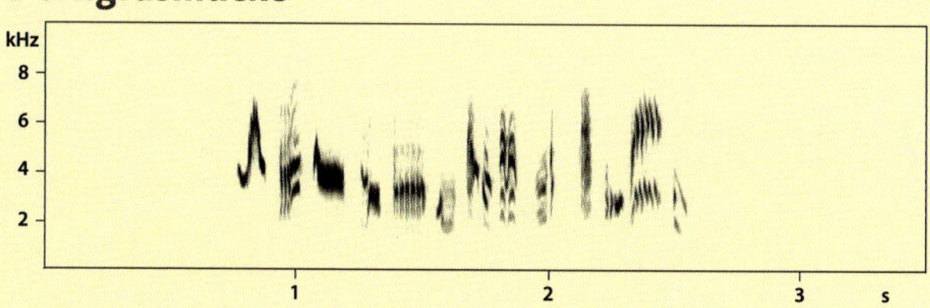

zugeordnete Tonaufnahme: richtige Tonaufnahme: Sonagramm-Nr.:

Lebensraum C:
Hecke und Gehölz

Mönchsgrasmücke

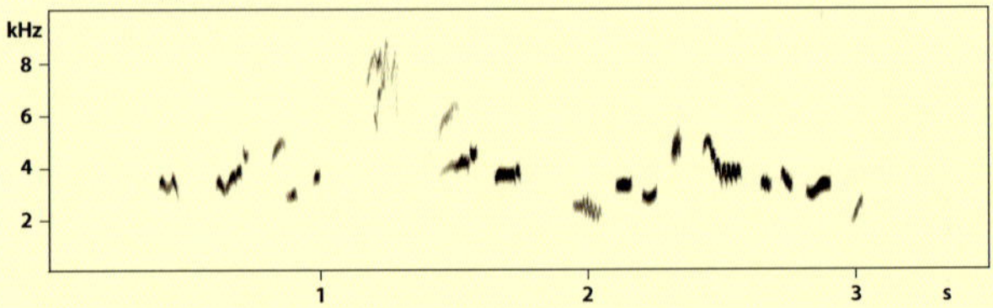

zugeordnete Tonaufnahme:

richtige Tonaufnahme:

Sonagramm-Nr.:

Klappergrasmücke

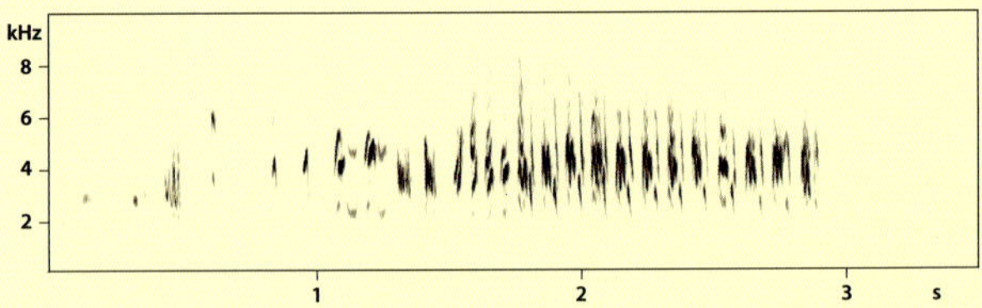

zugeordnete Tonaufnahme:

richtige Tonaufnahme:

Sonagramm-Nr.:

Nachtigall

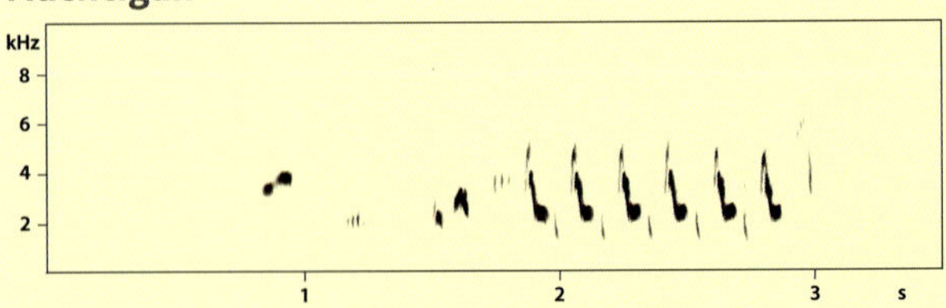

zugeordnete Tonaufnahme:

richtige Tonaufnahme:

Sonagramm-Nr.:

Sprosser

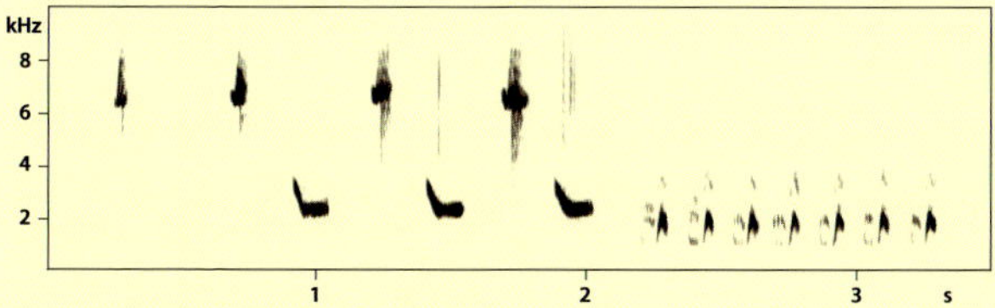

zugeordnete Tonaufnahme: richtige Tonaufnahme: Sonagramm-Nr.:

Fitis

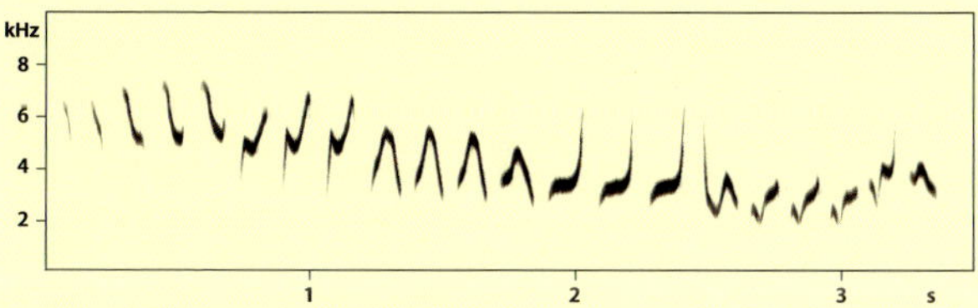

zugeordnete Tonaufnahme: richtige Tonaufnahme: Sonagramm-Nr.:

Zilpzalp

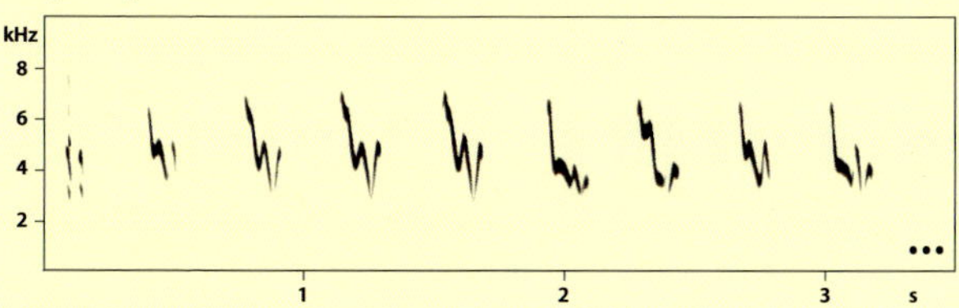

zugeordnete Tonaufnahme: richtige Tonaufnahme: Sonagramm-Nr.:

Lebensraum D: Siedlung

Haussperling

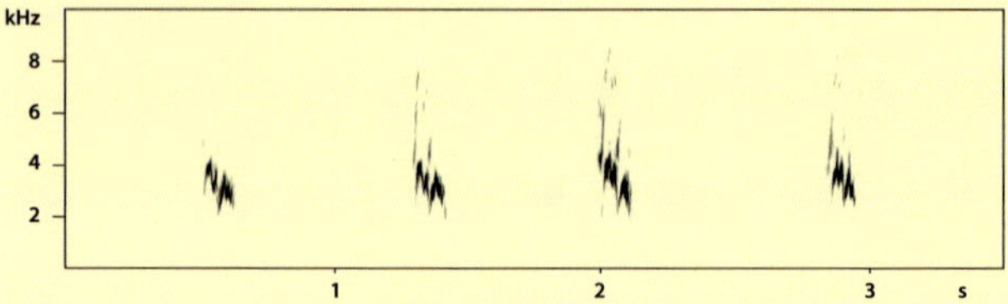

zugeordnete Tonaufnahme: richtige Tonaufnahme: Sonagramm-Nr.:

Feldsperling

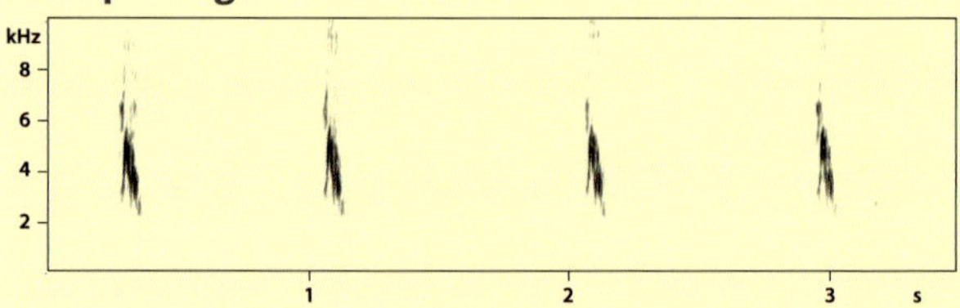

zugeordnete Tonaufnahme: richtige Tonaufnahme: Sonagramm-Nr.:

Rauchschwalbe

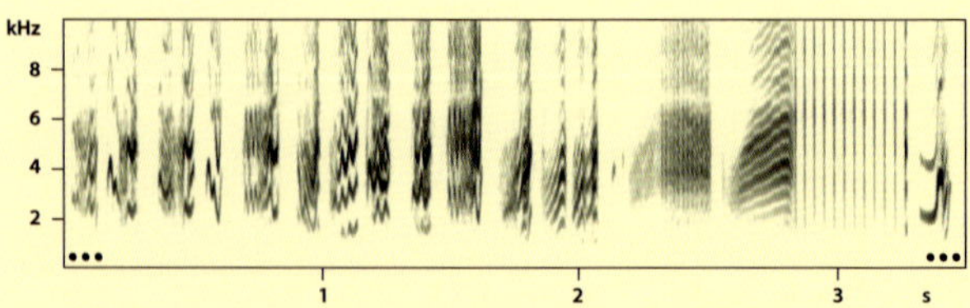

zugeordnete Tonaufnahme: richtige Tonaufnahme: Sonagramm-Nr.:

Gimpel

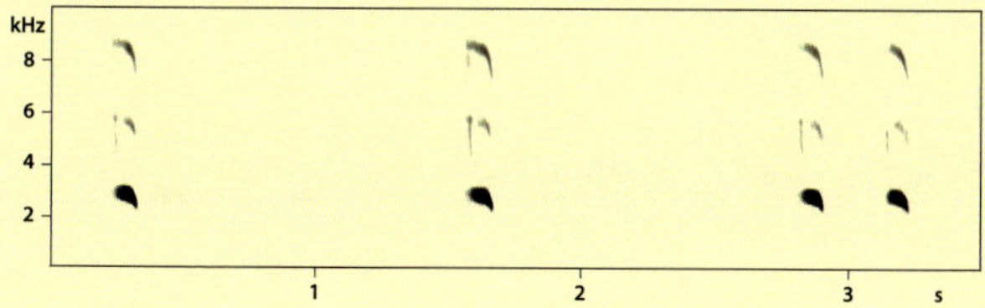

zugeordnete Tonaufnahme: | richtige Tonaufnahme: | Sonagramm-Nr.:

Goldammer

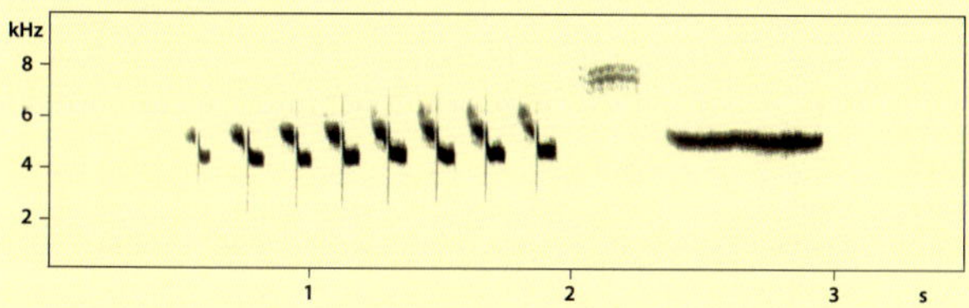

zugeordnete Tonaufnahme: | richtige Tonaufnahme: | Sonagramm-Nr.:

Buchfink

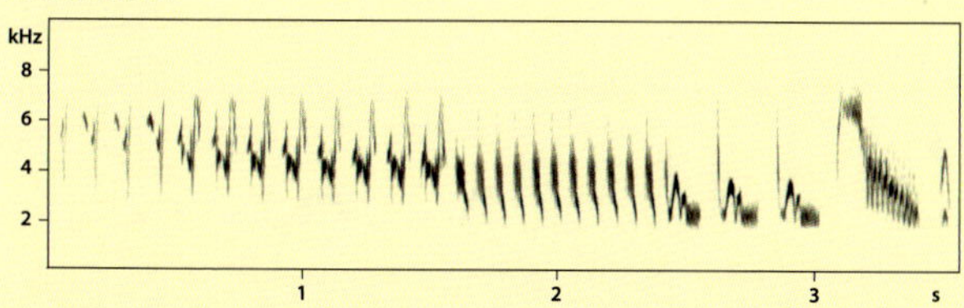

zugeordnete Tonaufnahme: | richtige Tonaufnahme: | Sonagramm-Nr.:

Lebensraum E:
Wiese

Feldlerche

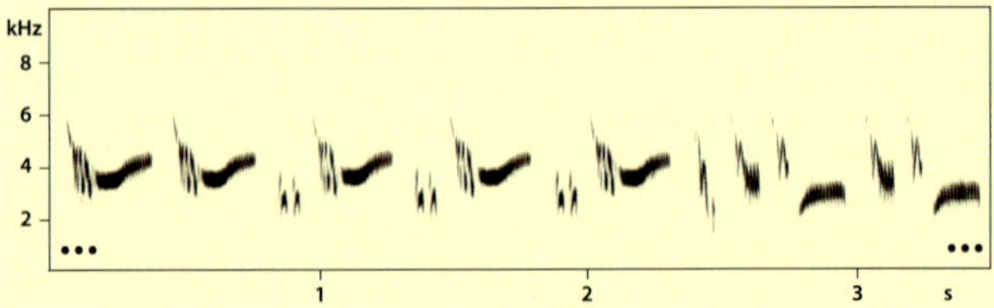

zugeordnete Tonaufnahme: | richtige Tonaufnahme: | Sonagramm-Nr.:

Feldschwirl

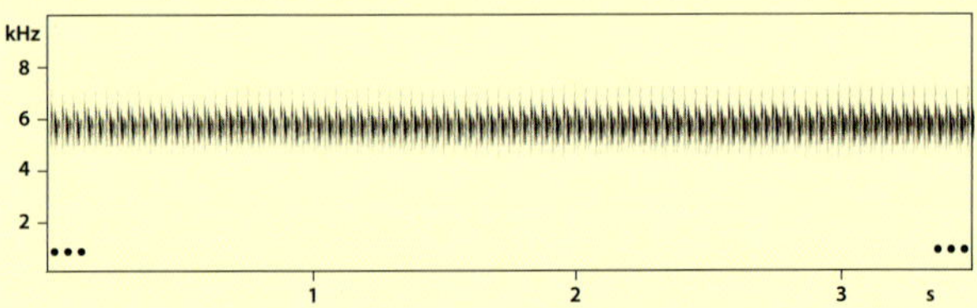

zugeordnete Tonaufnahme: | richtige Tonaufnahme: | Sonagramm-Nr.:

Sumpfrohrsänger

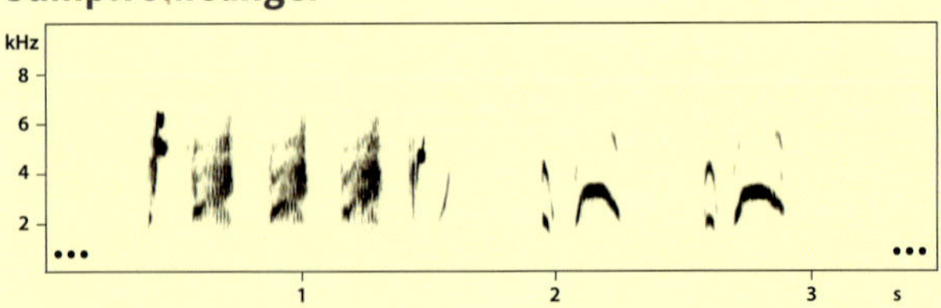

zugeordnete Tonaufnahme: | richtige Tonaufnahme: | Sonagramm-Nr.:

Brachvogel

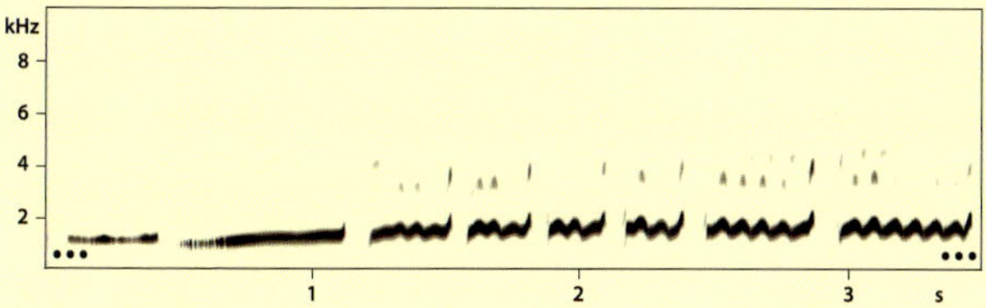

zugeordnete Tonaufnahme:

richtige Tonaufnahme:

Sonagramm-Nr.:

Rotschenkel

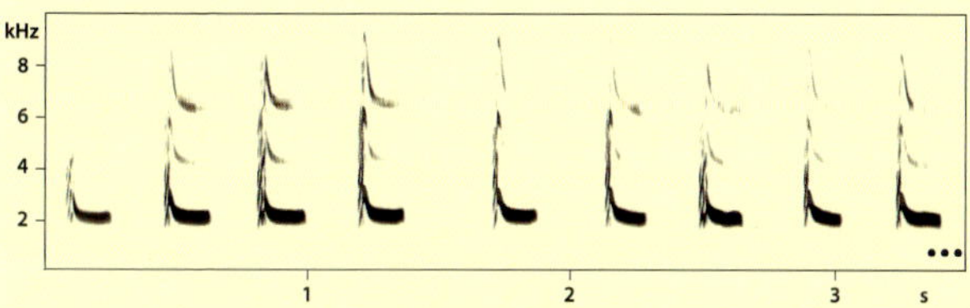

zugeordnete Tonaufnahme:

richtige Tonaufnahme:

Sonagramm-Nr.:

Den Rotschenkel findet man auf feuchten Wiesen, auf Salzwiesen an der Küste und an Gewässern.

Lebensraum F:
Gewässer und Feuchtgebiete

Wasseramsel

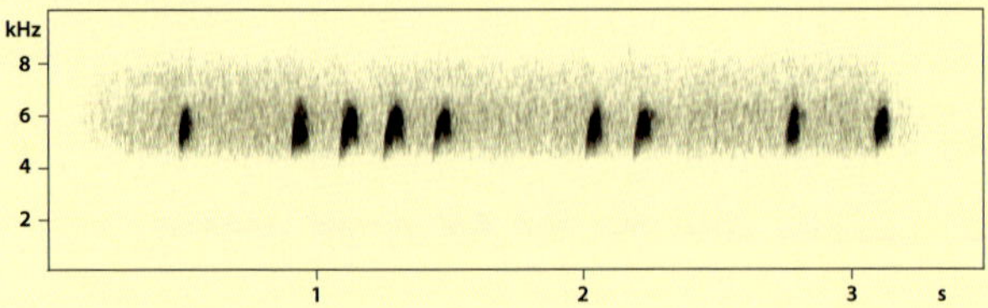

zugeordnete Tonaufnahme: | richtige Tonaufnahme: | Sonagramm-Nr.:

Gebirgsstelze

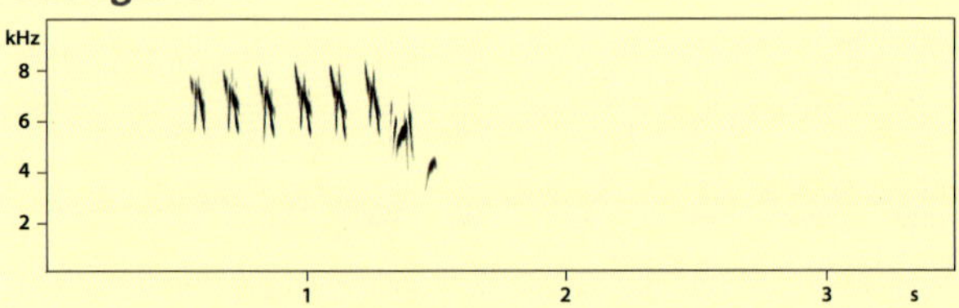

zugeordnete Tonaufnahme: | richtige Tonaufnahme: | Sonagramm-Nr.:

Blaukehlchen

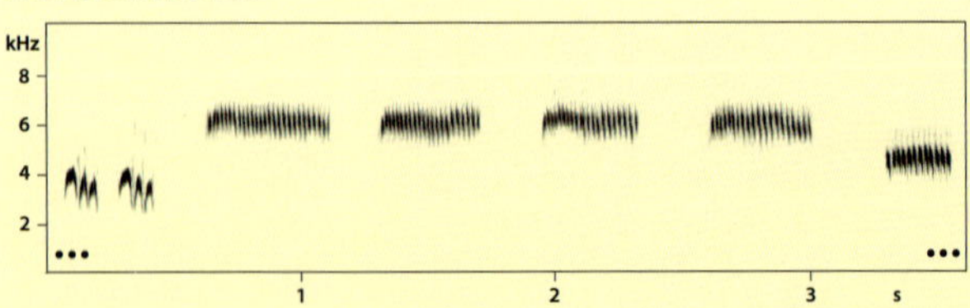

zugeordnete Tonaufnahme: | richtige Tonaufnahme: | Sonagramm-Nr.:

Flussuferläufer

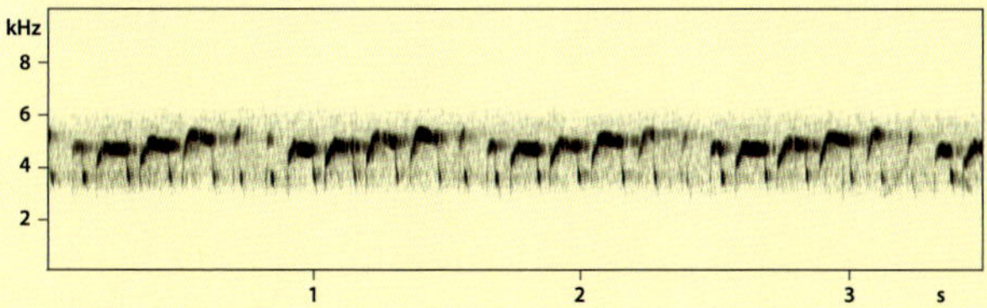

zugeordnete Tonaufnahme: | richtige Tonaufnahme: | Sonagramm-Nr.:

Rohrdommel

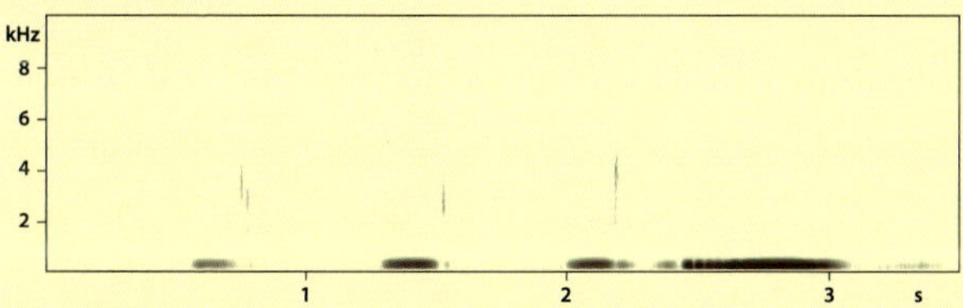

zugeordnete Tonaufnahme: | richtige Tonaufnahme: | Sonagramm-Nr.:

Rohrschwirl

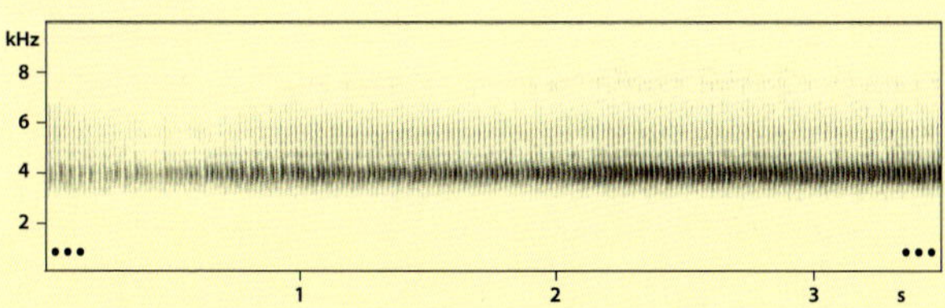

zugeordnete Tonaufnahme: | richtige Tonaufnahme: | Sonagramm-Nr.:

Lösung zu „Üben und Prüfen“

Art	Tonaufnahme	Sonagramm-Nr. Kapitel 8
Lebensraum A: Wald		
Singdrossel	A2	75, 76
Trauerschnäpper	A5	160
Zaunkönig	A6	57
Waldlaubsänger	A1	52
Kuckuck	A7	20
Schwarzspecht	A3	42
Grünspecht	A8	38
Buntspecht	A4	44
Lebensraum B: Park und Garten		
Amsel	B7	98, 125
Gartenrotschwanz	B3	96, 97
Kleiber	B2	61, 62, 63
Blaumeise	B5	31
Kohlmeise	B1	71
Grünfink	B4	141, 142
Gartengrasmücke	B6	15, 73
Lebensraum C: Hecke und Gehölz		
Weidenmeise	C5	2, 84
Sumpfmeise	C3	56
Dorngrasmücke	C9	74, 102, 158
Mönchsgrasmücke	C2	103, 105
Klappergrasmücke	C6	53, 111
Nachtigall	C8	48
Sprosser	C1	49
Fitis	C7	51
Zilpzalp	C4	50

Art	Tonaufnahme	Sonagramm-Nr. Kapitel 8
Lebensraum D: Siedlung		
Haussperling	D1	24
Feldsperling	D4	25
Rauchschwalbe	D6	156
Gimpel	D5	94
Goldammer	D3	58, 59, 60
Buchfink	D2	114
Lebensraum E: Wiese		
Feldlerche	E3	146, 162
Feldschwirl	E2	33
Sumpfrohrsänger	E5	14, 113
Brachvogel	E1	150
Rotschenkel	E4	36, 37
Lebensraum F: Gewässer und Feuchtgebiete		
Wasseramsel	F4	67, 68
Gebirgsstelze	F3	65, 66
Blaukehlchen	F5	101
Flussuferläufer	F2	69, 70
Rohrdommel	F6	17
Rohrschwirl	F1	34

10 Bestimmungsschlüssel für Vogelstimmen

Vorbemerkungen

Bestimmungsschlüssel sind in der Biologie ein hilfreiches Werkzeug, um unbekannten Tier- oder Pflanzenarten den richtigen Artnamen zuordnen, sie „bestimmen" zu können. Ein Bestimmungsschlüssel ist im Prinzip dichotom aufgebaut, das heißt, er besteht aus einer Folge alternativer Entscheidungen. Dabei führt er vom Allgemeinen zum Besonderen, bis nur noch eine Art übrigbleibt. Grundsätzlich ist es natürlich möglich, einen solchen Schlüssel für sämtliche Lautäußerungen der Vögel Mitteleuropas zu erstellen, um auf diese Weise eine gehörte Stimme der richtigen Art zuordnen zu können. Dazu müssen die Vogellaute anhand von Strukturmerkmalen in Merkmalsklassen eingeteilt werden, über die sie im Schlüssel erreichbar sind. In der Praxis ist dies jedoch angesichts der Vielzahl der heimischen Vogelarten und der Vielfalt ihrer Rufe und Gesänge ein durchaus schwieriges und wenig praktikables Unterfangen. Schon der Gebrauch „normaler" Bestimmungsschlüssel, bei denen Entscheidungen zwischen objektiv unterscheidbaren äußerlichen Merkmalen – etwa der Anzahl und Farbe der Blütenblätter einer Pflanze, der speziellen Aderung eines Libellenflügels oder der Form des Halsschildes eines Käfers – getroffen werden müssen, ist für Einsteiger nicht immer leicht, weil ihnen die Erfahrung mit den häufig unauffälligen Merkmalen fehlt und erst durch regelmäßigen Gebrauch eines solchen Schlüssels und die Kenntnis von Vergleichsarten erworben werden kann. Erst recht gilt dies für einen Bestimmungsschlüssel für Vogelstimmen. Neben der fehlenden Erfahrung erschwert ganz besonders eine subjektiv unterschiedliche Wahrnehmung der akustischen Phänomene und häufig auch die individuelle Variabilität der Vogelstimmen die zielführende Benutzung eines solchen Schlüssels. Neben mehr oder weniger detaillierten Übersichtstabellen (z. B. bei Voigt 1961) gibt es daher nur ganz wenige Versuche, einen Bestimmungsschlüssel wenigstens für eine Auswahl von Vögeln zu erstellen. So haben sich z. B. Lille, Rehfeldt & Rüppell (in Peterson 1979, mit © 1981) auf Rufe und Gesänge häufiger und charakteristischer Vogelarten des mitteleuropäischen Binnenlandes beschränkt.

Auf der Grundlage langjähriger eigener Erfahrungen haben wir zwei unterschiedliche Bestimmungsschlüssel erstellt. Sie unterscheiden sich nicht nur durch die Anzahl der jeweils berücksichtigten Vogelarten. Der erste Schlüssel ist nach der Art eines „klassischen" Bestimmungsschlüssels (s. o.) aufgebaut. Hierbei wird man durch eine Reihe alternativer Fragen nach bestimmten Merkmalen über ein Ziffernsystem systematisch zum Ziel, zum Namen einer Art geführt. Mit diesem Schlüssel lassen sich die Gesänge sowie (bei Amsel und Kleiber) auch die häufig zu hörenden markanten Rufe der 22 häufigsten Brutvogelarten Deutschlands bestimmen. Gemessen an der Gesamtzahl an Revierpaaren stellen diese rund 80 Prozent aller bei uns brütenden Vögel dar – ein guter Grundstock also für den Einstieg in die Vielfalt der Vogelstimmen. Diese Arten und ihre Lautäußerungen werden außerdem im Kapitel 11 ab S. 186 ausführlich vorgestellt, was sowohl den Lernerfolg steigert als auch eine Kontrolle des Bestimmungsergebnisses erleichtert.

Will man die Gesänge und Rufe weiterer Vogelarten auf diese Weise identifizieren oder auch nur die Vielfalt an Lautäußerungen der 22 häufigsten Arten, stößt man mit einem klassischen Bestimmungsschlüssel schnell an die Grenzen der Praktikabilität. Zu unübersichtlich wird ein solcher Schlüssel, zu groß wird wegen oft subjektiv schwieriger Entscheidungen über die Zuordnung der gehörten Rufe oder Gesänge zu bestimmten Merkmalsklassen die Unsicherheit der richtigen Bestimmung. Darunter leidet dann zwangsläufig auch die Motivation, sich mit dieser Methode weiter zu beschäftigen. Wir haben daher einen weiteren Bestimmungsschlüssel erstellt, der in einer verkürzten Form eine Übersicht über die Lautäußerungen von insgesamt 54 Vogelarten gibt, denen man in Stadt und Dorf, in Gärten und Parks mehr oder weniger häufig begegnen kann. Darin sind auch die meisten der 22 häufigsten Arten berücksichtigt, soweit sie in den genannten Lebensräumen vorkommen. Ausführliche Porträts dieser 54 gefiederten Nachbarn finden sich in „Das große Buch der Gartenvögel" (Westphal 2018).

Dieser zweite Schlüssel ist quasi eine Art Vorstufe zu einem klassischen Bestimmungsschlüssel: Auch hier findet man unterschiedliche Merkmalsklassen, die aber weniger differenziert sind und daher vielfach jeweils eine ganze Reihe von Vogelarten und ihre Stimmen umfassen. Im Gegensatz zum ausführlichen ersten Schlüssel wird man hier in der Regel nicht systematisch zu nur einer Art geleitet, sondern hat jeweils mehrere zur Auswahl. Letztendlich sollte aber dieser Kurzschlüssel ebenso gut zum Ziel führen wie der klassische Bestimmungsschlüssel. In jedem Falle ist er besser geeignet, um eine größere Anzahl von Vogelarten und ebenso verschiedene Lautäußerungen innerhalb einer Art auf diese Weise identifizieren, sie anhand ihrer Stimmen richtig „ansprechen" zu können, wie die Vogelkundler sagen. Die nachfolgenden Bestimmungsschlüssel mögen auch als Beispiel und Anregung dienen, sich einen eigenen Bestimmungsschlüssel nach individuellen Ansprüchen selbst herzustellen, abzuwandeln oder zu erweitern (s. S. 184).

Beide Schlüssel sind gezielt auf die Ansprüche und Hörfähigkeiten von Menschen ausgerichtet, die sich mit Vogelstimmen noch nicht so gut auskennen. Sie stellen daher einen Kompromiss zwischen Praktikabilität und wissenschaftlicher Exaktheit dar. Erfahrene Vogelstimmenkenner mögen uns nachsehen, dass die Klassifizierung der einzelnen Lautäußerungen vielleicht nicht in jedem Falle der gewünschten Genauigkeit genügt, dafür aber Kriterien benutzt, die auch ein Laie im Freiland nachvollziehen kann. Wichtig zu bemerken: Die vorgestellten Varianten sind jeweils nur eine von unterschiedlichen Möglichkeiten, Vogelstimmen nach bestimmten Merkmalsklassen zu sortieren und daraus einen praktikablen Bestimmungsschlüssel zu erstellen.

Hilfreich für die Benutzung ist es in jedem Falle, wenn man die Stimmen von Vergleichsarten wie etwa Amsel oder Zaunkönig sicher zu erkennen vermag. Diese bringen den Benutzer häufig wieder auf den richtigen Weg zurück, wenn er sich bei einer Entscheidung vertan hat und zu einem offensichtlich falschen Ergebnis gelangt. Dann führt die Entscheidung für eine andere Alternative an einer Schlüsselstelle vermutlich im zweiten oder vielleicht auch erst im dritten Anlauf zu der gewünschten richtigen Lösung. Sofern eine Vogelart in beiden Schlüsseln berücksichtigt ist, kann man natürlich auch das mit einem der Schlüssel erzielte Bestimmungsergebnis mithilfe des jeweils anderen kontrollieren. Grundsätzlich gilt: Je mehr Erfahrung man gewinnt, desto leichter und sicherer gelingt die Bestimmung unbekannter Vogelstimmen. Die Richtigkeit der jeweiligen Bestimmung sollte man in jedem Fall anhand der Tonaufnahmen und Filme in den QR-Codes und in anderen Quellen überprüfen. Auf umfangreichere Sammlungen von Tonaufnahmen, die man zum Vergleich heranziehen kann, wird im Quellenverzeichnis (ab S. 230) verwiesen.

Bestimmungsschlüssel für die Gesänge der 22 häufigsten Brutvogelarten Deutschlands

Dieser Schlüssel bezieht sich nur auf Gesänge (und wenige markante Rufe) derjenigen 22 Vogelarten, die in Kapitel 11 (S. 186 ff.) eingehend besprochen werden.

1 Einfach strukturiert (Struktur der Lautäußerungen leicht erfassbar, gut zu differenzierende Einzellaute oder Gesang aus regelmäßig wiederholten, mehr oder weniger stereotypen Strophen oder Lautfolgen) **2**

— Komplex strukturiert (Struktur der Lautäußerungen nicht leicht zu erfassen, häufig sehr abwechslungsreiche, mitunter kontinuierlich klingende Gesänge aus sehr unterschiedlichen Lauten oder mit verschiedenartigen Strophen) **19**

2 Lautfolgen aus gut heraushörbaren Einzellauten, die für das menschliche Empfinden keine klar abgegrenzten, einprägsamen Strophen bilden **3**

— Mehr oder weniger identisch klingende, regelmäßig wiederholte und klar abzugrenzende Strophen; Einzellaute mehr oder weniger gleichartig oder verschiedenartig und zu komplexer klingenden Lautfolgen verschmolzen **12**

3 Lautfolgen aus wiederholten gleichartigen oder zumindest ähnlich klingenden Lauten **4**

— Lautfolgen aus deutlich unterschiedlich klingenden, jeweils mehrfach wiederholten Elementen, häufig geräuschhafte Laute eingestreut **11**

4 Gesang eine mehr oder weniger lange Folge von variablen tschilpenden oder zilpenden Lauten **5**

— anders **6**

5 tschilpende Laute: Tschilp, tschelp, tschilipp, tschirepp o. ä. in wechselnder Folge **Haussperling, Spatz**

— Gesang eine etwas „klimpernd" klingende Lautfolge wie „zilp zalp zip zelp zlp zalp ...", häufig beendet oder unterbrochen von zwei oder drei „trr trr"-Lauten **Zilpzalp**

6 zwei- oder dreisilbige rhythmisch gleichmäßig klingende Lautfolgen (rhythmisch „auf- und absteigende“ Silben) **7**

— Lautfolgen aus gleichartigen, einsilbigen Lauten, nicht selten rhythmisch ungleichmäßig klingend **10**

7 laut und auffallend **8**

— leise und unauffällig **9**

8 temperamentvolles „tiu tiu tiu...“ (oder „wiu“), „tüi tüi tüi ...“ **Kleiber** (Reviergesang)

— metallisch klingende Lautfolgen wie „zizidäh zizidäh...“, „titü titü titü...“, „tidl tidl tidl...“, die pro Strophe vielfach wiederholt werden, bevor ein anderer Strophentyp vorgetragen wird **Kohlmeise**

9 Gesang zweisilbig, zart „wize wize wize...“, auch „zewi zewi zewi...“, selten dreisilbig „wizewi wizewi...“ Erinnert in der Rhythmik an Kohlmeise, aber viel leiser, weniger abwechslungsreich und ohne metallischen Klang **Tannenmeise**

10 „duck duck...“ sich mit zunehmender Erregung in Lautfrequenz, Lautstärke und „Dringlichkeit“ steigernd: „duckduckduckduck..., auch enervierend schrill „tix tix tix...“ **Amsel** (Alarmrufe)

— laut schallendes „twit twit twit twitwitwit twit...“ **Kleiber** (Rufe)

— schnell gereihtes „wieherndes“ oder „lachendes“ „wiwiwiwiwiwi...“ **Kleiber** (Trillergesang)

11 Gesang aus verschiedenen, „klingelnden“ und geräuschhaft „rülschenden“ Lauten zusammengesetzt, etwa: „gügügügügü djingdjingdjing gügügü schrüüääh zjingzjingzjing...“ **Grünfink**

12 Strophen aus mehr oder weniger gleichartig klingenden Lauten **13**

— Strophen aus deutlich unterschiedlich klingenden Lauten, die zu komplexeren Melodien verschmelzen können **19**

13 tief gurrender Klang, wiederholte fünfsilbige Motive „gru gruu gruu gru gruh“ (einleitend viersilbig, letztes Motiv meist abgeschlossen mit kurzem, abgesetztem „gu“) **Ringeltaube**

— anders **14**

14 Gesang sehr hochfrequent, wispernd und „nadelspitz“ **15**

— anders **16**

15 Gesang auf- und absteigend („galoppierend“) mit Endschnörkel: „sisi titisiss titisiss titisiss titisiüh“ **Wintergoldhähnchen**

— feine, zum Ende leicht ansteigende Lautfolge: „sisisisisisiieh“ **Sommergoldhähnchen**

16 Strophen enden zumeist mit kurzem Triller oder gedehntem Laut **17**

— anders **18**

17 glockenhelle Strophen mit feinem Triller: „zizi zihihihihi“ **Blaumeise**

— stereotype Strophen aus kurzen, gereihten Lauten (in tieferer Tonlage als bei Blaumeise) mit gedehnter Endung (letztere kann mitunter auch fehlen!): „zizizizizi – (zi) ziiieh“ („Wie wie wie hab‘ ich dich liiieb!“) **Goldammer**

18 Eilige, hochtonige Strophe mit rasch wechselnden Frequenzen, erinnert an quietschendes Wagenrad **Heckenbraunelle**

— Sanft „abwärts schwebende“, etwas wehmütig klingende Strophen **Fitis**

19 Gesang in deutlich erkennbare, durch mehr oder weniger lange Pausen voneinander getrennte Strophen gegliedert **20**

— Gesang mehr oder weniger kontinuierlich **28**

20 Gesang ohne volltönende Flötenmotive **21**

— Gesang mit volltönenden Flötenmotiven **24**

21 Gesang laut schmetternd **22**

— anders **23**

22 Schmetternde Kurzstrophe („Ich ich ich bin drrr Unteroffizihier!“), kann individuell und regional variieren **Buchfink**

— Längere Gesangsstrophe aus schmetternden und rollenden Tönen („Ich ich ich bin drrrr König, zi zi zi bin bin drrrr König, bin ich ich!“) **Zaunkönig**

23 hochtonige, „silberhell perlende“, variable Strophen von „lieblichem“ Klangcharakter, am Strophenende sacht ausklingend **Rotkehlchen**

24 zahlreiche kurze, extrem unterschiedliche Motive aus flötenden, schnarrenden und schnirkenden Lauten, jedes Motiv jeweils zwei- bis viermal hintereinander wiederholt **Singdrossel**

— anders **25**

25 Gesang mit deutlichen Tonsprüngen **26**

— Gesang mit nur geringen Tonsprüngen **27**

26 volltönender, getragen und „feierlich" klingender, sehr abwechslungsreicher Flötengesang, am Ende einer Strophe oft mit kurzen, schnirkenden Elementen **Amsel**

— Strophen gegliedert in leiseren, mehr oder weniger anhaltend „schwatzenden" Vorgesang und anschließendes „jubilierendes" volltönend flötendes Crescendo („Überschlag") in Sopranstimmlage **Mönchsgrasmücke**

27 längerer, angenehm „plaudernder" oder „schwatzender" Gesang in flötender Altstimmlage, bei Vollgesang meist nur kurze Pausen zwischen einzelnen Strophen, dann fast kontinuierlich wirkend **Gartengrasmücke**

28 Sehr abwechslungsreicher Gesang aus pfeifenden, knackenden, rätschenden und schnalzenden Lauten mit zahlreichen Imitationen fremder Vogellaute, anderer Tierstimmen oder technischer Geräusche, klingt oft ausgeprägt zweistimmig **Star**

— Oft minutenlang anhaltender, angenehm „tirilierender" Gesang ohne hörbare Pausen, fast stets im Fluge aus großer Höhe über offener Landschaft vorgetragen **Feldlerche**

Kurzschlüssel für Rufe und Gesänge 54 häufiger Vogelarten

Lautäußerungen einfach strukturiert, leicht zu erfassen (Gesänge und Rufe) **1 – 5**

Lautäußerungen komplex, nicht so leicht zu erfassen (durchweg Gesänge) **6 – 7** (ab S. 181)

1. Einzellaute (wenn wiederholt, dann meist mit deutlichen, häufig unregelmäßig langen Pausen)

1.1 Laut, auffällig

Haussperling (Gesang)
„tschilp tschilp ..."

Feldsperling (Gesang)
„tschep tschep ..."

Buchfink (Alarmruf) oder **Kohlmeise** (Ruf)
„pink" (bei Erregung auch gereiht)

Buchfink („Regenruf")
ausdauernd „wrüt", „hüid" o. Ä. (variiert regional)

Buntspecht (Ruf)
hartes „kix"

Dohle (Ruf)
klangvolles „kjack"

Rabenkrähe/Nebelkrähe (Rufe)
rau „kraah" in verschiedenen Abwandlungen

Saatkrähe (Rufe)
„oarrr orrr arrr" (mehr sonor quarrend als Raben- und Nebelkrähe)

Eichelhäher (Ruf)
durchdringend lärmend „räätsch"

Mehlschwalbe (Flugrufe)
geräuschhaft „tschrrt" oder „prrt"

Schleiereule (Gesang)
schnarchend-kreischend „chrüüü", nur nachts zu hören

Waldohreule Jungvogel (Standort- und Bettelrufe)
durchdringend fiepend „hiiiit", nachts unablässig wiederholt

1.2 Leise, unauffällig

Gimpel (Dompfaff) (Ruf)
sanft pfeifend „dü“ oder „djü“

Zilpzalp (Ruf)
sanft „hüid“, nahezu einsilbig klingend

Schwanzmeise (Rufe)
schnurrend „tschürrrb“, kurz und tonlos „pt“

Kernbeißer (Ruf)
scharfes „zicks“, meist hoch aus Baumkronen

Grauschnäpper (Rufe und Rufgesang)
leise aber durchdringend, geräuschhaft bis tonlos „zrt“, „zzt“ o. Ä.

Waldohreule Männchen (Gesang)
dumpf stöhnend „huu“, nachts

Waldohreule Weibchen (Gesang)
heiser klagend-stöhnend „chää“, nachts

Waldkauz Jungvogel (Standort- und Bettelruf)
heiser schnarchend-fauchend „(ä)chäät“, nachts, mitunter zweisilbig klingend

2. Doppellaute (oft mit deutlichen, häufig unregelmäßig langen Pausen wiederholt)

Straßentaube (Gesang)
gurrend „grugruuh“

Eichelhäher (Alarmrufe)
durchdringend lärmend „rätsch-ätsch“, auch länger wiederholt

Amsel Jungvogel (Standort- und Bettelruf)
scharf „tschizick“, auch dreisilbig „tschizizick“

Bachstelze (Rufe und Rufgesang)
„zilipp“, „ziwit“ o.Ä.

Waldkauz Weibchen (Ruf)
gellendes „“kuwitt“, „kuwick“ oder „giwick“, nachts

Waldkauz Jungvogel (Standort- und Bettelruf)
heiser schnarchend-fauchend „ächäät“, nachts, mitunter einsilbig klingend

3. Doppellaute in regelmäßiger Wiederholung als Strophengesang

Tannenmeise (Gesang)
hohes, feines „wize wize wize ..."

Kohlmeise (Gesang)
variabel, oft mit metallischer Klangfärbung: „titü titü titü titü..." – „dide dide dide"...

4. Einfache Lautfolgen aus gleichartig klingenden Lauten

4.1 Einzellaute gut herauszuhören

4.1.1 Laut, auffallend

Türkentaube (Gesang)
dreisilbig klangvoll „bubuu-ku ..."

Ringeltaube (Gesang)
fünfsilbig, tief gurrend „grugruu gruu grugru ..."

Elster (Rufe)
geräuschhaftes „schackschack schackschackschack" (ähnlich auch **Wacholderdrossel,** Flugrufe)

Kleiber
schallend „tuit tuit tuit tuit..." (Rufe) oder gellende Pfiffe "wiit wiit wiit wiit" (Reviergesang)

Amsel (Alarmrufe, „Ducken")
„duk duk duk duk..."

Amsel (hoch erregte Alarmrufe, „Tixen")
enervierend und anhaltend „tix tix tix tix..."

Zilpzalp (Gesang)
monotone anhaltende Lautfolgen aus Einzelelementen wie „zip zalp zilp zalp zip zelp zilp zalp zlp zalp", oft eingeleitet oder beendet durch meist zwei Rufe wie „tzr tzr". Strophenlänge variabel

Mauersegler (Rufe)
durchdringendes, schrilles „sriiieh sriiiih..."

Waldkauz Männchen (Gesang)
dumpf tremolierend „huuu - huhuhuhuuh", nachts

4.1.2 Leiser, oft hochtonig klingend

Rotkehlchen (Alarmruf, „Schnickern“)
schnell gereihtes „zick zick zick zickzick zickzickzick...“

Rauchschwalbe (Rufe)
fröhlich klingendes „wit wit wittwitt witt wittwidewitt...“, oft auch im Fluge zu hören

Gartenbaumläufer (Gesang)
stereotype Strophe: „tütü tititiroititit“

Wintergoldhähnchen (Gesang)
„galoppierende“ Lautfolge mit Endschnörkel: „si titisiss titisiss titisiss sitü“

4.2 Sehr schnelle Lautfolge, Einzelsilben scheinen zu verschmelzen

4.2.1 Laut, auffallend, oft durchdringend

Turmfalke (Ruf)
schrill „kikikikiki...“

Grünspecht (Gesang)
laut schallendes „Gelächter“ wie „kjückjückjückjückjück“

Kleiber (Balzgesang)
Lachend oder wiehernd „wiwiwiwiwiwi...“

4.2.2 Leise oder weniger auffallend

Blaumeise (Gesang)
hochtonig trillernd: „zizi zihihihihi“

Sumpfmeise (Gesang)
klappernd „tzjedzjedzjedzjed...“

Klappergrasmücke (Gesang)
„lüplüplüplüplüplüplüp“

Sommergoldhähnchen (Gesang)
Sehr fein, ansteigend „sisisisisisisi“

Kohlmeise (Alarmrufe, ähnlich auch **Blaumeise**)
zeternd „zerretetetetet“

5. Einfache Lautfolgen aus verschiedenartigen Lauten

Kohlmeise (Gesang)
rhythmisch wiederholte, sehr variable Strophen, oft mit metallischer Klangfärbung:
„zizidäh zizidäh“... – „zizibüit“ – „tidl tidl tidl tidl“ o. Ä.

Sumpfmeise (Rufe, ganz ähnlich auch **Kohlmeise**)
„psitjädät – psitjädädät“

Stieglitz (Distelfink) (Rufe)
„stigelitt, tigglitt, stigtiggelitt“ o. Ä.

Grünfink (Gesang)
Wechsel von klingelnden und geräuschhaften Lauten, mitunter fledermausartiger Singflug:
„gügügügü tjingtjingtjingtjing sriijeeh tschääih“ ...

Lautäußerungen komplex, nicht so leicht zu erfassen (durchweg Gesänge)

6. Gesang strophig gegliedert, deutliche Pausen zwischen einzelnen Strophen

6.1 Einzelne Strophen untereinander gleich klingend

6.1.1 Gesang mit misstönend geräuschhaften, rau knirschenden Passagen

Hausrotschwanz
Gesang aus schrill quietschend-flötenden und knirschenden Lauten wie „hitititit – kchrchrchr – hiiitititi“, meist von Hausdächern aus vorgetragen

6.1.2 Gesang ohne misstönend geräuschhafte, rau knirschende Passagen

Zaunkönig
sehr lauter Schmettergesang mit hart rollenden Trillern:
„Ich, ich, ich bin drrrr König, bin ich ich, zi zi zi bin drrr König, bin ich, ich!“

Buchfink
schmetternde Kurzstrophe mit unterschiedlichem Endschnörkel:
„Ich, ich, ich bin drrr Unteroffizihier!“

Heckenbraunelle
eilige, schrill quietschende, kurze Zwitscherstrophe: „Ich lispel und wispel und fistel, bis Christel mich will!“

Girlitz
hoher, klirrend-scherbelnder Gesang, mitunter in fledermausartigem Singflug vorgetragen. Gesang klingt, als ob man mit einer Scherbe anhaltend auf einer Glasscheibe kratzt.

6.2 Strophen deutlich variabel

6.2.1 Gesang besteht ganz überwiegend aus flötenden Lauten

Amsel
klangvolle, feierlich getragene Flötenmotive

Misteldrossel
weniger volltönend, etwas leiernd, kurze Strophen: „düdlü düdlülü didli, didlililü“...

Gartenrotschwanz
weiche, gezogene Flötentöne, gefolgt von variablem Schlussteil, der nicht selten auch Imitationen enthält: „hiidlüdlüdlüt – lüdlüdlüid“

Mönchsgrasmücke
leiser Vorgesang mit anschließendem „jubilierenden“ Überschlag

Gartengrasmücke
lang anhaltender flötend-schwätzender Gesang

6.2.2 Gesang enthält neben Flöten- oder Pfeiftönen auch zahlreiche andere, teils geräuschhafte Laute

Singdrossel
sehr laut, sehr variable Motive, jeweils zwei- bis viermal wiederholt

Nachtigall
sehr lauter, auffallender Strophengesang mit „schluchzenden“ Flötentönen und hart schlagenden Lauten.

6.2.3 Gesang ohne flötende oder pfeifende Laute

Rotkehlchen
silberhell perlender melancholischer Gesang mit hohen und höchsten Tönen

Trauerschnäpper
Gesang mit rhythmischem Tonwechsel, eingeleitet durch „psi-tschu tschitschu tschitschu".

7. Gesang mehr oder weniger kontinuierlich, ohne deutliche Strophengliederung

7.1 Gesang enthält zahlreiche, meist gut zu erkennende Imitationen

Star
Bauchrednerisch schwatzend mit pfeifenden und knackenden Lauten

Gelbspötter
Gesang klingt teils angenehm plaudernd, teils schneidend. Eingestreutes „wiierd wiierd wiierd", „wiierzeck" oder „trtrt-wiierd" kennzeichnend

7.2 Gesang ohne leicht herauszuhörende Imitationen

Rauchschwalbe
angenehm zwitscherndes Geplauder mit eingestreuten schnurrenden Lauten:
„Wollte meine Jacke flicken, hatte kein' Zwirrrrn, fand nur ein Endchen, da musst' ich lang zerrrrn!"

Bluthänfling
Gesang beginnt mit klingelndem „gigigigi"..., gefolgt von eilig vorgetragenem Gemisch von Kurzlauten mit Trillern und gedehnten Elementen unterschiedlicher Tonhöhe, teils rein, teils geräuschhaft-nasal, langstrophig bis annähernd kontinuierlich

Stieglitz (Distelfink)
eilig vorgetragene Strophen beginnen mit Folge arttypischer Rufe wie „stigelitt", „tigglitt", „stigtiggelitt", gefolgt von verschiedenen Trillern und gedehnten nasal „knätschenden" Elementen, langstrophig bis annähernd kontinuierlich

Wie man sich einen Bestimmungsschlüssel selbst herstellt

Selbst gemacht ist immer besser, denn dann kann man nach eigenem Höreindruck und eigener Logik Merkmale und Kriterien festlegen, aus denen man dann einen individuellen Bestimmungsschlüssel erstellen kann. Dabei sollte man sich nicht dazu verleiten lassen, zu viele Arten auf einmal aufzunehmen. Für den Anfang mag es genügen, sich einen Schlüssel für den eigenen Garten oder den Park um die Ecke anzufertigen. Oder man wählt dafür Vögel eines bestimmten Lebensraumes wie Laubwald, Wiese oder Gewässer. Man beginnt damit, nach eigener Erfahrung und eigenem Bedarf Diagnosen für die Lautäußerungen der verschiedenen Vogelarten zu erstellen. Hierbei lernt man auch schon, genau hinzuhören. Klingt der Gesang rein oder geräuschhaft? Handelt es sich vielleicht nur um einen kurzen Ruf, der in Abständen und in gleicher Form wiederholt wird? Oder findet man ganz andere, individuell festgelegte Merkmale oder „Eselsbrücken“?

Beispiele für Kriterien zur Erstellung eines Bestimmungsschlüssels für Vogelstimmen (aus: Lille, Rehfeldt & Rüppell in Peterson et al. 1979)

Einfach strukturiert

- **Einzellaut**
  - Leise
  - Laut
- **Doppellaut**
- **Lautfolge**
  - Gleichartige Laute
  - mit Pausen
  - Tiefe Laute
  - Hohe Laute
  - ohne Pausen
  - Verschiedenartige Laute

Kompliziert strukturiert

- **Geringer Tonumfang**
  - Geräusche
- **Großer Tonumfang**
- **Konstante Lautmuster**

Variable Lautmuster

Vorwiegend weiche Laute

Vorwiegend klangvoll flötend

Vorwiegend harte Laute

ohne Geräusche

mit Geräuschen

extrem variabel (zum Teil mit Imitationen)

Die oben vorgestellten Bestimmungsschlüssel mögen weitere Hinweise und Anregungen für die Erstellung geeigneter Merkmalsklassen geben.

Die entstehenden Diagnosen schreibt man auf kleine Karteikärtchen (DIN A7), die man nun gruppieren kann: Alle Gesänge auf einen Haufen, alle Rufe auf den anderen. Dann geht es weiter. Bei den Gesängen sortiert man beispielsweise nach „rein klingend" und „geräuschhaft" oder „anders". Von hier aus geht es wieder weiter: „strophig" oder „kontinuierlich"? So kann man, wenn man die richtigen Merkmale festgelegt hat, die Diagnosekarten auf immer kleinere Häufchen verteilen, bis jede für sich allein liegt. Daraus kann man dann einen schematischen stammbaumartigen Bestimmungsschlüssel konstruieren. Statt der Karteikärtchen kann man natürlich auch den PC dafür benutzen. Manchmal hilft alles nichts: Man muss einen Gesang oder Ruf auf zwei Wegen erreichen können. Allerdings: Je mehr Arten man aufnehmen will, desto komplizierter wird das System. Andererseits übt es ungemein und schult die akustische Wahrnehmungsfähigkeit.

Typisch Amsel: singt morgens früh reintonige Strophen vom Dachgiebel aus.

11 Die 22 häufigsten Brutvogelarten und ihre Stimmen – eine Übersicht für den ersten Einstieg

Vorbemerkungen

Wer als Einsteiger Vögel und ihre Stimmen kennenlernen möchte, steht einer verwirrenden Vielfalt gegenüber: Allein in Deutschland gibt es derzeit 254 heimische Vogelarten, die hier regelmäßig brüten. Hinzu kommt noch eine Reihe eingebürgerter Arten fremdländischer Herkunft. Doch nicht alle sind gleich häufig: Rund 80 Prozent aller in Deutschland brütenden Vogelpaare (70-100 Millionen) entfallen auf nur 22 Arten. Wer also diese 22 Arten akustisch unterscheiden kann, hat schon mal einen ganz entscheidenden Schritt getan, um aus dem Vogelkonzert die wichtigsten und häufigsten Solisten herauszuhören. Manch einen mag dieser Grundstock bereits zufriedenstellen, anderen mag er ein Einstieg sein und einen Anreiz darstellen, weitere Vogelarten anhand der Stimme unterscheiden zu lernen.

Die Auswahl der hier vorgestellten 22 Arten ist das Ergebnis des „Atlas der deutschen Brutvogelarten“ (ADEBAR), für den in den Jahren 2005-2009 die Bestände aller Vogelarten ermittelt wurden. Die ursprüngliche Reihenfolge dieser Arten nach abnehmender Häufigkeit haben wir jedoch nicht übernommen. Aufbauend auf den Erfahrungen aus zahlreichen Vogelstimmen-Seminaren und Exkursionen für Einsteiger haben wir die Vogelarten im Wesentlichen nach steigendem Schwierigkeitsgrad der Gesänge gruppiert; zugleich ermöglicht diese Zusammenstellung auch den akustischen Vergleich zwischen nah verwandten oder ähnlich klingenden Arten. Berücksichtigt sind überwiegend Gesänge. So verschieden diese Gesänge bei den einzelnen Vogelarten auch klingen, so sind die Grundfunktionen stets dieselben: Für ein Männchen der gleichen Art lautet die Botschaft: „Hau ab, das ist mein Revier!“, für ein Weibchen dagegen: „Ich bin ein toller Bräutigam mit eigenem Grundbesitz – nimm mich!“. Daneben verfügen Vögel noch über eine Fülle verschiedener Rufe mit unterschiedlicher Funktion, etwa Alarmrufe, Lockrufe, Flugrufe, Bettelrufe und viele andere mehr (s. S. 23). Da die Rufe häufig nicht so leicht zu unterscheiden sind wie die Gesänge, wurden sie in den nachfolgenden Texten mit Ausnahme weniger Arten nicht berücksichtigt.

Jeder der nachfolgend beschriebenen 22 Vogelarten ist ein QR-Code zugeordnet, über den sich ein Kurzfilm mit schnabelsynchronen Aufnahmen abspielen lässt. Nach dem jeweiligen Gesang wird auch ein beispielhafter Ruf vorgeführt. Zusätzlich zum Ansehen und Anhören von Filmaufnahmen singender Vögel in ihrem natürlichen Lebensraum oder dem reinen Anhören von Tonaufnahmen gibt es eine ganze Reihe anderer Lernverfahren für Vogelstimmen, die in diesem Buch besprochen werden. In den nachfolgenden Artporträts haben wir beispielhaft verschiedene Informationen zusammengestellt: Beschreibungen des Klangcharakters der Stimmen, Umschreibungen mit Silben oder Merksprüche, dies alles verbunden mit Angaben zu Gesangszeiten, typischen Verhaltensweisen und nicht zuletzt auch Vergleichen mit ähnlich klingenden Gesängen. Ergänzend finden sich Angaben zu wichtigen äußeren Merkmalen, zum Lebensraum und zu Besonderheiten der einzelnen Vogelarten. Wer mehr Informationen wünscht, sei auf die Literatur und die sonstigen Quellen (s. S. 230) hingewiesen.

Ringeltaube

Gesang: Arttypisch ist ein fünfsilbiges gurrendes Motiv: gru-gruuu gruu - gru gru, jeweils im Abstand von kurzer Zeit wiederholt, woraus eine Strophe entsteht. Das erste Motiv einer Strophe ist meist nur viersilbig, an das letzte wird ein kurzes „gu" wie ein Schlusspunkt angehängt. Der Gesang wird von Bäumen oder Dächern aus vorgetragen. Er ist fast das ganze Jahr über zu hören, selbst im Hochsommer und Herbst, wenn sonst fast keine anderen Vögel mehr singen, ja sogar zur Jahreswende. Das beschriebene Gurren ist im wissenschaftlichen Sinn als Gesang zu werten. Auch Weibchen sollen singen können, doch ist darüber wenig bekannt.

Die Ringeltaube gehört zu den wenigen Vögeln, die den Schnabel beim Gesang fast nicht öffnen.

Lebensraum: Laubwälder, Parks, Gärten, brütet auch mitten in der Stadt.

Wissenswertes: Größte heimische Wildtaube (41-43 cm). Altvögel haben einen weißen Fleck an den Halsseiten und eine rötliche Brust. Alt- und Jungvögel zeigen im Flug auf der Flügeloberseite eine auffallende weiße Flügelbinde. Die Vögel überwintern meist im westlichen Mittelmeerraum und kehren ab Februar/März zurück. Die Ringeltaube ist der einzige Nichtsingvogel unter den Top 22 der heimischen Brutvögel.

Verwechslungsmöglichkeit: Der Gesang der ebenfalls häufig in Ortschaften vorkommenden Türkentaube setzt sich aus dreisilbigen, tief flötenden, manchmal unrein klingenden Motiven („bubuu-ku") zusammen.

Haussperling oder Spatz

Der **Gesang** ist das typische Tschilpen, monoton aus einer oder aus verschiedenen Silben bestehend: „tschilp schielp tschirrip tschirp tschili...". Er wird ausdauernd am Brutplatz in schadhaftem Mauerwerk, unter Dächern oder aus dichter Fassadenbegrünung vorgetragen, oft auch als Chorgesang aus Efeu, Hecken oder Gebüsch. Haussperlinge singen von März bis in den Sommer hinein, auch im Herbst nach der spätsommerlichen Mauser. Sie sind das ganze Jahr über präsent.

Lebensraum: Städte und Dörfer, brütet als ausgesprochener Kulturfolger in unmittelbarer Umgebung des Menschen, vorrangig an Gebäuden.

Wissenswertes: Männchen unterscheiden sich durch blaugrauen Scheitel, grauweiße Kopfseiten und zur Brutzeit schwarzen Latz von den unscheinbar graubraun gefärbten Weibchen. Standvogel, der regional unter starken Bestandsrückgängen leidet.

Der Jungvogel trägt ein schlichtes Gefieder wie das Weibchen.

Verwechslungsmöglichkeit: Der Gesang des Feldsperlings klingt ähnlich, die einzelnen Silben sind aber meist kürzer, „verwaschener" und vokalloser: „tschep tschlp tschl...". Sie klingen auch trockener und etwas hölzern. Dennoch ist manchmal eine optische Kontrolle angeraten: Feldsperlinge unterscheiden sich vom Haussperling durch schwarze Ohrflecken, braune Kopfkappe und weißes Nackenband. Beide Geschlechter sind gleich gefärbt.

Zilpzalp

Der **Gesang** ist eine monoton klingende rhythmische Abfolge von einfachen Silben in wechselnder Tonhöhe. Manchmal besteht die Strophe nur aus fünf Elementen, meist ist sie jedoch länger und kann 20 Elemente oder mehr erreichen. In den Gesang sind oft hölzern klingende Elemente eingefügt. Häufig wird er mit großer Ausdauer von Bäumen oder höheren Büschen aus vorgetragen: „zip zalp zip zalp zip zelp zilp zalp zilp zlp ... tzr tzr". Der Zilpzalp singt anders als die meisten Vogelarten nicht nur im Frühjahr, sondern – wenngleich weniger intensiv – auch an sonnigen Herbsttagen. Der kleine Vogel aus der Familie der Laubsänger singt seinen lautmalerischen Namen, daher ist der Gesang sehr einprägsam. Der Zilpzalp hat einen optischen Doppelgänger (siehe Fitis), aber die Gesänge der beiden Arten sind sehr unterschiedlich.

Lebensraum: Lichte Laubmischwälder mit viel Unterholz, Hecken, größere Gärten, Parks und Friedhöfe, sofern sie deckungsreich und ausreichend sonnig sind.

Wissenswertes: Beide Geschlechter sind unscheinbar gelblich-graugrünlich, kleiner und schlanker als eine Blaumeise, lebhaft und oft wenig scheu. Die Vögel ziehen im Herbst in den Mittelmeerraum und kehren bereits im März zurück. In wintermilden Gebieten findet man einzelne auch in der kalten Jahreszeit.

Unscheinbar, klein, graugrün – aber mit bezeichnendem Gesang: der Zilpzalp

Fitis

Er ist im Freiland optisch kaum vom Zilpzalp zu unterscheiden, aber der **Gesang** ist völlig abweichend: eine weiche, melancholische, absinkende Tonfolge. Man kann sich dabei von der Melodie her ein zu Boden schwebendes Blatt vorstellen: „Fitis-sisi-sisihsisi-e-sisiä-sisisieh". Der Sänger wechselt zwischen mehreren leicht abweichenden Strophentypen.

Der Fitis singt meist aus dem Gebüsch heraus seine angenehm weiche, abfallende Strophe.

Lebensraum: Moorbirkenwälder, feuchte Waldlichtungen mit viel Baumjungwuchs, Weidengebüsche an Gräben. Er singt eher im Gebüsch, der Zilpzalp bevorzugt in Baumkronen. Der Fitis liebt es feuchter als der Zilpzalp, ist aber sonst ebenso anspruchslos.

Wissenswertes: Er ist ein ausgeprägter Zugvogel, der im tropischen Afrika südlich der Sahara überwintert; er kehrt Anfang bis Mitte April zu uns zurück, später als der Zilpzalp. Sein Verbreitungsgebiet erstreckt sich darüber hinaus weit nach Norden, bis in das nördlichste Skandinavien.

Goldammer

Der **Gesang** des populären Vogels besteht aus stereotypen Strophen wie zizizizizi-ziiieh. Ein bekannter Merkspruch lautet: „*Wie wie wie hab ich dich liiieb!*" Wenn der Sänger gestört wird, lässt er die gezogene Endsilbe weg. Es bestehen regional unterscheidbare Dialekte, vor allem bei diesen Endsilben, die zuweilen auch zu zweit auftreten. Das Männchen singt meist von erhöhter Warte aus, gern kleineren Bäumen oder größeren Büschen. Der Gesang ist ab März zu hören, oft bis weit in den Sommer hinein. Der Vogel singt im Gegensatz zu vielen anderen Vogelarten auch in der Mittagshitze.

Goldammern singen ihre Strophen vom frühen Frühling an bis weit in den Hochsommer hinein.

Lebensraum: Abwechslungsreiches Kulturland, Felder, Wiesen mit Hecken, Gebüsch, Baumreihen, Waldränder. Die Population ist durch intensive Landwirtschaft gefährdet.

Wissenswertes: Das Männchen ist durch goldgelben Kopf und ebensolche Brust unverkennbar, das Weibchen ist schlichter gefärbt. Als Stand- oder Strichvögel streifen Goldammern im Winter in Gruppen umher und finden sich gelegentlich auch an Futterstellen ein.

Buchfink

Dies ist die häufigste heimische Brutvogelart mit einem Anteil von zehn Prozent aller Brutreviere in Deutschland. Charakteristisch ist der **Gesang** der Männchen, der typische Finkenschlag, der am besten mit Merksprüchen zu umschreiben ist:

Bin, bin, bin ich nicht ein schöner Buchfink / Bräutigam?

Ich, ich, ich bin drrrr Unteroffizihiier!

Fritze, Fritze, Fritze, willste würzig's Bier?

Ich, ich, ich schrieb an die Regierung!

Fritz, Fritz, Fritz will wieder Zwetschg'n stehl'n!

Beim Buchfinken findet man ähnlich wie bei der Goldammer manchmal regionale Strophentypen; sie unterscheiden sich vor allem im Endschnörkel, sind aber immer als Finkenschlag erkennbar. Es gibt auch abweichende individuelle Strophen. Gesang ist meist schon ab Februar zu hören, anfangs oft noch unvollständig, das heißt die Strophen sind am Ende abgebrochen.

Wegen seiner Häufigkeit und seines auffallenden Gesangs leicht kennenzulernen: der Buchfink.

Lebensraum: Unterschiedlichste Waldtypen, Feldgehölze, Parks, Friedhöfe, auch größere Gärten mit Baumbestand („Wo ein Baum, da auch ein Buchfink.")

Wissenswertes: Das Männchen ist zur Brutzeit sehr bunt: Scheitel und Nacken sind blaugrau, Kopfseiten und Unterseite weinrötlich. Nach der sommerlichen Mauser sind die leuchtenden Farben durch beigefarbene Säume abgedeckt, die zum Frühjahr hin abbrechen. Kennzeichnend sind ganzjährig – auch beim grünbräunlich gefärbten Weibchen – zwei weiße Flügelbinden. Buchfinken sind Teilzieher: Alte Männchen bleiben meist hier, die meisten Weibchen und Jungvögel ziehen gen Süden oder Westen.

Grünfink

Der **Gesang** ist aus „klingelnden" und gedehnten „rülschenden" oder „schwunschenden" Lauten zusammengesetzt: „gügügügü srieejeh djingdjingdjingdjing gügügügü srieejeh ...". Meist wird er von Baumwipfeln aus vorgetragen, mitunter auch in auffallendem fledermausartigem Singflug; er ist ab Anfang bis Mitte März zu hören. Die gedehnten Elemente fehlen im Fluggesang, sie überwiegen, wenn der Vogel gestört wird.

Der Grünfink singt meist von hoher Warte aus auf einer Baumkrone.

Lebensraum: Grünfinken bewohnen halboffene, parkähnliche Landschaften mit Baumgruppen, gern Nadelhölzer, vor allem in Dörfern und Städten.

Wissenswertes: Stand- oder Strichvogel, der sehr regelmäßig an Futterstellen auftritt. Die Männchen sind grünlich mit gelber Flügelbinde, die auch das blassere Weibchen zeigt. Die Vögel sind in neuerer Zeit durch eine Infektionskrankheit gefährdet.

Kleiber

Dies ist ein sehr temperamentvoller Vogel mit auffallend lauter und teilweise schriller Stimme. Der **Gesang** ist variabel: ein schnell trillerndes „wiwiwiwiwiwi....“ („Lachen“) oder laut pfeifendes „wiiit wiiit wiiit wiiit ...“ oder auch „wiü wiü wiü ...tiü tiü tiü...“, bei stärkerer Erregung die Silben am Ende hochgezogen wie „tui tui tui...“. Jeder Sänger wechselt zwischen verschiedenen Strophentypen. Der Kleiber wird oft schon im ausgehenden Winter stimmlich aktiv und singt oder ruft meist hoch aus alten Bäumen. Die hauptsächlichen Rufe bestehen aus einem schallenden und explosiven „twit twit twit ...“ oder „tuit tuit tuit tuit ...“.

Am Futterplatz hört man vom Kleiber zuweilen Alarmrufe.

Lebensraum: Wälder, Parks, Friedhöfe mit altem Baumbestand, auch in Gärten. Als ausgesprochener Baumbewohner bevorzugt er Bäume mit rissiger Borke, in deren Ritzen er nach Insekten und Spinnen stochert oder auch hartschalige Früchte festklemmt, die er dann aufhackt (Kleiberschmiede).

Wissenswertes: Der Kleiber ist ein häufiger Standvogel. Er ist etwas größer und kräftiger gebaut als eine Kohlmeise. In beiden Geschlechtern ist er unverkennbar durch blaugrauen Rücken und orangebeige Unterseite. Die Männchen haben kastanienbraune Flanken. Er klettert hurtig an Baumstämmen hoch und als einzige heimische Vogelart kopfunter abwärts. Er wird auch Spechtmeise genannt, obwohl er nicht mit den Meisen und als Singvogel schon gar nicht mit den Spechten direkt verwandt ist.

Blaumeise

An der Futterstelle singt die Blaumeise nicht, lässt aber hin und wieder kurze, hochtönende Rufe hören.

Der **Gesang** ist eine hohe, feine Trillerstrophe, eingeleitet durch kurze Silben: „zizi zihihihihi...“. Er erklingt – je nach Wetterlage – bereits im ausgehenden Winter, ab Mai ist er dagegen kaum mehr zu hören.

Lebensraum: Gärten, Parks, Wälder mit Angebot an natürlichen oder künstlichen Nisthöhlen, Standvogel und häufiger Gast an Futterstellen.

Wissenswertes: Unverkennbar durch blaue Zeichnung von Oberkopf und Flügeldecken. Die Geschlechter sind gleich gefärbt. Die Bauchmitte zeigt einen dunklen Längsstreif, der aber viel schwächer ausgeprägt ist als bei der Kohlmeise.

Kohlmeise

Der strophige **Gesang** ist variabel, sowohl beim Individuum als auch zwischen Individuen und geographisch. Die Motive sind in der Regel zwei- oder dreisilbig, oft mit durchdringend metallischem Klangcharakter. Einzelne Motive werden mehrfach bis häufig wiederholt, bis der Sänger ein anderes Motiv wählt, das dann ebenfalls mehr oder weniger ausdauernd wiederholt wird. Nachfolgend einige Beispiele für verschiedene Motive:

Zizidä – zizidä – zizidä – zizidä ...

Zidl-zidl-zidl-zidl... oder auch tidl-tidl-tidl-tidl...

Zidäädät – zidäädät – zidäädät – zidäädät ...

Zizibüit – zizibüit ...

Titütitütitütitü titütitütitü ...

Merkspruch (Auswahl aus vielen):

Sitz i da, sitz i da, sitz i da!

Siehste mich, siehste mich, siehste mich?

Da sitz i, da sitz i, da sitz i!

Die Kohlmeise ist ein Jahresvogel, der – je nach Wetterlage – bereits im ausgehenden Winter singt, ab Mai ist kaum mehr Gesang zu hören. Die zeternden Warnrufe „zerrretetetet" erklingen ganzjährig (ähnlich auch bei der Blaumeise). Achtung: Die Kohlmeise kann z. B. auch Rufe von Sumpf- und Weidenmeise sowie anderen Arten imitieren! Weil sie häufig das „pink" des Buchfinken nachahmt, wird sie auch Finkmeise genannt.

Lebensraum: Gärten, Parks, Friedhöfe, Wälder mit Angebot an natürlichen oder künstlichen Nisthöhlen. Die Kohlmeise gehört neben der Blaumeise zu den regelmäßigen und häufigen Besuchern an Futterstellen.

Wissenswertes: Durch gelbe Unterseite und schwarzweiße Kopfzeichnung ist sie unverkennbar gefärbt. Die Geschlechter sind gut zu unterscheiden: Der schwarze Längsstrich am Bauch ist beim Männchen wesentlich breiter als beim Weibchen.

Das singende Kohlmeisen-Männchen demonstriert zugleich seinen breiten schwarzen Bruststreif.

Tannenmeise

Gesang: Der Strophenaufbau ist ähnlich rhythmisch wie bei der Kohlmeise, aber feiner, nicht so durchdringend, ohne metallischen Klangcharakter und nicht so variabel. Meist sind die Motive zweisilbig: „wize wize wize wize ..." oder auch „zewi zewi zewi zewi ..."; das klingt mitunter wie „zwi zwi zwi...". Seltener hört man dreisilbige Motive: „wizewi wizewi wizewi ..." o. ä. Als Standvogel singt die Tannenmeise bereits im ausgehenden Winter aus Wipfeln von Nadelbäumen, ist dort aber oft schwer zu entdecken.

Lebensraum: Nadelwälder, Parks, Friedhöfe und größere Gärten mit Nadelbäumen, besucht auch Futterstellen, aber weit weniger häufig als Kohl- und Blaumeise.

Tannenmeisen kann man dann gut singend beobachten, wenn sie sich vor dem Blattaustrieb ausnahmsweise auf einem Laubbaum aufhalten.

Wissenswertes: Durch auffälligen weißen Nackenfleck und doppelte weiße Flügelbinde, fehlende Gelbfärbung am Bauch und geringere Größe ist sie leicht von diesen zu unterscheiden.

Wintergoldhähnchen

Der **Gesang** ist ein feines, hohes, nadelspitzes Wispern mit galoppierendem Takt, gefolgt von einem Endschnörkel: „si titisiss titisiss titisiss titisiss titisiüh". Die Melodie ist auf- und absteigend wie ein „W" (wie Wintergoldhähnchen); daran ist er gut vom Gesang des Sommergoldhähnchens (s. dort) zu unterscheiden.

Wintergoldhähnchen lassen sich nicht nur am Gesang, sondern auch an der andersartigen Kopfzeichnung vom Sommergoldhähnchen unterscheiden. Im Bild ein Weibchen.

Die hochfrequenten Töne zwischen 7 und 8 kHz sind für viele ältere Menschen nicht mehr hörbar. Der Gesang erklingt oft hoch aus Baumkronen von Nadelbäumen. Der Vogel ist schwer zu entdecken.

Lebensraum: Nadelwälder, Parks, Friedhöfe und größere Gärten mit Nadelbäumen (wie Tannenmeise), auch innerstädtisch.

Wissenswertes: Im Gegensatz zum Sommergoldhähnchen ist diese Art auch im Winter bei uns zu beobachten (Name!). Gemeinsam mit diesem ist sie mit nur 9 cm Länge und 5 g Gewicht der kleinste heimische Vogel, kleiner noch als ein Zaunkönig.

Sommergoldhähnchen

Der **Gesang** ist eine ansteigende Tonfolge, hoch und fein, aber durchdringend: „sisisisisisisih", nicht „galoppierend" wie beim Wintergoldhähnchen (s. dort).

Ein erregt singendes männliches Sommergoldhähnchen spreizt das prachtvolle Scheitelgefieder.

Lebensraum: Laubmischwälder, Parks, Gärten. Die Art ist nicht so sehr an Fichtenbestände gebunden wie das Wintergoldhähnchen. Im Gegensatz zu diesem ist das Sommergoldhähnchen ein Zugvogel, der im Mittelmeerraum überwintert.

Wissenswertes: Die beiden Arten sind an der Kopfzeichnung zu unterscheiden: Sommergoldhähnchen mit schwarzem Augenstrich, Wintergoldhähnchen mit heller, ringförmiger Zone um das dunkle Auge. Beiden gemeinsam ist ein gelbes oder orangefarbenes Krönchen auf dem Scheitel. Darauf nimmt der lateinische Gattungsname *Regulus* (= kleiner König) Bezug. Rund ein Viertel des Weltbestandes des Sommergoldhähnchens lebt in Deutschland.

Zaunkönig

Der Zaunkönig ist an seinem extrem lauten, strophigen Gesang aus rollenden und schmetternden Tönen zu erkennen. Dieser ist am besten mit einem Merkspruch wiederzugeben: *„Ich, ich, ich bin drrrrr König, bin ich, ich, zizizi bin, bin, bin drrrrr König, bin ich, ich"*. Am Strophenschluss steht oft ein hohes Element, als ob der Vogel mit dem Florett zusticht. Der Sänger sitzt meist niedrig bis halbhoch in dichtem Gebüsch, entweder verborgen oder frei auf einer Singwarte, der kurze Schwanz wird dabei charakteristisch steil aufgerichtet und bei stärkerer Erregung hin- und hergeschwenkt.

Der Zaunkönig singt seine überlauten Strophen fast das ganze Jahr über.

Lebensraum: Unterholzreiche Wälder, dichte Hecken, Gebüsch, gern am Wasser. In Gärten häufig in Reisighaufen, Brennholzstapeln etc.

Wissenswertes: Der Vogel ist unverkennbar durch geringe Größe, rundliche Gestalt und rotbraune Oberseite, er huscht durchs Gebüsch wie eine Maus. Er äußert bei Beunruhigung häufig hart schnurrende Alarmrufe aus der Deckung wie „zerrrb" oder „tr-tr-tr...". Meist Jahresvogel, der auch im Winter sein Revier mit lautem Gesang verteidigt („Schneekönig"). Manche Individuen ziehen weg, andere kommen aus dem Norden zu uns. In längeren Frostperioden verhungern oder erfrieren viele der Überwinterer. Dann sind diejenigen im Vorteil, die weggezogen sind.

Heckenbraunelle

Der **Gesang** ist ein eiliges, klingelndes, hochtoniges Gezwitscher, meist eine Wiederholung einer „in sich geschlossenen" Strophe: *„Ich lispel und wispel und fistel bis Christel mich will"*. Er wird häufig mit dem Gesang des Rotkehlchens (s. dort) ver-

So verborgen die Heckenbraunelle sonst lebt, so offen präsentiert sich das singende Männchen im Frühjahr, meist auf einer Fichtenspitze.

wechselt, der in ähnlich hoher Tonlage erklingt, aber „vor sich hin plätschernd", variabler und nicht „geschlossen" ist wie bei der Heckenbraunelle. Der Gesang wird meist von der Spitze eines niedrigen Nadelbaumes oder einer anderen halbhohen, freien Singwarte aus vorgetragen. Er ist ab Februar zu hören, ab Mitte oder Ende April aber kaum noch zu vernehmen. Der Vogel hält sich sonst überwiegend in Deckung auf.

Lebensraum: Gebüschreiche Waldränder, Hecken, Dickungen, Parks, Friedhöfe, Gärten. Die Heckenbraunelle liebt niedrige, dichte Nadelhölzer, ohne darauf angewiesen zu sein.

Wissenswertes: Die Heckenbraunelle kann bei oberflächlicher Betrachtung mit einem weiblichen Haussperling verwechselt werden, hat aber einen spitzen Insektenfresserschnabel, eine blaugraue Färbung von Gesicht, Kehle und Brust sowie rötliche Augen und Beine. Sie besucht auch Futterstellen, bleibt aber dort stets am Boden, ist einzelgängerisch, scheu und „huschig".

Rotkehlchen

Der **Gesang** ist ein angenehmes, silberhell perlendes, variables Gezwitscher: „Bübeli – mein Bübeli – iss kleine Zwiebeli nie! ...". Die Strophen beginnen meist mit sehr hohen Tönen und sinken dann in der Melodie ab. Zu Verwechslungsmöglichkeiten mit der Heckenbraunelle siehe dort. Rotkehlchen singen meist gut sichtbar halbhoch aus Bäumen oder Sträuchern und präsentieren dabei ihre orangerote Kehle und Brust. Menschen gegenüber zeigen sie sich oft sehr vertraut. Sie singen als eine der letzten Arten oft noch in später Abenddämmerung, in Städten bei künstlicher Beleuchtung auch nachts.

Lebensraum: Strukturreiche Wälder mit viel Unterwuchs, Hecken, Parks, Friedhöfe, Gärten.

Rotkehlchen tragen ihren silberhellen Gesang häufig in der Dämmerung vor, zuweilen sogar in der Nacht.

Wissenswertes: Rotkehlchen sind Teilzieher: Ein Teil der Population zieht im Winter in den Mittelmeerraum, ein Teil bleibt hier und bekommt Gesellschaft von bei uns überwinternden Rotkehlchen aus dem Norden. Bereits im März herrscht oft intensive Gesangsaktivität von durchziehenden Rotkehlchen, eigentlicher Reviergesang erklingt meist ab April. Es gibt auch Herbstgesang, und im Herbst und Winter singen auch die Weibchen und beanspruchen eigene Reviere.

Amsel

Der **Gesang** besteht aus volltönenden, melodischen Flötenstrophen mit feierlich-getragenem Charakter, die meist mit „schnirkenden“ Lauten abgeschlossen werden. Sie sind sehr variabel, mitunter mit Imitationen von Lauten anderer Vögel oder technischen Geräuschen (Handyklingeln etc.) angereichert. Der Gesang wird von erhöhter Singwarte aus vorgetragen (Dächer, Antennen, Baumkronen). Der morgendliche Chorgesang beginnt weit vor Sonnenaufgang, er wirkt wegen der Häufigkeit der Amsel in den Ortschaften oft wie ein „Klangteppich“, aus dem einzelne Sänger kaum herauszuhören sind. Abends sind Einzelvögel besser zu unterscheiden, weil die Pausen zwischen den Strophen länger sind und offenbar nicht alle Vögel gleichzeitig singen. Der Gesang ist je nach Witterung ab Februar zu hören, in Städten teilweise schon Ende Dezember. Neben dem Gesang gibt es zahlreiche weitere Lautäußerungen, etwa ein nervöses „duck duck ... tück tück tück...“ oder enervierendes „tix tix tix ...“ als Alarmrufe in unterschiedlicher Intensität, auch hysterisches Zetern bei erschrecktem Abflug.

Lebensraum: Unterholzreiche Wälder, alte Hecken, Parks, Friedhöfe. Die Amsel ist ein klassischer Gartenvogel, der im Siedlungsraum mittlerweile viel häufiger ist als im ursprünglichen Waldlebensraum („Verstädterung“). Oft sind die Vögel wenig scheu.

Schon vor Sonnenaufgang breiten Amseln einen wahren Klangteppich von Gesang in den Ortschaften aus.

Wissenswertes: Die Geschlechter sind unterschiedlich gefärbt, daher werden sie oft fälschlich für verschiedene Arten gehalten. Alte Männchen sind pechschwarz mit gelbem Schnabel und gelbem Augenring, Weibchen und Jungvögel sind düster bräunlich. Da sie Teilzieher sind, bleibt immer ein Teil der Vögel bei uns, aus dem Norden kommen andere im Winter dazu.

Singdrossel

Der **Gesang** ist sehr laut und klangvoll mit einer Fülle unterschiedlicher Motive aus flötenden und schnirkenden Lauten, die arttypisch meist zwei oder drei Mal wiederholt werden, seltener auch nur einmal oder auch vier Mal. Daran ist die Singdrossel zweifelsfrei zu erkennen. Merksprüche (einige von vielen):

David! David! David! David!

Du Kuhdieb! Du Kuhdieb! Du Kuhdieb! (David und Kuhdieb jeweils auf der 2. Silbe betont)

Gib´ gut Acht! Gib gut Acht! Gib gut Acht!

Nix wie weg! Nix wie weg! Nix wie weg! Nix wie weg!

Der Gesang kann auch zahlreiche Imitationen von Lautäußerungen anderer Vogelarten enthalten. Er wird vor allem frühmorgens und in der Abenddämmerung von einer hohen Singwarte aus vorgetragen; der Sänger sitzt oft ganz frei in einem Baumwipfel.

Die Geschlechter sind gleich gefärbt mit olivbraunem Rücken und dunklen Flecken auf heller Unterseite.

Verwechslungsmöglichkeit: Äußerlich ähnlich gefärbt ist die deutlich größere Misteldrossel, deren weittragender Gesang jedoch an eine ungeübte,

Typisch für den Gesang der Singdrossel ist das Wiederholen kurzer Motive.

„leiernde“ Amsel (s. dort) erinnert, weniger volltönend und abwechslungsreich als bei dieser und auf annähernd konstanter Tonhöhe.

Lebensraum: Wälder, Parks, Friedhöfe, große Gärten. Im Siedlungsraum ist die Singdrossel viel seltener als die Amsel.

Wissenswertes: Als Kurzstreckenzieher kehrt sie im März zurück. Gesang ist auch von Durchzüglern zu hören. Besonderheit: Die Singdrossel frisst gern kleinere Gehäuseschnecken, deren Schalen sie auf flachen Steinen („Drosselschmiede“) zertrümmert.

Mönchsgrasmücke

Der **Gesang** besteht typischerweise aus einem leisen, flötend-zwitschernden Vorgesang, gefolgt von einem sich in der Tonhöhe hinaufschraubenden, flötenden Crescendo, auch Überschlag genannt, in strahlend klarer Sopranstimmlage. Er gilt als einer der schönsten Gesänge in der heimischen Vogelwelt, von variabler Länge und Ausgestaltung. Für folgenden Merkspruch (aus: Over, J.: Der Wobbegong – Tiergedichte. Books on Demand 2015) wurden Anfangs- und Schlussmotiv des insgesamt meist etwas längeren Vollgesangs zusammengefügt:

Die Gnitzen und Mücken
und die klitzekleinen Fliegen
die werden immer weniger
immer weniger werden die
immer weniger!

Verwechslungsmöglichkeiten: Die Gartengrasmücke (s. dort) hat einen längeren, plaudernden Gesang in Altstimmlage, mit geringeren Tonhöhenunterschieden als bei der Mönchsgrasmücke. Bei nicht voll ausgeprägten Gesängen beider Arten ist die Unterscheidung mitunter schwierig, wenn die Mönchsgrasmücke langen Vorgesang ohne abschließendes Crescendo bringt oder die Gartengrasmücke nur kurz „ansingt", was dann mit dem Vorgesang der Mönchsgrasmücke verwechselt werden kann. Wenn man den Sänger nicht sieht, kann die Jahreszeit einen wichtigen Anhaltspunkt liefern: Die Mönchsgrasmücke singt ab Ende März/Anfang April bis weit in den Sommer und Frühherbst hinein, die Gartengrasmücke erst ab Anfang Mai und nur bis Ende Juni.

Lebensraum: Lichte bis halbschattige, unterholzreiche Wälder, Parks, Friedhöfe, Gärten. Bei uns ist die Mönchsgrasmücke Kurzstreckenzieher und Teilzieher mit zunehmender Tendenz zur Überwinterung, sie besucht dann auch Futterstellen. Eine Teilpopulation überwintert neuerdings auf den Britischen Inseln.

Wissenswertes: Die Geschlechter sind anhand der unterschiedlich gefärbten Kopfplatte gut unterscheidbar: beim Männchen schwarz, beim Weibchen (und Jungvögeln) braun, Körper ansonsten unscheinbar grau. Der Name „Grasmücke" ist abgeleitet vom mittelhochdeutschen „gra smucke" = „grauer Schmieger", weil die Vögel durch das Gebüsch schlüpfen.

Der Gesang der Mönchsgrasmücke besteht aus Vorgesang und Überschlag.

Gartengrasmücke

Der **Vollgesang** besteht aus einem lang anhaltenden, angenehm klingenden Geplauder in Altstimmlage „um eine Tonhöhe herum", ohne Crescendo wie bei der Mönchsgrasmücke (s. dort). Er wird auch als fortwährendes Geschwätz mit allenfalls kleinen Pausen beschrieben, wie folgender Merkspruch (schnell gesprochen!) wiedergibt:

> *„Also nein, wissen Sie, das ist ja ganz enorm, was da wieder passiert ist, also so geht es doch nicht, das hatten wir ja noch nie, wo kommen wir denn da hin, das wär´ ja noch schöner, wenn sich das wiederholt, oder glauben Sie inzwischen auch, dass so etwas nie wieder vorkommt?"*

Der Gesang der Gartengrasmücke klingt anhaltend und voll, doch trägt der Sänger ein unscheinbares Federkleid und hält sich meist im Gebüsch verborgen.

Die Gartengrasmücke versteht sich auch auf das Fremdimitieren, versteckt allerdings die fremden Motive, wie z. B. eine Buchfinkenstrophe, in ihrem flüssigen Gesang.

Lebensraum: Gebüschreiches, offenes Gelände, mehrstufige Hecken mit dichter Strauch- und Staudenschicht, Ufergebüsch, Auwälder, Waldmantel. In großen Gärten und Parks findet sich die Gartengrasmücke nur dann ein, wenn entsprechende Strukturen vorhanden sind. Anders als die Mönchsgrasmücke meidet sie schattige Wälder und Forsten.

Wissenswertes: Sie zieht im Winter ins tropische Afrika südlich der Sahara und gehört im Frühjahr zu den späten Rückkehrern. Das Gefieder ist unscheinbar hell graubräunlich-oliv gefärbt, ohne auffallende Merkmale. Die Gartengrasmücke ist selten zu sehen, da sie versteckt im Gebüsch lebt.

Star

Der **Gesang** ist ein abwechslungsreiches Potpourri aus rätschenden, schnalzenden, knackenden und pfeifenden Lauten, die oft bauchrednerisch klingen und mit zahlreichen meisterhaften Imitationen von Lauten anderer Vögel und sonstiger Tiere sowie von technischen Geräuschen durchmischt sind. Wenn Kiebitz, Pirol, Dohle, Blässhuhn, Hund, Katze, Frosch, klingelndes Handy und knarrende Tür durcheinander aus einem Baum ertönen, ist es ein Star. Der Gesang wird in starentypischer Manier mit gesträubtem Gefieder und häufig mit schlagenden Flügeln in der Nähe der Bruthöhle von erhöhter Warte (Baumkrone, Hausdach, Antenne etc.) aus vorgetragen.

Verwechslungsmöglichkeiten: Auch andere Vogelarten können artfremde Laute und Motive in ihren Gesang einbauen („Spotten"), doch

Starengesang ist durch „schwatzhaften" Charakter und das Verhalten des Sängers sehr typisch und unverwechselbar.

Lebensraum: Wälder, Parks, Siedlungsraum. Überall, wo neben Bruthöhlen auch offene Grasflächen zur Nahrungssuche vorhanden sind.

Wissenswertes: Frisch vermausert zeigt der Star im Spätsommer an den Federspitzen zahlreiche helle Flecken („Perlstar"), die durch Abnutzung im Lauf des Frühjahrs verschwinden. Das Gefieder wird dann prächtig grün und violett glänzend („Glanzstar"). Jungvögel sind anfangs mattbräunlich, mausern aber noch im ersten Spätsommer zum Perlstar.

Stare sind Kurzstreckenzieher, vor allem im Süden Deutschlands zunehmend Jahresvögel. Sie sind sehr gesellig und brüten gern in kleinen Kolonien. Wie bei Spatzen wird kein ausgedehntes Revier verteidigt, sondern nur die eigene Bruthöhle. Nach der Brutzeit vereinigen sie sich oft zu riesigen Schwärmen mit eindrucksvollen, koordinierten Flugmanövern. Diese Erscheinung darf nicht darüber hinwegtäuschen, dass der Star seit längerer Zeit in Mitteleuropa immer seltener wird und mittlerweile sogar als gefährdete Art gilt.

Der singende Star im Frühjahr wird wegen seines metallisch glänzenden Gefieders „Glanzstar" genannt. Oft sträubt er beim Singen sein Ziergefieder an Kopf und Hals.

Feldlerche

Der sehr lange, oft mehrere oder viele Minuten andauernde, abwechslungsreiche **Gesang** wird fast stets im Fluge aus oft großer Höhe vorgetragen. Der Gesangscharakter mit vielen Wiederholungen ist am besten mit folgendem Merkspruch (sehr schnell und hoch gesprochen!) zu charakterisieren:

Nun bin ich hier, nun bin ich hier, nun bin ich hier, nun bin ich hier

über der Wiese, Wiese, Wiese, Wiese, Wiese, Wiese

Mein Ziel, mein Ziel, mein Ziel, mein Ziel, mein Ziel, mein Ziel

ist der Himmel, Himmel, Himmel, Himmel, Himmel.
Was mich trieb, was mich trieb, was mich trieb, was mich trieb,
ist die Liebe, Liebe, Liebe, Liebe, Liebe, Liebe, Liebe
zu ihr, zu ihr, zu ihr, zu ihr, zu ihr, zu ihr, zu ihr …

So prachtvoll der Fluggesang ist, so schlicht ist das Gefieder der Lerche.

Am Ende lässt sich die Lerche wie ein Stein zu Boden fallen und verstummt. Selten singt sie am Boden oder von einem Pfosten aus.

Lebensraum: Offene Landschaften: Steppen, Felder, Wiesen. Als Bodenbrüter ist der Vogel infolge intensiver Landbewirtschaftung vielerorts selten geworden oder ganz verschwunden.

Wissenswertes: Als Kurzstrecken- und Teilzieher wandern Feldlerchen oft erst ab November in den Mittelmeerraum ab und kehren ab Februar zurück. Der Reviergesang ist ab März zu hören.

12 Vogelstimmen aufnehmen

Wer singenden Vögeln lauscht – sei es in der Natur oder auf Platte, Kassette, CD oder DVD, auf dem Mobiltelefon oder im Internet – der wird früher oder später den Wunsch verspüren, Vogelstimmen selbst aufzunehmen. Hat man doch gerade im Wald ein Rotkehlchen gehört, das so schön sang, dass man es später noch einmal hören will. Oder man meint, eine Zwergohreule entdeckt zu haben, die normalerweise im Mittelmeerraum beheimatet ist. Das wird einem hierzulande niemand so leicht glauben, wenn man nicht eine Tonaufnahme ihres Gesangs gemacht hat, die als Beweis akzeptiert werden kann. Vogelstimmen aufzunehmen, um sie nach Hause zu tragen, das ist das Ziel – und das ist gar nicht so schwer zu erreichen. Man muss nur eine geeignete Ausrüstung dafür haben und ein paar Dinge dabei beachten.

Die Ausrüstung

Man benötigt ein Aufnahmegerät, einen dazu passenden Kopfhörer und ein Mikrofon. Nützlich ist es, wenn man zusätzlich einen Außenlautsprecher hat, über den man anderen Menschen Vogelstimmen vorspielen kann. Die gängigen Modelle an Aufnahmegeräten arbeiten sämtlich digital. Sie sind handlich, im Format nicht viel größer als ein Handy und arbeiten absolut geräuschlos. Sie verfügen über eingebaute hochwertige Mikrofone, allerdings mit mäßiger Richtwirkung. Zusätzlich bieten sie die Möglichkeit, ein externes Richtmikrofon anzuschließen. Dieses bietet außer seiner Richtfunktion den Vorteil, dass Bedienungsgeräusche am Aufnahmegerät nicht übertragen werden. Es gibt eigens hierfür konstruierte Mikrofone mit recht guter Qualität, die technisch an die Aufnahmegeräte angepasst sind. Nützlich ist die prerecord-Funktion des Aufnahmegeräts, die es ermöglicht, die Aufnahme einige Sekunden vor dem „offiziellen" Einschalten rückwirkend zu starten.

Alle gängigen Aufnahmeformate sind im Angebot. Aufnahmen sollten nicht im mp3-Format erstellt werden, weil darin Frequenzanteile fehlen können. Die Daten werden auf kleinformatigen, nicht-mechanischen Medien (chips) gespeichert, die eine Kapazität von mehreren Stunden erreichen. Man kann das aufgenommene Material dann direkt in einen Rechner überführen und dort weiterbearbeiten. Für einen Betrag von etwa 300 Euro bekommt man schon eine vernünftige Ausrüstung (Mittelklasse-Spielraum 180–500 Euro, Stand Ende 2018). Nähere Informationen über Modelle, Hersteller und auch über Lieferfirmen findet man im

Internet unter Bezeichnungen wie „Mobile Audiorecorder". Im Angebot sind mehr als 100 Geräte. In Sonderfällen kann man auch mit dem mobilen Telefon (Handy) Vogelstimmen aufnehmen, oder mit kompakten Fotokameras, die sogar Filmaufnahmen mit Ton in hochauflösenden Formaten erlauben.

Wenn man sich nahe genug an den Vogel heranpirschen kann, dessen Stimme man aufnehmen möchte, ist beinahe jedes Mikrofon geeignet. Es muss nur die Tonhöhen erfassen, die der Vogel produziert, und das ebenso gut wie es das menschliche Ohr kann – oder besser. Meist aber muss man die Vogelstimmen aus größerer Entfernung aufnehmen, weil einerseits die Vögel einen Menschen nicht so nahe herankommen lassen und man sie andererseits auch nicht stören möchte. Man braucht also etwas, was man vergleichsweise als „akustisches Teleobjektiv" bezeichnen könnte.

Das hat man früher meist mit einem Parabolreflektor erreicht. Er sammelt die Schallwellen und projiziert sie auf seinen Brennpunkt. Dort genau ist das zugehörige Mikrofon eingebaut. Es kann die Schallwellen von allen Seiten her gleichmäßig aufnehmen („kugelförmige Charakteristik") oder aber bevorzugt von vorn („nierenförmige Charakteristik") und muss dann so im Parabolreflektor befestigt sein, dass es in seine Vertiefung hinein gerichtet ist. Der Parabolreflektor muss einen Durchmesser von mindestens 60 Zentimeter haben. Der Grund dafür liegt darin, dass er bei geringerem Durchmesser die langen Schallwellen der tiefen Frequenzen nicht mehr zu sammeln vermag. Er wirkt dann also wie ein Hochpassfilter, der nur hohe Frequenzen passieren lässt. Mit einem kleinen Reflektor kann man die Stimmen von Uhu, Ringeltaube und Rohrdommel nicht mehr verstärken. Zugegeben: der große Reflektor ist sperrig, besonders wenn man mit ihm reist. Der schwedische Kollege Klas Strandberg hat das Problem mit einem flexiblen Modell (TELINGA©) gelöst, das man zusammenrollen und in einen Koffer oder Rucksack stecken kann.

Inzwischen veraltete Technik mit Parabol-Reflektor und Tonbandgerät (1986)

Die heutige Alternative zum Parabolreflektor ist ein Richtmikrofon, das weniger umständlich zu transportieren und zu handhaben ist, meist aber auch nicht ganz so wirkungsvoll arbeitet. Man verwendet am besten ein Richtmikrofon mit „keulenförmiger" Charakteristik, das aus einem engen Feld in der Frontrichtung die Schallwellen am besten aufnimmt. Selbstverständlich nimmt es auch Schall von der Seite oder von hinten auf, aber mit deutlich geringerer Intensität. Ebenso wenig wie ein Parabolspiegel mit Mikrofon ist auch das Richtmikrofon eine Wunderwaffe. Ein Traktorengeräusch, das hinter dem singenden Vogel liegt, wird genauso verstärkt wie die gewünschte Vogelstimme. Und gegen den Lärm eines vorüberfliegenden Hubschraubers ist man im Gelände ohnehin machtlos. Im Gegenteil: Das Richtmikrofon bündelt vor allem wieder den höheren Schall. Bei tiefen Frequenzen verschwindet seine keulenförmige Charakteristik, und es nimmt mehr und mehr auch von der Seite auf.

Nachbearbeitung mittels PC oder Laptop

Gegen dumpfen Lärm von Kraftfahrzeugen und Flugzeugen, der besonders weit getragen wird, gibt es ein sekundäres Zaubermittel, das meist erst zu Hause im Studio oder am Arbeitstisch eingesetzt wird: den Hochpassfilter. Das ist ein elektronischer Filter, der je nach Einstellung nur höhere Frequenzen passieren lässt. Tiefe Frequenzen werden einfach „geschluckt". Es gibt eine Reihe von Musikbearbeitungs-Programmen, die diese Funktion enthalten, z. B. GOLDWAVE©. Dabei ist aber Vorsicht angebracht: Das Wegnehmen der tiefen Frequenzen verändert unter Umständen das Klangbild der ganzen Aufnahme. Man sollte also nicht mehr wegnehmen als unbedingt notwendig ist. Das kontrolliert man am besten mit Hilfe eines Sonagramms (s. S. 54), das auch in den Programmen enthalten ist. Für qualitätvolle Bearbeitung von Musik und anderen Schallaufnahmen gibt es professionelle Programme, die aber nur mit viel fachlicher Erfahrung eingesetzt werden können. Die Bearbeitung einer Tonaufnahme kostet überdies viel Zeit (man kann das auch in Geld ausdrücken).

Das Aufnehmen in der Praxis

Schnell und nah

Da singt ein Wendehals laut und anhaltend in der Streuobstwiese vor uns. Es müsste ein Leichtes sein, ihn aufzunehmen. Dennoch: Kaum ist man bereit, hat das Mikrofon angeschlossen, das Gerät geprüft, die Position noch ein wenig verändert, den Kopfhörer aufgesetzt: da schweigt der Sänger. Er will auch nicht wieder beginnen, selbst wenn man eine Stunde gewartet hat. Dann singt er noch einmal, aber da fliegt gerade ein Hubschrauber vorbei. Die Gelegenheit ist verpasst.

Es geht nichts über sofortige Einsatzbereitschaft. Das wird dann umso deutlicher, wenn der Vogel rastet und vor einem wegfliegt. Dann ruft so ein Rotschenkel oder ein Flussuferläufer nur ein paar Mal und ist auch schnell weit weg. Hier kommt es auf Sekunden an. Die „prerecord"-Funktion des Aufnahmegeräts (s. o.) kann dabei von großem Nutzen sein.

Obwohl ein Wendehals laut und durchdringend singt, muss man ihm nahekommen, um eine gute Aufnahme zu gewinnen. Der Grund dafür: Je näher man ihm ist, desto besser hebt sich sein Gesang vom Hintergrund ab. Der Hintergrund ist Rauschen von Wind und Wasser, eine ferne Straße, Flugzeuge in der Luft und endlos vieles andere. Das Echo, das die Lautäußerungen des Vogels mit sich bringen können, wird in offenem Lebensraum keine Rolle spielen, in einem geschlossenen Tal oder in einem Hochwald kann es aber unangenehm wirken, von einem Hausinneren ganz zu schweigen. Auch hier erzielt man umso bessere Ergebnisse, je näher man der Schallquelle kommt.

Glücklicherweise muss man den Vogel nicht unbedingt sehen (und er den Beobachter am besten auch nicht), um ihn aufzunehmen. Man kann sich hinter einem Gebüsch annähern, das ja für Schall durchlässig ist. Eine Mauer oder ein Haus sind da weniger angenehm. Allerdings ist man ohne Sicht auch der Gefahr der Verwechslung stärker ausgeliefert. In deckungs-

Dieser Flussuferläufer wird gleich abfliegen und dabei Flugrufe äußern.

losem Gelände muss man sich mit größter Vorsicht annähern und den aufzunehmenden Vogel ständig beobachten. Es ist oft nicht gut, direkt auf ihn zuzugehen, sondern man geht in schräger Linie an ihm vorbei und verringert dabei allmählich die Distanz. Während des Gehens entstehen Geräusche, die man später auf der Aufnahme hört. Man sollte sie möglichst vermeiden. Nun ist es eine Frage der Geschicklichkeit und Einfühlungsgabe, die Scheuheit bzw. Vertrautheit des Vogels richtig einzuschätzen. Oft geschieht es, dass er in dem Augenblick davonfliegt, wenn man sein Gerät einschaltet. Wenn die Aufnahme gelungen ist – sie soll nicht zu kurz sein – sollte es selbstverständlich sein, sich genauso vorsichtig zurückzuziehen, wie man gekommen ist.

Die geringsten Fluchtdistanzen findet man bei Vögeln an belebten Orten, wie in Gärten, Parks, Zoos und Vogelparks. In Zoologischen Gärten gibt es auch viele wildlebende Vögel, die man aufnehmen kann. In Nationalparks begegnet man dem Nationalparkeffekt: Die Tiere flüchten nicht, weil sie nicht bejagt werden und weil sie an die auf den Wegen vorbeigehenden Menschen gewöhnt sind.

An belebten Orten wissen die Vögel auch das Eine: Wer vorbeigeht, ist harmlos; wer stehen bleibt, ist schon bedenklich. Denn wie auch andere wildlebende Tiere mögen Vögel keine gerichtete Aufmerksamkeit. Vermutlich hängt das damit zusammen, dass auch ein Beutegreifer wie eine Katze das potenzielle Opfer zunächst fixiert und belauert.

Das andere Problem ist an solchen Orten die äußere Störung. Fast alles, was sich bewegt, auch draußen in der Landschaft, erzeugt störenden Lärm. Besonders laut sind Traktoren und Flugzeuge, vor allem Hubschrauber, auch Motorrad- und Mopedfahrer. Dagegen wirken Segelflieger und Fahrradfahrer geradezu freundlich. Eine Frau mit hohen, harten Absätzen, die über eine gepflasterte Straße spaziert, erzeugt auf mindestens 100 Meter Entfernung ein lästiges Störgeräusch, selbst ein Nordic Walker stört mit den spitzen Aufsetzgeräuschen seiner Stöcke. An üblicherweise belebten Orten kann man dem nur durch ein Mittel ausweichen: Morgens früh da sein, wenn alle anderen noch schlafen, die Vögel aber schon wach sind. Wenn das nicht hilft, dann hilft (fast) gar nichts. Wie oben bereits dargestellt, kann man Tonaufnahmen am Computer nachbearbeiten, um störende Hintergrundgeräusche bis zu einem gewissen Grad zu unterdrücken. Weit besser und weniger aufwändig ist es, diese Geräusche beim Aufnehmen von vornherein zu vermeiden. Arbeitet man für einen wissenschaftlichen Zweck oder für ein wissenschaftlich geführtes Tierstimmenarchiv, so sollte man keinerlei Bearbeitung der Aufnahmen vornehmen.

Nationalparkeffekt: Ringelgänse auf der Hallig Hooge im Nationalpark Schleswig-Holsteinisches Wattenmeer werden nicht bejagt und zeigen daher wenig Scheu.

Übrigens kann die Natur sich auch selbst stören. Einen Teichrohrsänger, der sein Lied nicht weit von einer singenden Nachtigall vorträgt, kann man nicht aufnehmen. Die Nachtigall wird mit ihrem Strophengesang alles andere übertönen. Ja, sogar der Teichrohrsänger selbst verstummt bei jedem Motiv der überlauten Nachtigall einen Augenblick, ehe er weitersingt. Zusätzlich gibt es viele andere natürliche Störgeräusche, die die Vogelstimme übertönen oder maskieren können, zum Beispiel das Tropfen des Regens, das Rauschen von Wasser und Wind oder das Geräusch, das eine Zitterpappel mit ihren bewegten Blättern erzeugt. In Zoos und Vogelparks mischen sich oft exotische Volierenvögel oder andere Tiere im Hintergrund ein, die man nicht auf derAufnahme haben will. Wer Vogelstimmen aufnehmen möchte, benötigt vor allem noch eins: Geduld, gepaart mit Frustrations-Resistenz.

Kampf gegen Wind und Wetter

Wind ist eine Naturgewalt, der man beim Aufnehmen von Vogelstimmen oft hilflos ausgeliefert ist. Das Rauschen, das der Wind in der Vegetation oder an anderen Hindernissen erzeugt, spielt dabei noch eine geringere Rolle als die Windgeräusche, die direkt am Mikrofon entstehen. Diese äußern sich einerseits in dumpfem Rumpeln, das bei der Bearbeitung der Tonaufnahme durch einen Hochpassfilter von 500 oder 1000 Hertz aber leicht und restlos beseitigt werden kann (s. S. 209). In diesem tieffrequenten Bereich liegen meist keine Vogellautäußerungen – mit Ausnahme von Gesängen der Eulen, der Rohrdommel und von Tauben. Andererseits können heftige Windstöße am Mikrofon aber auch Knallgeräusche erzeugen, die breitbandig sind und jede Tonaufnahme unrettbar zerstören.

Gegen die Windwirkung gibt es verschiedene Hilfsmittel. So kann man das Mikrofon direkt mit einem Windschutz versehen. Der kann korbartig gestaltet sein, aus weichem Schaumstoff bestehen oder auch die langhaarige Oberfläche eines Kunstfelles tragen. Achtung: Manche Tiere, manchmal sogar Pferde, scheuen vor einem solchen Fell an einem großen Mikrophon. Diese Vorkehrung reicht aber oft nicht. Jedenfalls ist es gut, vor dem Wind in Deckung zu gehen. Da hilft es oft schon, eine Baumreihe oder ein Gebüsch aufzusuchen oder in den Windschatten eines Gebäudes oder eines anderen genügend großen Objekts zu gehen, beispielsweise auch einen Pkw als Windschutz zu benutzen. Die geöffnete Heckklappe eines Pkws kann auch gegen schwachen Regen schützen, der die Geräte gefährdet und Geräusche auf dem Mikrofon entstehen lässt. Bei stärkerem Regen, der vom Wind horizontal getrieben wird, sind störungsfreie Aufnahmen nicht möglich, es sei denn, man hat eine geeignete feste Beobachtungshütte („hide“) zur Verfügung.

Was man dazu aufschreibt (Dokumentation)
Zu jeder Aufnahme sollte man Aufnahmedaten fixieren. Früher legte man schriftliche chronologische Protokolle auf Formblättern an und kombinierte das mit Karteikarten für jede Art. Heute tut man dasselbe mithilfe digitaler Aufzeichnungen (z. B. in Excel-Tabellen) im Computer. Auf jeden Fall wird der wissenschaftliche Wert, aber auch der persönliche Erinnerungswert einer Aufnahme sehr viel größer sein, wenn sie gut dokumentiert ist. Man hält natürlich als erstes die Vogelart fest, dann den Ort und das Datum. Zu der Vogelart ist es wichtig, auch die Art der Lautäußerungen zu notieren: War es Gesang, ein Ruf, ein Trommeln? Auch ist es gut zu wissen, ob der Erzeuger der Lautäußerung ein Männchen, ein Weibchen oder ein Jungvogel war. Das sind schon die wichtigsten Daten. Wer will, kann auch noch die Situation und die Tageszeit festhalten. Zur doppelten Sicherung sollte man die wichtigsten Angaben direkt nach der Aufnahme auf das Band oder den Tonträger sprechen. Als alleinige Methode genügt das aber auf die Dauer nicht.

Vorspielen einer Klangattrappe: die Patentlösung?
An sich klingt es ganz einfach: Man spielt vom MP3-Player, vom CD-Spieler oder vom Handy über Lautsprecher den gewünschten Gesang vor. Der Revierinhaber, bisher heimlich und still, sieht sich herausgefordert,

nähert sich an und beginnt lauthals zu singen. Den nimmt man dann auf, solange man Lust hat. Und wenn er müde wird, reizt man ihn erneut.

Dieses Verfahren hat verschiedene Nachteile. Erstens bringt der gereizte Revierinhaber oft einen hoch erregten Gesang, der sich von seinem Normalgesang unterscheidet. Das ist nicht gewünscht. Zweitens lässt sich so ein Vogel durch das Vorspielen der Klangattrappe in vielen Fällen zu langanhaltender, auffälliger Reaktion verführen. Manche Sänger geraten in ihrem Bemühen, ihr Revier gegen einen unsichtbaren Konkurrenten zu verteidigen, derart „in Rage", dass sie viel Zeit und Energie verschwenden und auch unaufmerksam gegenüber drohenden Gefahren werden. Ausführlich wurde dieses Problem schon an anderer Stelle behandelt (s. S. 61 ff.). Den besprochenen Effekt sollte man schon aus Tierschutzgründen vermeiden. Aus Gründen des Arten- und Naturschutzes ist das Verfahren in vielen Schutzgebieten grundsätzlich verboten. Also ist es besser, ohne diesen Trick auszukommen.

Für verlässliche Bestandsaufnahmen mancher Vogelarten und -gruppen, etwa von Spechten, Eulen, Tauben und Rallen, kann aber der Einsatz einer Klangattrappe sinnvoll und notwendig sein. Dabei ist folgende Einschränkung zu beachten: Die Tondateien im MP3-Format sind mehr oder weniger komprimiert. Damit ist aber auch das hörbare Spektrum eingeengt. Da dies auf die Hörleistung des Menschen hin geschehen ist, merken wir nicht viel davon. Für die Vögel kann sich aber eine MP3-Darbietung ziemlich anders anhören als eine normale Vogelstimme oder eine von einer CD. Wer also wirklich Vögel kartieren oder untersuchen will und darauf angewiesen ist, verlässliche Reaktionen zu erzielen, ist mit nicht komprimierten Tonträgern besser beraten.

Revierbesitzende Vögel werden auf ein wirksames akustisches Signal entweder nur mit Gesang oder Rufen reagieren oder sich dem Standort des Lautsprechers annähern und nach dem vermuteten Rivalen suchen. Spielt man das Signal zu laut vor, kann man einen Vogel damit auch verscheuchen – vor allem in der Reviergründungsphase. Auch hier sind die Grundsätze des Natur- und Artenschutzes selbstverständlich einzuhalten. Zur Bestandsaufnahme sollte es genügen, eine einmalige kurze Reaktion des gesuchten Vogels auszulösen, danach sollte man auf weiteres Vorspiel verzichten.

Mittelspechte sind heimliche Vögel und nur mit Klangattrappe zu kartieren.

13 Anhänge

Anhang 1: Fachbegriffe der Vogelstimmenkunde

Ohne Fachbegriffe geht es nicht. Im Folgenden werden die wichtigsten Begriffe der Vogelstimmenkunde in alphabetischer Folge definiert.

Dialekt
Alle Formen geografischer Variation von Lautäußerungen.

Duettgesang (Duettieren)
Streng synchronisierte Lautäußerung zweier Partner, woraus ein einheitliches, gemeinschaftliches Lautmuster entsteht. Tritt auch bei Rufen auf, z. B. beim Kranich.

Element
Kleinste, durch Intervalle begrenzte Einheit von Lautäußerungen, im Sonagramm in der Regel durch eine zusammenhängende Schwärzung dargestellt. In bestimmten Fällen (Stellen geringer Lautstärke, starke rhythmische Frequenzmodulation) können Elemente im Sonagramm auch Unterbrechungen aufweisen, die aber eine Dauer von ca. zehn Millisekunden nicht überschreiten. Ein kompliziert aufgebautes Element kann subjektiv auch mehrsilbig klingen.

Flügelklatschen
Nachtschwalben, Eulen, Tauben und andere Vögel können während des Fliegens klatschenden Schall mit den Flügeln erzeugen, entweder

Die Partner eines Kranichpaares singen oder rufen häufig im Duett.

über dem Rücken oder unter dem Bauch. Sie müssen dazu mit den Flügeln weit ausholen. Wahrscheinlich entsteht der Schall nicht durch Aneinanderklatschen der Flügel, sondern wie ein Peitschenknall durch schnelles Beschleunigen der Flügelspitze beim Wenden der Flügelbewegung. Der eingebürgerte Begriff Flügelklatschen ist demnach falsch, weil die Flügelspitzen einander gar nicht berühren. Er muss durch Flügelpeitschen oder einen anderen Begriff ersetzt werden.

Fluggesang

Während des Fluges vorgetragener Gesang. Beim Fluggesang neigen die Vögel dazu, kontinuierlich zu singen, selbst wenn sie sonst nur Strophen äußern. Oft ist dabei die Flugart abgewandelt (s. Singflug).

Flugschall

Lauterzeugung am Gefieder während des Fluges, meist an Handschwingen oder Schwanzfedern. Tritt als Überbegriff für das früher verwendete Wort Fluggeräusch ein, weil beim Fliegen oft nicht nur Geräusche, sondern auch Töne oder Klänge entstehen, die besser unter „Schall" zusammengefasst werden.

Gesang

Meist aus vielen Untereinheiten zusammengesetzte, strophige oder kontinuierliche vokale Lautäußerung mit unterschiedlichen Funktionen (z. B. Reviermarkierung, Werbung, Synchronisation zwischen Partnern). Für Gesänge ist bezeichnend, dass sie spontan, das heißt ohne spezifische auslösende Situation, und länger fortlaufend vorgetragen werden können. Gesänge gibt es nicht nur bei Singvögeln, sondern auch bei Nicht-Singvögeln: Während wir bei den eigentlichen Reihern keine Gesänge erkennen können, sind sie für Dommeln, die zu derselben Familie gehören, ganz typisch. Ausgesprochene Gesänge in diesem Sinn findet man auch bei Hühnervögeln, Sturmvögeln, Rallen, Tauchern, Watvögeln, Tauben, Kuckucken, Nachtschwalben, Wiedehopfen und Spechten.

Herbstgesang

Vollgesang im Spätsommer und Herbst, außerhalb der Brutzeit; typisch für Hausrotschwanz und Zilpzalp. Könnte dazu dienen, schon weit vor der nächsten Brutsaison ein Revier zu markieren. Das Gleiche gilt für die spätsommerliche und herbstliche Gesangsphase von Raufußhühnern.

Instrumentallaut

Lautäußerung, die nicht mit der Stimme, sondern mit einem anderen Organ (z. B. mit dem Schnabel beim Weißstorch, mit den Flügeln bei der Schellente oder mit den Schwanzfedern bei der Bekassine) erzeugt wird, teils unter Zuhilfenahme nicht körpereigener Objekte (z. B. ein trockener Ast beim Trommeln eines Spechts).

Jugendgesang
Leiser, kontinuierlicher Gesang der Jungvögel, besteht aus meist undifferenzierten, geräuschhaften oder nasal klingenden Elementen, kann aber auch sehr vielgestaltig sein.

Kontergesang
Gleichzeitiger strophiger Gesang von Reviernachbarn, deren Strophen gegenseitig in fester zeitlicher bzw. thematischer Beziehung zueinanderstehen. Es gibt auch Kontertrommeln bei Spechten.

Motiv
Zusammenhängende kurze Folge von mehreren typverschiedenen Elementen, Silben oder Phrasen.

Phrase
Meist rhythmische Folge von typgleichen Elementen oder Silben. Beim Kanarienvogel (Kanarengirlitz) und seinen Verwandten wird hierfür auch der Begriff »Tour« verwendet. Tritt bei Gesang wie bei Rufen auf.

Rätselsänger
Singvögel mit abweichendem Gesang, den man rein akustisch nicht zuordnen kann. Wie sich im Freiland herausgestellt hat, sind viele sogenannte Rätselsänger abweichend singende Gartengrasmücken. Ob es sich bei ihnen um taube Vögel handelt oder um Individuen, denen in der Jugend arteigene Vorbilder gefehlt haben, ist unbekannt.

Ruf
Aus einem oder mehreren Elementen bestehende stimmliche Lautäußerung, die in bestimmten, mehr oder weniger spezifischen Situationen ausgelöst wird und meist nicht an das Geschlecht und an die Fortpflanzungsphase gebunden ist. Jede Art verfügt über ein Repertoire an artspezifischen Rufen. Rufe sind in der Regel einfacher strukturiert als Gesänge.

Rufgesang
Einfacher Gesang, nur aus rufartigen einzelnen Elementen bestehend, z. B. bei Haussperling, Bachstelze und Wacholderdrossel.

Schauflug
Auffällige Art des Fliegens mit ausholenden, langsamen Flügelschlägen oder sonstigen Besonderheiten.

Silberreiher vertreiben Konkurrenten oft mit einem ausdrucksvollen Schauflug mit langsamen Flügelschlägen.

Silbe

Zusammenhängende Folge von wenigen typverschiedenen Elementen, oft mit dem Gehör als eine Einheit wahrgenommen. Im Sonagramm keine scharfe Abgrenzung gegen Motiv.

Singflug

Schauflug mit Gesang.

Strophe

Zusammenhängende Folge von Elementen, Silben, Phrasen oder Motiven, die durch eine längere Pause von der nächsten abgesetzt ist.

Strophentyp

Strophenvariante, die in ihrem ganzen Verlauf bzw. an ihrem Beginn oder Ende aus einer typkonstanten Elementfolge besteht. Viele Singvögel verfügen über mehrere verschiedene Strophentypen im Gesang.

Subsong

Leiser, meist kontinuierlicher, variabler Gesang im Übergang zwischen Jugend- und Vollgesang bzw. zwischen den jährlichen, täglichen oder momentanen Phasen des Vollgesangs. Besteht aus differenzierten, variablen Elementen und ist oft mit Fremdimitationen angereichert.

Vollgesang

Lauter, voll differenzierter Gesang, vorwiegend an die Fortpflanzungsphase gebunden.

Anhang 2: Aufnahmedaten zum Vogelstimmenkurs (S. 76 ff.)

(Sämtliche nicht anders gekennzeichneten Aufnahmen sind von H.-H. Bergmann. Die Aufnahmen in Kap. 8 und 9 sind identisch.)

1	Nachtigall Crescendo, 20.4.1984, Mouriès, Alpillen, F
2	Weidenmeise, Gesang, 17.3.1979, Dümmer, Niedersachsen
3	Weidenmeise, Alarmrufe, 19.9.1990, Talan, Kavafluss, Ferner Osten Russlands, RU
4	Erlenzeisig, Rufe, 22.3.1980, Weißbach bei Jena, Thüringen
5	Waldbaumläufer, Rufe, 11.8.1980, Hornsee, Öland, S
6	Grauortolan, Gesangsstrophe, 7.5.1976, Delphi, Griechenland
7	Mönchsgrasmücke, Alarmrufe, 14.4.1977, Cala Galdana, Menorca, E
8	Höckerschwan, Zischen, 13.8.1978, Sulsdorfer Wiek, Fehmarn, S-H
9	Felsenhuhn, Alarmruf, 5.4.1981, La Caleta, Lanzarote, Kanaren, E
10	Brillengrasmücke, Alarmruf, 5.4.1981, Famara, Lanzarote, Kanaren, E
11	Brillengrasmücke, Alarmruf, zeitgedehnt, wie 10
12	Buchfink, pink, 17.4.1974, Strenges Reservat, Urwald v. Bialowieza, PD
13	Kohlmeise, pink, 14.3.2004, Salzburg, A
14	Sumpfrohrsänger, pink, 25.5.1979, Dümmer, Niedersachsen
15	Gartengrasmücke, Gesang, 15.5.1977, Sackpfeife, Hessen
16	Uhu, Gesang, 10.5.1973, Aureille, Provence, F
17	Rohrdommel, Gesangsstrophe, Ende Mai 2006, Olsztynek, Masuren, PD (M. Schubert)
18	Sommergoldhähnchen, Gesang, 28.3.1980, Cala Galdana, Menorca, E
19	Wintergoldhähnchen, Gesang, 23.5.1971, Mellnau, Krs. Marburg/L., Hessen
20	Kuckuck, Gesang, 27.5.1980, Baltrum, Niedersachsen
21	Kuckuck, Gesang dreisilbig, 4.6.1986, Kevi, SF (W. Krey)
22	Kuckuck, Männchen, Ruf „goch“ bei Abflug, Daten wie 20
23	Kuckuck, Weibchen, Triller, wie 21
24	Haussperling, Gesang, 12.2.1978, Marburg/L., Hessen
25	Feldsperling, Gesang, 28.7.1980, Mörbylånga, Öland, S
26	Bachstelze, Rufgesang, 22.7.1978, Weißbach b. Jena, Thüringen
27	Bachstelze, Gesang, wie 26
28	Wacholderdrossel, Rufgesang, 3.6.1980, Nemden b. Osnabrück, Niedersachsen
29	Wacholderdrossel, Fluggesang, wie 28
30	Grauschnäpper, Gesang, 13.5.1979, Dümmer, Niedersachsen

31	Blaumeise, Gesang, Mai, 1967, Marburg/L., Hessen
32	Teichrohrsänger, Gesang, 17.7.1986, Neusiedler See b. Winden, A
33	Feldschwirl, Gesang, 25.5.1979, Dümmer, Niedersachsen
34	Rohrschwirl, Gesang, 9.5.1986, wie 33
35	Wiedehopf, Gesang, 11.5.2004, Zhusandala-Steppe, KAZ
36	Rotschenkel, Singflug 1, 28.5.1980, Baltrum, Niedersachsen
37	Rotschenkel, Singflug 2, wie 36
38	Grünspecht, Gesang M., 21.4.1984, Mouriès, Alpillen, F
39	Grünspecht, Gesang W., 14./16.3.2004, Arolsen, Hessen
40	Grauspecht, Gesang, 7.5.1967, Marburg/L., Hessen
41	Grauspecht, Trommeln, 8.5.1967, wie 40
42	Schwarzspecht, Gesang, 15.4.2003, Hankensbüttel, Niedersachsen
43	Schwarzspecht, Trommeln, 21.3.2005, Arolsen, Hessen
44	Buntspecht, Trommeln, Sommer 1966, Marburg/L., Hessen
45	Nachtschwalbe, Gesang, 6.7.1979, Venner Moor, Niedersachsen
46	Nachtschwalbe, Gesang mit Flügelpeitschen, wie 45
47	Nachtschwalbe, wie 47
48	Nachtigall, Gesang, 16.5.1970, Marburg/L., Hessen
49	Sprosser, Gesang, 18.5.2005, Wiek b. Greifswald, MVP
50	Zilpzalp, Gesang, 25.5.1976, Bergland Skaloti, Thrazien, GR
51	Fitis, Gesang, Mai 1967, Marburg/L., Hessen
52	Waldlaubsänger, Gesang, 7.5.1978, Marburg/L., Hessen
53	Klappergrasmücke, Gesang, 30.5.1981, Dümmer, Niedersachsen
54	Wie 53
55	Zaunammer, Gesang, 10.9.1967, Antikyra, GR
56	Sumpfmeise, Klapperstrophen, 18.5.1976, Dillkreis, NRW
57	Zaunkönig, Gesang, 4.5.1989, Texel, NL
58	Goldammer, Gesang Typ 1, 21.3.1972, Mellnau, Krs. Marburg/L., Hessen
59	Wie 58
60	Wie 58
61	Kleiber, Gesang, Typ 1, 27.3.1982, Osnabrück, Niedersachsen
62	Kleiber, Gesang, Typ 2, 4.4.1982, wie 62
63	Kleiber, Gesang, Typ 3, 12.4.1982, wie 62
64	Karmingimpel, Gesang, 30.5.1982, Lahnberge, Marburg/L., Hessen
65	Gebirgsstelze, Gesang, 10.5.1981, Barkhausen, Teutoburger Wald, NRW
66	Wie 65
67	Wasseramsel, Bettelrufe, 6.6.1989, Teberda, Kaukasus, R
68	Wie 67

69	Flussuferläufer, Gesang, 18.5.1976, Avastal, Thrazien, GR
70	Wie 69
71	Kohlmeise, Gesang Wald, 23.4.1978, Marburg/L., Hessen
72	Kohlmeise, Gesang Kreta, 28.3.1983, Phaistos, Kreta, GR
73	Gartengrasmücke, Gesang, 15.5.1977, Sackpfeife, Hessen
74	Dorngrasmücke, Gesang, 8.5.1976, Arachova, GR
75	Singdrossel, Gesang nahe, Mai 1967, Marburg/L., Hessen
76	Singdrossel, Gesang fern, 16.1.1983, Teneriffa, Kanaren, E
77	Rotkehlchen, Luftfeindalarmruf, Mai 1968, Marburg/L., Hessen
78	Goldammer, Luftfeindalarm, 8.8.1980, Öland, S
79	Rotkehlchen, Bodenfeindalarmruf, 16.7.1978, Marburg/L., Hessen
80	Weidenmeise, Rufe, 23.2.1975, Mellnau, Krs. Marburg/L., Hessen
81	Sumpfmeise, Rufe, 30.3.1964, Knoten, Westerwald, NRW (W. Krey)
82	Rotschenkel Alarmrufe 1, 16.6.1970, Dammweg, Camargue, F
83	Rotschenkel, Alarmrufe 2, 21.7.2004, Sehestedt, Jade, Niedersachsen
84	Weidenmeise, Gesang, Mitteleuropa, 17.3.1979, Dümmer, Niedersachsen
85	Weidenmeise, Gesang, Ostpolen, 15.4.1974, Bialowieza, PD
86	Berglaubsänger, Rufe, 21.4.1971, Barrameda, Andalusien, E
87	Balkanlaubsänger, Rufe, 17.5.1976, Mega Dereion, Thrazien, GR
88	Berglaubsänger, Gesang, 9.6.1968, Ötztal, A
89	Balkanlaubsänger, Gesang, wie 87
90	Buchfink, Regenruf wrüt, 23.6.1979, Schledehausen b. Osnabrück, Niedersachsen
91	Buchfink Regenruf hüit, 2.7.1987, Osnabrück, Niedersachsen
92	Buchfink, Regenruf dschäd, 29.5.1981, Dümmer, Niedersachsen
93	Buchfink, Regen flüt, 11.7.1987, Osnabrück, Niedersachsen
94	Gimpel, Rufe, 20.7.1982, Mön, DK
95	Gimpel, Trompeterrufe, 16.1.2005, Frankenberg, Hessen
96	Gartenrotschwanz, Gesang, Mai 1967, Marburg/L., Hessen
97	Gartenrotschwanz, Strophe 2, wie 96
98	Amsel Gesang mit Pfiff, 22.5.1977, Amöneburg, Krs. Marburg/L., Hessen
99	Haubenlerche, Gesang mit Pfiff, 7.5.1972, Marburg/L., Hessen
100	Isabellsteinschmätzer, Gesang, 13.5.1976, Evrosdelta, GR
101	Blaukehlchen, Gesang, Jois, Burgenland, A (W. Krey)
102	Dorngrasmücke, Normalgesang, 8.5.1967, Marburg/L., Hessen
103	Mönchsgrasmücke, Gesang, 1.7.1978, wie 102
104	Dorngrasmücke, Mischsänger, Mönchsgesang, wie 102
105	Mönchsgrasmücke, Gesang mit Amsel, 8.6.1969, Mellnau, Krs. Marburg/L., Hessen

106	Mönchsgrasmücke, Leiern, 24.4.1972, Teneriffa, Kanaren, E
107	Mönchsgrasmücke, Subsong, 26.12.1975, Marburg/L., Käfigvogel
108	Mönchsgrasmücke, erstes Leiern, 1.1.1976, Marburg/L., Käfigvogel
109	Mönchsgrasmücke, volles Leiern, 17.4.1976, Marburg/L., Käfigvogel
110	Mönchsgrasmücke Leiern Typ 2, wie 109
111	Klappergrasmücke, Gesang, 30.5.1977, Ellnhausen b. Marburg/L., Hessen
112	Klappergrasmücke, Gesang, Kaspar-Hauser, falsches Vorbild, 17.4.1976, wie 109
113	Sumpfrohrsänger, Gesang, 25.5.1979, Dümmer, Niedersachsen
114	Buchfink, Gesang, 12.6.1979, Osnabrück, Niedersachsen
115	Buchfink, Frühjahrsgesang, 22.3.1972, Mellnau, Krs. Marburg/L., Hessen
116	Buchfink, Subsong mit Schnarren, 10.3.1970, wie 115
117	Buchfink, Pinken, wie 12
118	Buchfink, Regenruf wrüt, wie 90
119	Buchfink, Flugrufe, 19.8.1971, Mellnau, Krs. Marburg/L., Hessen
120	Buchfink, Luftfeindrufe, 10.6.1972, wie 119
121	Buchfink, W., Paarungsaufforderung, 14.4.1977, Cala Galdana, Menorca, E
122	Buchfink, Männchen, Frühlingsruf, 31.3.1977, Marburg/L., Hessen
123	Buchfink, Jungvogel, 7.8.1980, Öland, S
124	Buchfink, M., Schnabelknappen, 9.6.1983, Osnabrück, Käfigvogel
125	Amsel, Gesang, 22.5.1977, Amöneburg, Krs. Marburg/L.
126	Amsel, Subsong, 21.10.1979, Belm b. Osnabrück, Niedersachsen
127	Amsel, Sozialruf, 5.3.1978, Ohmgrund b. Marburg/L., Hessen
128	Amsel, Luftfeindruf, 20.7.1982, Mön, DK
129	Amsel, Bodenfeindruf, 4.5.1994, Salzburg, A
130	Amsel, Ducken, 31.7.1988, Hollage b. Osnabrück, Niedersachsen
131	Amsel, Tixen, 3.3.1978, Marburg/L., Hessen
132	Amsel, Zetern, wie 131
133	Amsel, Jungvogel, Angstschrei, 23.6.1986, Belm b. Osnabrück, Niedersachsen
134	Amsel, Jungvogel, Bettelruf, 20.7.1982, Mön, DK
135	Haubenlerche, mehrsilbige Rufe, 11.7.1986, Velencesee, H
136	Haubenlerche, Zwitschern, 7.5.1972, Marburg/L., Hessen
137	Haubenlerche, Flugrufe, 23.3.1983, Mallia, Kreta, GR
138	Haubenlerche, Mischrufe 1, wie 136
139	Haubenlerche, Mischrufe mit Flugrufen, 26.3.1978, Limassol, CY
140	Grünfink, Schwunschen, 18.4.1994, Salzburg A
141	Grünfink, Gesang mit Schwunschen, wie 140
142	Grünfink, Vollgesang, wie 140

143	Mischalarm Singvögel, 27.5.1990, Dümmer, Niedersachsen
144	Vogelkonzert, 4.7.1982, Wittekindsburg bei Marburg/L., und andere Aufnahmen
145	Haubenlerche, Gesang mit Imitationen, wie 136
146	Feldlerche, Gesang, 16.6.1970, Camargue, Dammweg, F
147	Feldlerche, Gesang, Imitation (aus „Vogelexkursion mit Uwe Westphal", Musikverlag Edition AMPLE)
148	Wintergoldhähnchen, Gesang, wie 19
149	Wintergoldhähnchen, Gesang, Imitation (aus „Vogelexkursion mit Uwe Westphal", Musikverlag Edition AMPLE)
150	Brachvogel, Gesang, 22.3.1975, Bühl/Ries (Aufn. W. Krey)
151	Brachvogel Gesang, Imitation (aus „Vogelexkursion mit Uwe Westphal", Musikverlag Edition AMPLE)
152	Schwarzspecht, Flugrufe, 23.2.1975, Mellnau, Krs. Marburg/L., Hessen
153	Schwarzspecht, Flugrufe, Imitation (aus „Vogelexkursion mit Uwe Westphal", Musikverlag Edition AMPLE)
154	Wendehals, Gesang, Mai 1967, Marburg/L, Hessen
155	Wendehals, Gesang, Imitation (aus „Vogelexkursion mit Uwe Westphal", Musikverlag Edition AMPLE)
156	Rauchschwalbe, Gesang, 12.8.1978, Wallnau, Fehmarn
157	Rauchschwalbe Merksprüche (aus „Vogelexkursion mit Uwe Westphal", Musikverlag Edition AMPLE)
158	Dorngrasmücke, Gesang, 8.5.1976, Arachova, GR
159	Dorngrasmücke, Gesang, Merksprüche (aus „Vogelexkursion mit Uwe Westphal", Musikverlag Edition AMPLE)
160	Trauerschnäpper, Gesang, Mai 1967, Marburg/L., Hessen
161	Trauerschnäpper, Gesang, Merksprüche (aus „Vogelexkursion mit Uwe Westphal", Musikverlag Edition AMPLE)
162	Feldlerche, Gesang, wie 146
163	Feldlerche, Gesang, Merkspruch (aus „Vogelexkursion mit Uwe Westphal", Musikverlag Edition AMPLE)

Anhang 3: Aufnahmedaten zu den Filmaufnahmen in Kapitel 11

Alle Filmaufnahmen, soweit nicht anders im Text gekennzeichnet, von H.-H. Bergmann & Wiltraud Engländer. Alle Rechte zu weiterer Verwendung liegen bei den Filmautoren. Länder und Bundesländer sind in üblicher Weise abgekürzt. H = Hintergrund

Ringeltaube
Gesangsstrophe, 21.4.2018, Bad Arolsen, Krs. Waldeck-Frankenberg, HE; drei Nestrufe, 15.4.2018, Vogel frei brütend auf Gebälk, Zoo Münster, NRW (H Haussperling); Altvogel mit Abflug und Flugschall, 19.4.2015, Westerhever Leuchtturm, SH

Haussperling
Gesang Männchen, 1.5.2014, Kalonis Village, Lesbos, GR; Rufe Männchen auf Antenne angesichts einer Katze, 22.5.16, Kyperounta, Zypern, GR

Zilpzalp
Gesang drei Strophen, 14.4.2015, Glockenborn bei Wolfhagen, Krs. Kassel, HE; drei Rufe nahe Nest, 15.5.2015, Mengeringhausen, Krs. Waldeck-Frankenberg, HE

Fitis
Gesang drei Strophen, 21.4.2014, Kappelhecke bei Mengeringhausen, Krs. Waldeck-Frankenberg, HE; Rufe eines rastenden Durchzüglers, 4.9.2018, Westerhever Leuchtturm, SH.

Goldammer
Gesang drei Strophen, 8.6.2004, Bömenzin, Wendland, NI, H Heidelerche; Männchen-Rufe und Abflug, 27.3.2018 und 14.7.2013, Bad Arolsen, HE, H Kohlmeise, Buchfink

Buchfink
Gesang vier Strophen, 22.5.2018, wohl Wildvogel in Voliere NP Bayerischer Wald, BAY; „pink"-Rufe Weibchen (H Kleiber), 5.4.15, Bad Arolsen, HE

Grünfink
Gesang, 9.4.2015, Twiste, Krs. Waldeck-Frankenberg, HE; Flugrufe (Triller) und gedehnter ansteigender Ruf („Regenrufe") eines Männchens, 20.2.2018, Bad Arolsen, HE

Kleiber
Gesang vier Strophen „füi-füi", 13.3.2017, Bad Arolsen, Krs. Waldeck-Frankenberg, HE, H Regenruf Buchfink; Alarmrufe mehrsilbig, 25.2.2018, Stadtpark Bad Arolsen, Krs. Waldeck-Frankenberg, HE

Blaumeise
Gesang 1, vier Strophen ohne Triller, 8.5.2018, Bad Arolsen, HE; Gesang 2, groß, zwei Strophen mit Triller, 6.2.2018, Bad Arolsen, HE; Alarmrufe, drei Strophen, 6.2.2018, Bad Arolsen, HE Kohlmeise

Kohlmeise
Gesang vier Strophen 8.4.2016; vier Rufstrophen mit kurzen „pink"-Rufen, 10.3.2016, Mengeringhausen, Krs. Waldeck-Frankenberg, HE

Tannenmeise
Gesang in Birke, 25.3.2016, Bad Arolsen, Krs. Waldeck-Frankenberg, HE; Nahrungssuche in Fichte, 25.2.2018, Mengeringhausen, Krs. Waldeck-Frankenberg, HE, dazu Gesang 2 aus off; Zugrufe eines rastenden Vogels, 22.3.2011, Biologische Station, Illmitz, Burgenland, A

Wintergoldhähnchen
Vogel bei Nahrungssuche, 24.3.2017, Alpenzoo Innsbruck; Gesang im H: 23.5.1971, Mellnau bei Marburg, HE

Sommergoldhähnchen
Drei Gesangsstrophen eines Männchens, 1.6.2018, Jena, THÜ (S. Klaus); Nahrungssuche eines rastenden Vogels, 1.4.2018, Bad Arolsen, Krs. Waldeck-Frankenberg, HE (mehrsilbige Rufe 23.5.1971, Mellnau, Krs. Marburg/L., HE)

Zaunkönig
Gesang zwei Strophen, 4.3.2017, Schlossteich, Bad Arolsen, Krs. Waldeck-Frankenberg, HE; Alarmrufe, 5.5.2015, Villarreal de San Carlos, Extremadura, E

Heckenbraunelle
Gesang drei Strophen, 20.4.2013, Bad Arolsen, HE; Alarmrufe bei Eule, 11.6.2009, Kappelhecke bei Bad Arolsen, HE (Partner ruft im H)

Rotkehlchen
Drei Strophen Gesang auf Fichtenspitze, 7.4.2015, Mengeringhausen, Krs. Waldeck-Frankenberg, HE; Alarmrufe im Überwinterungsgebiet, 3.11.2014, Karpas-Halbinsel, Nord-Zypern, T

Amsel
Wartengesang eines Männchens, vier Strophen, 4.6.2017, Schafttränke, Mengeringhausen, Krs. Waldeck-Frankenberg, HE, H Heckenbraunelle; Alarm: Tixen eines Männchens mit Zetern, 7.5.2018, Friedhof, Bad Arolsen, HE; Abflug eines vorjährigen Männchens mit Zetern, 8.4.2016, Mengeringhausen, Krs. Waldeck-Frankenberg, HE

Singdrossel
Gesang vier Strophen, 29.5.2017, Ochsenmoor, Dümmer, NI; Flugrufe während Zugrast, 29.10.2013, Karpas-Halbinsel, Zypern-N, T; Bodenfeindalarmrufe angesichts Katze im Garten, 30.6.2013, Illmitz, Seewinkel, Burgenland, A

Mönchsgrasmücke
Gesang drei Strophen, 22.5.2017, Friedhof Bad Arolsen, Krs. Waldeck-Frankenberg, HE, H Grünfink, Kohlmeise; Alarmrufe eines Männchens bei Eule, 11.6.2009, Bad Arolsen, Krs. Waldeck-Frankenberg, HE

Gartengrasmücke
Gesang, drei Strophen, 11.5.2018, Pevestorf, Wendland, NI; Alarmrufe 10.7.2009, Bad Arolsen, HE

Star
Gesang 1, 19.2.2017, Bad Arolsen, HE; Gesang 2, 21.3.2018, Bad Arolsen, Krs. Waldeck-Frankenberg, HE; Alarmrufe von Weibchen nach Fütterung an Nistkasten mit Rufen der Nestlinge, 26.5.2017, Biologische Station Dümmer, NI

Feldlerche
Rufe und Gesang auf Pfosten, 19.4.2015, Vorland Westerhever, SH, H Rotschenkel

Anhang 4: Systematische Übersicht über die genannten Vogelarten

Für die wissenschaftlichen Bezeichnungen, die Einordnung der einzelnen Arten in die jeweiligen **Vogelfamilien** sowie die Reihenfolge der Familien und der Arten innerhalb der Familien wurde die aktuelle „Artenliste der Vögel Deutschlands" (Barthel & Krüger 2018) zugrunde gelegt bzw. die wenigen dort nicht enthaltenen Arten (Felsenhuhn, Balkanlaubsänger, Kanarengirlitz) entsprechend eingeordnet. Bei den zweiteiligen wissenschaftlichen Namen gibt der erste den übergeordneten Gattungsnamen an, der zweite den Artnamen. Ab den Würgern (einschließlich) gehören alle genannten Familien und Arten zu den Singvögeln.

NICHT-SINGVÖGEL

Entenverwandte (Anatidae)
Ringelgans *(Branta bernicla)*
Höckerschwan *(Cygnus olor)*
Schellente *(Bucephala clangula)*

Glatt- und Raufußhühner (Phasianidae)
Auerhuhn *(Tetrao urogallus)*
Felsenhuhn *(Alectoris barbara)*
Rebhuhn *(Perdix perdix)*
Wachtel *(Coturnix coturnix)*
Jagdfasan *(Phasianus colchicus)*

Störche (Ciconiidae)
Weißstorch *(Ciconia ciconia)*

Reiher (Ardeidae)
Rohrdommel *(Botaurus stellaris)*
Graureiher *(Ardea cinerea)*
Silberreiher *(Ardea alba)*

Habichtverwandte (Accipitridae)
Sperber *(Accipiter nisus)*
Rotmilan *(Milvus milvus)*
Mäusebussard *(Buteo buteo)*

Trappen (Otididae)
Zwergtrappe *(Tetrax tetrax)*

Rallen (Rallidae)
Teichhuhn *(Gallinula chloropus)*

Kraniche (Gruidae)
Kranich *(Grus grus)*

Regenpfeiferverwandte (Charadriidae)
Kiebitz *(Vanellus vanellus)*

Schnepfenverwandte (Scolopacidae)
Brachvogel *(Numenius arquata)*
Uferschnepfe *(Limosa limosa)*
Waldschnepfe *(Scolopax rusticola)*
Bekassine *(Gallinago gallinago)*
Flussuferläufer *(Actitis hypoleucos)*
Rotschenkel *(Tringa totanus)*

Möwenverwandte (Laridae)
Silbermöwe *(Larus argentatus)*
Brandseeschwalbe *(Thalasseus sandvicensis)*
Flussseeschwalbe *(Sterna hirundo)*

Tauben (Columbidae)
Straßentaube *(Columba livia f. domestica)*
Hohltaube *(Columba oenas)*
Ringeltaube *(Columba palumbus)*
Turteltaube *(Streptopelia turtur)*
Türkentaube *(Streptopelia decaocto)*

Kuckucke (Cuculidae)
Kuckuck *(Cuculus canorus)*

Schleiereulen
Schleiereule *(Tyto alba)*

Eulen (Strigidae)
Uhu *(Bubo bubo)*
Waldkauz *(Strix aluco)*
Raufußkauz *(Aegolius funereus)*
Waldohreule *(Asio otus)*

Nachtschwalben (Caprimulgidae)
Nachtschwalbe, Ziegenmelker *(Caprimulgus europaeus)*

Segler (Apodidae)
Mauersegler *(Apus apus)*

Eisvögel (Alcedinidae)
Eisvogel *(Alcedo atthis)*

Wiedehopfe (Upupidae)
Wiedehopf *(Upupa epops)*

Spechte (Picidae)
Wendehals *(Jynx torquilla)*
Mittelspecht *(Dendrocopos medius)*
Blutspecht *(Dendrocopos syriacus)*
Buntspecht *(Dendrocopos major)*
Schwarzspecht *(Dryocopus martius)*
Grünspecht *(Picus viridis)*
Grauspecht *(Picus canus)*

Falken (Falconidae)
Turmfalke *(Falco tinnunculus)*

SINGVÖGEL

Würger (Laniidae)
Neuntöter *(Lanius collurio)*
Raubwürger *(Lanius excubitor)*

Pirole (Oriolidae)
Pirol *(Oriolus oriolus)*

Krähenverwandte (Corvidae)
Eichelhäher *(Garrulus glandarius)*
Elster *(Pica pica)*
Dohle *(Coloeus monedula)*
Saatkrähe *(Corvus frugilegus)*
Rabenkrähe *(Corvus corone)*
Nebelkrähe *(Corvus cornix)*
Kolkrabe *(Corvus corax)*

Meisen (Paridae)
Tannenmeise *(Periparus ater)*
Haubenmeise *(Lophophanes cristatus)*
Sumpfmeise *(Poecile palustris)*
Weidenmeise *(Poecile montanus)*
Blaumeise *(Cyanistes caeruleus)*
Kohlmeise *(Parus major)*

Lerchen (Alaudidae)
Feldlerche *(Alauda arvensis)*
Haubenlerche *(Galerida cristata)*

Schwalben (Hirundinidae)
Rauchschwalbe *(Hirundo rustica)*
Mehlschwalbe *(Delichon urbicum)*

Schwanzmeisen (Aegithalidae)
Schwanzmeise *(Aegithalos caudatus)*

Laubsänger (Phylloscopidae)
Waldlaubsänger *(Phylloscopus sibilatrix)*
Berglaubsänger *(Phylloscopus bonelli)*
Balkanlaubsänger *(Phylloscopus orientalis)*
Fitis *(Phylloscopus trochilus)*
Zilpzalp *(Phylloscopus collybita)*

Rohrsängerverwandte (Acrocephalidae)
Drosselrohrsänger *(Acrocephalus arundinaceus)*
Schilfrohrsänger (*Acrocephalus schoenobaenus*)
Teichrohrsänger *(Acrocephalus scirpaceus)*
Sumpfrohrsänger *(Acrocephalus palustris)*
Gelbspötter *(Hippolais icterina)*

Schwirlverwandte (Locustellidae)
Feldschwirl *(Locustella naevia)*
Rohrschwirl *(Locustella luscinioides)*

Halmsänger (Cisticolidae)
Zistensänger *(Cisticola juncidis)*

Grasmückenverwandte (Sylviidae)
Mönchsgrasmücke *(Sylvia atricapilla)*
Gartengrasmücke *(Sylvia borin)*
Klappergrasmücke *(Sylvia curruca)*
Dorngrasmücke *(Sylvia communis)*
Brillengrasmücke *(Sylvia conspicillata)*

Goldhähnchen (Regulidae)
Sommergoldhähnchen *(Regulus ignicapilla)*
Wintergoldhähnchen *(Regulus regulus)*

Zaunkönige (Troglodytidae)
Zaunkönig *(Troglodytes troglodytes)*

Kleiber (Sittidae)
Kleiber *(Sitta europaea)*

Baumläufer *(Certhiidae)*
Waldbaumläufer *(Certhia familiaris)*
Gartenbaumläufer *(Certhia brachydactyla)*

Starenverwandte (Sturnidae)
Star *(Sturnus vulgaris)*

Drosseln (Turdidae)
Amsel *(Turdus merula)*
Wacholderdrossel *(Turdus pilaris)*
Rotdrossel *(Turdus iliacus)*
Singdrossel *(Turdus philomelos)*
Misteldrossel *(Turdus viscivorus)*

Schnäpperverwandte (Muscicapidae)
Grauschnäpper *(Muscicapa striata)*
Rotkehlchen *(Erithacus rubecula)*
Blaukehlchen *(Luscinia svecica)*
Sprosser *(Luscinia luscinia)*
Nachtigall *(Luscinia megarhynchos)*
Trauerschnäpper *(Ficedula hypoleuca)*
Hausrotschwanz *(Phoenicurus ochruros)*
Gartenrotschwanz *(Phoenicurus phoenicurus)*
Braunkehlchen *(Saxicola rubetra)*
Steinschmätzer *(Oenanthe oenanthe)*
Isabellsteinschmätzer *(Oenanthe isabellina)*

Wasseramseln (Cinclidae)
Wasseramsel *(Cinclus cinclus)*

Sperlinge (Passeridae)
Haussperling, Spatz *(Passer domesticus)*
Feldsperling *(Passer montanus)*

Braunellen (Prunellidae)
Heckenbraunelle *(Prunella modularis)*

Stelzenverwandte (Motacillidae)
Schafstelze *(Motacilla flava)*
Gebirgsstelze *(Motacilla cinerea)*
Bachstelze *(Motacilla alba)*
Wiesenpieper *(Anthus pratensis)*
Baumpieper *(Anthus trivialis)*

Finken (Fringillidae)
Buchfink *(Fringilla coelebs)*
Kernbeißer *(Coccothraustes coccothraustes)*
Gimpel, Dompfaff *(Pyrrhula pyrrhula)*
Karmingimpel *(Carpodacus erythrinus)*
Grünfink *(Chloris chloris)*
Bluthänfling *(Linaria cannabina)*
Stieglitz, Distelfink *(Carduelis carduelis)*
Girlitz *(Serinus serinus)*
Kanarengirlitz, Kanarienvogel *(Serinus canaria)*
Erlenzeisig *(Spinus spinus)*

Ammern (Emberizidae)
Goldammer *(Emberiza citrinella)*
Ortolan *(Emberiza hortulana)*
Grauortolan *(Emberiza caesia)*
Zaunammer *(Emberiza cirlus)*
Rohrammer *(Emberiza schoeniclus)*

14 Literatur und sonstige Quellen

Literatur, CDs, DVDs, Filme zum Thema Vogelstimmen

Barnes, S. (2019): Vom Glück, einen Vogel am Gesang zu erkennen. Edel Books, Hamburg.

Bergmann, H.-H. (2017): Vogelstimmen – wie man sie kennenlernt und was man an ihnen entdecken kann. Biologie in unserer Zeit 47, H. 3: 178-185.

Bergmann, H.-H., C. Chappuis & K.-H. Dingler (2014): Vogelstimmen im Flug. MP3-Disc und Beiheft, Edition AMPLE, Germering.

Bergmann, H.-H. & W. Engländer: (2008): Unsere Gartenvögel – ganz nah. Video-DVD mit Beiheft. Franckh-Kosmos, Stuttgart.

Bergmann, H.-H. & W. Engländer (2019): Die Kosmos Vogelstimmen-Edition. Franckh-Kosmos, Stuttgart.

Bergmann, H.-H., W. Engländer, S. Baumann & H.-W. Helb: (2017): Die Stimmen der Vögel Europas auf DVD, Version 2.2. Aula, Wiebelsheim; Version 3 als APP (2018).

Catchpole, C. K. & P. J. B. Slater (1995): Bird song – Biological themes and variations. Cambridge Univ. Press, Cambridge.

Chevereau u. a. (2002): Die Kosmos Vogelstimmen Edition. Die Vögel Europas und Nordafrikas auf 10 CDs. Franckh-Kosmos, Stuttgart.

Constantine, M. & The Sound Approach (2006): The Sound Approach to Birding. The Sound Approach, Poole, Dorset, UK (Buch mit 2 CDs).

Dingler, K.-H.: Der Garten erwacht. (CD, Gesänge und Rufe von 42 Gartenvögeln in der zeitlichen Abfolge ihres Gesangsbeginns). Edition AMPLE, Germering.

Krauss, P. (2017): Singt der Vogel, ruft er oder schlägt er? Handwörterbuch der Vogellaute. Reihe „Naturkunden", Bd. 33, 2. Aufl., Matthes & Seitz, Berlin.

Marler, P. & H. Slabbekoorn (2004): Nature's Music – The Science of Birdsong. Elsevier Academic Press, Amsterdam.

Müller, R. (2010): Die geheime Sprache der Vögel. AT Verlag, Aarau und München. (Das Buch ist über das Thema Vogelsprache hinaus gleichzeitig auch eine Einführung in Vogelkunde und Vogelbeobachtung.)

Müller, R. (o. J.): Vogelsprache – Die Sprache der Vögel verstehen lernen (CD). Eigenverlag.

Müller, R. (o. J.): Die Sprache der Natur (CD). Eigenverlag.

Philipp, K. (1994): Vogelstimmen – nach Volksmund-Versen erkannt. Fauna-Verlag, Karlsfeld.

Schulze, A. (2005): Vogelstimmen erkennen – Gesänge und Rufe von 75 häufigen Arten. BLV, München. (CD mit farbigem Begleitheft und Vogeluhr.)

Schulze, A. & K.-H. Dingler: Vogelstimmen-Trainer. Edition AMPLE, Germering (Buch und CD, auch als App erhältlich).

Schulze, A. & K.-H. Dingler: Vogelstimmen. Edition AMPLE, Germering. (CD-Box mit 7 CDs, die auch einzeln oder als Download erhältlich sind; insgesamt 176 heimische Vogelarten aus unterschiedlichen Lebensräumen: Park und Garten; Feld und Flur; Wasser; Wald; Heide, Moor und Sumpf; Meer; Gebirge.)

Schulze, A. & K.-H. Dingler (2007): Die Vogelstimmen Europas, Nordafrikas und Vorderasiens. 2 MP3-Discs. Edition AMPLE, Germering.

Streffer, W. (2019): Heimische Singvögel – Wie, wann und wo sie singen. Verlag Freies Geistesleben, Stuttgart

Voigt, A. (1961). Exkursionsbuch zum Studium der Vogelstimmen. Reprint d. 12. Aufl., Quelle & Meyer, Heidelberg, herausgegeben von E. Bezzel. Neudruck Aula, Wiebelsheim, 2006.

Westphal, U. (2007): Vogelexkursion mit Uwe Westphal. Audio-CD mit Booklet. Edition AMPLE, Germering.

Westphal, U. (2008): Naturexkursion mit Uwe Westphal. Audio-CD mit Booklet. Edition AMPLE, Germering.

Witte, W. (2012): Vogelstimmen schnell erkannt – Rufe und Gesänge der häufigsten Brutvogelarten Mitteleuropas nach Klängen geordnet. Eigenverlag.

Eine sehr große Zahl von Vogelstimmenaufnahmen findet man auf der Internetseite xeno-canto.org; weitere Hinweise auf Internetadressen bei Bergmann u. a., 3. Aufl. (2018).

Literatur zur Vogelbestimmung („Feldführer“)

Barthel, P. H. & P. Dougalis (2006): Was fliegt denn da? Franckh-Kosmos, Stuttgart.

Fiedler, W., H.-J. Fünfstück & W. Nachtigall (2018): Die Vögel Mitteleuropas im Flug bestimmen. Mit Flugrufen und -gesängen in QR-Codes. Quelle & Meyer, Wiebelsheim.

Fünfstück, H.-J. & I. Weiß (2018): Die Vögel Mitteleuropas im Porträt. Quelle & Meyer, Wiebelsheim.

Jonsson, L. (1992): Die Vögel Europas und des Mittelmeerraumes. Franckh-Kosmos, Stuttgart.

Singer, D. (2016): Was fliegt denn da? Der Fotoband. Franckh-Kosmos, Stuttgart. Mit Vogelstimmen (Ting), ab 2019 mit Videos singender Vögel.

Svensson, L., K. Mullarney & D. Zetterström (2009): Der Kosmos-Vogelführer. 2. Aufl., Franckh-Kosmos, Stuttgart.

Sonstige vogelkundliche Literatur

Barthel, P. H. & T. Krüger (2018): Artenliste der Vögel Deutschlands. Vogelwarte 56, 171-203.

Bauer, H.-G., E. Bezzel & W. Fiedler (2006): Das Kompendium der Vögel Mitteleuropas. 2. Aufl., 3 Bände. Aula, Wiebelsheim.

Fünfstück, H.-J., A. Ebert & I. Weiß (2010): Taschenlexikon der Vögel Deutschlands. Quelle & Meyer, Wiebelsheim.

Gattiker, E. & L. Gattiker (1989): Die Vögel im Volksglauben. Aula, Wiesbaden.

Glutz von Blotzheim, U. N. & K. M. Bauer (Hrsg.) (1966 – 1997): Handbuch der Vögel Mitteleuropas. 14 Bände. Akademische Verlagsgesellschaft, Frankfurt, und Aula, Wiesbaden, teils in 2. Auflage. (CD-ROM-Ausgabe b. Aula 2004).

Lieckfeld, C.-P. & V. Straaß (2002): Mythos Vogel. BLV, München.

Mayr, G. & H.-H. Bergmann (2015): Aves. In: W. Westheide & G. Rieger (Hrsg.): Spezielle Zoologie. Teil 2: Wirbel- oder Schädeltiere. 3. Aufl., Springer, Berlin.

Moning, C., Griesohn-Pflieger, T. & M. Horn (2010): Grundkurs Vogelbestimmung. Quelle & Meyer, Wiebelsheim.

Peterson, R., G. Mountfort & P. A. D. Hollom (1979): Die Vögel Europas. 12. Aufl. Parey, Hamburg.

Podulka, S., R. W. Rohrbaugh & R. Bonney (Hrsg., 2004): Handbook of Bird Biology. 2. Aufl., Cornell Lab of Ornithology, New York.

Stiftung Vogelmonitoring Deutschland & Dachverband Deutscher Avifaunisten (Hrsg.): Atlas Deutscher Brutvogelarten (ADEBAR), Eigenverlag 2014.

Wember, V. (2007): Die Namen der Vögel Europas. 2. Aufl., Aula, Wiebelsheim.

Westphal, U. (2016): Schräge Vögel – Begegnungen mit Rohrdommel, Ziegenmelker, Wiedehopf und anderen heimischen Vogelarten. 2. Aufl., pala-Verlag, Darmstadt.

Westphal, U. (2016): Mehr Platz für den Spatz! Spatzen erleben, verstehen, schützen. 2. Aufl., pala-Verlag, Darmstadt.

Westphal, U. (2018): Das große Buch der Gartenvögel. Unsere Vögel im Garten erleben, fördern, schützen. 2. Aufl., pala-Verlag, Darmstadt.

15 Sachregister

16 Register der Vogelarten

Normalschrift: Verweise auf wesentliche Textstellen inkl. Sonagramme, Diagramme und Bestimmungsschlüssel. Nicht berücksichtigt wurde die systematische Übersicht, Anhang 4, S. 227-229.

Fett: Abbildungen (Fotos)

Kursiv: Verweise auf Kap. 9 „Üben und Prüfen" inkl. Lösungen

17 Bildquellennachweis

Bark, D.: 13, 15, 29, 68, 106, 140

Bergmann, H.-H.: 19, 22, 23, 24, 25, 28, 37, 60, 64, 69, 87, 91, 100, 120, 122, 126, 129, 134, 136, 138, 151, 158, 165, 172, 176, 185, 187, 189, 192, 195, 200, 205, 206, 210, 212, 219

Drissner, K.: 32

Engländer, W.: 7, 95, 196, 242

Fünfstück, H.-J.: 32, 89, 124, 198, 199, 202, 203, 204

Helb, H.-W.: 208

Keim, W.: 77

Klaus, C.: 43

Klaus, S.: 34, 42, 112, 188, 190, 191, 193, 194, 197

Moning, C.: 14, 132, 196

Gaeth, P.: 96

pixabay carabito: 201

pixabay ginger: 30

pixabay Leopold13: 27

Probst, V.: 8, 12, 18, 26, 29, 38, 40, 44, 46, 49, 61, 83, 98, 101, 104, 109, 110, 118, 215, 216

Putze, M.: 72, 149

Weiss, J.: 31, 36, 48, 66, 145, 192

18 Die Autoren

Prof. Dr. Hans-Heiner Bergmann

Hans-Heiner Bergmann (Jg. 1939) hat in Marburg/L. studiert und bis 2001 als Professor an der Universität Osnabrück in den Fächern Verhaltensbiologie, Ornithologie und Biologiedidaktik gelehrt. Er hat zahlreiche Bücher sowie wissenschaftliche und populäre Schriften und mehrere DVDs veröffentlicht, unter anderem über Vogelbiologie, Vogelstimmen, Vogelfedern, die Kanarischen Inseln und das Wattenmeer. Er lebt jetzt im aktiven Ruhestand in Nordhessen.

Kontakt: bergmannhh@web.de

Dr. Uwe Westphal

Uwe Westphal (Jg. 1957), Diplom-Biologe, Autor und Natur-Entertainer, lebt und arbeitet nach langjähriger hauptamtlicher Tätigkeit im Naturschutz und anschließender Ausbildung zum Fachzeitschriftenredakteur als freiberuflicher Publizist, Referent, Exkursions- und Seminarleiter in der Nähe von Hamburg. Er hat mehrere Bücher und Audio-CDs sowie zahlreiche populärwissenschaftliche Artikel insbesondere über heimische Vögel, Natur und Garten veröffentlicht. In der Öffentlichkeit ist er vor allem durch zahlreiche Auftritte in Funk und Fernsehen als Vogel- und Tierstimmen-Imitator bekannt.

Kontakt: www.westphal-naturerleben.de